全国高职高专计算机类专业规划教材

操 作 系 统

（第二版）

赵 敬 编著

中国铁道出版社
CHINA RAILWAY PUBLISHING HOUSE

内 容 简 介

操作系统课程是计算机及相关专业的一门主干课程，主要研究操作系统的基本原理和实现方法，是计算机专业学生知识结构中必不可少的重要组成部分。

本书介绍了操作系统的概念、基本原理和核心功能。全书以 UNIX 为主线进行讲解，并对 Solaris、Linux、Windows 等操作系统进行穿插分析和介绍。全书共分 9 章：第 1~2 章介绍了操作系统的基本概念、特征、功能、结构，以及操作系统的服务和设计等；第 3~4 章详细阐述了进程和线程的基本概念、同步与通信、调度与死锁；第 5 章介绍了各种存储管理方式；第 6~7 章介绍设备管理和文件管理；第 8 章对操作系统的保护与安全进行了详细分析与介绍；第 9 章介绍了网络操作系统、分布式操作系统与嵌入式实时操作系统。每章安排有适量的习题，部分章节还安排了实训。

本书体系结构清晰，内容深入浅出、循序渐进，适合作为高职高专院校计算机及相关专业操作系统原理课程的教材，也可供有关技术人员自学或参考。

图书在版编目（CIP）数据

操作系统 / 赵敬编著. —2 版. —北京 ：中国铁
道出版社，2012.3
全国高职高专计算机类专业规划教材
ISBN 978-7-113-14123-3

Ⅰ. ①操… Ⅱ. ①赵… Ⅲ. ①操作系统－高等职业教
育－教材 Ⅳ. ①TP316

中国版本图书馆CIP 数据核字（2012）第 003116 号

书　　名：操作系统（第二版）
作　　者：赵　敬　编著

策　　划：秦绪好　　王春霞	读者热线：400-668-0820
责任编辑：秦绪好	
编辑助理：赵　迎	
封面设计：白　雪	
责任校对：汤淑梅	
责任印制：李　佳	

出版发行：中国铁道出版社（100054，北京市西城区右安门西街 8 号）
网　　址：http://www.51eds.com
印　　刷：北京鑫正大印刷有限公司
版　　次：2007 年 8 月第 1 版　　2012 年 3 月第 2 版　　2012 年 3 月第 3 次印刷
开　　本：787mm×1 092mm　1/16　印张：17.75　字数：441 千
印　　数：5 001~8 000 册
书　　号：ISBN 978-7-113-14123-3
定　　价：33.00 元

第二版前言

　　本书出版 4 年来，受到了许多同仁的关注，令我倍受鼓舞。操作系统的研究与应用、教学与实践都在不断开拓和进步之中，不少专家、教师、学生针对本书提出了许多建议和希望。因此，根据本书在教学实践中的经验和反馈，有必要在第一版的基础上予以完善和提升，并适当增加一些内容。

　　本书主要在以下方面进行了修订：在保持原教材体系的基础上，在相关章节穿插介绍了 Solaris、Linux 等操作系统的功能实现；部分章节的实训由 Windows XP 操作系统调整为目前的主流版本 Windows 7 操作系统；增加了安全操作系统的设计与实现；专门介绍了嵌入式实时操作系统。教师可根据教学要求对内容进行选讲，读者也可以按需求选阅。另外，本书仍旧本着"深入浅出、循序渐进"的原则，力求做到内容丰富、结构严谨、概念清晰、取舍得当，完全保持了第一版的特点和风格。

　　全书以 UNIX 为主线进行实例讲解，并对 Solaris、Linux、Windows 等操作系统进行穿插分析和介绍。全书共有 9 章：第 1～2 章介绍了操作系统的基本概念、特征、功能、结构及操作系统的服务和设计等；第 3～4 章详细阐述了进程和线程的基本概念、同步与通信、调度与死锁；第 5章介绍了各种存储管理方式；第 6～7 章介绍设备管理和文件管理；第 8 章对操作系统的保护与安全进行了详细分析与介绍；第 9 章介绍了网络操作系统、分布式操作系统与嵌入式实时操作系统。每章安排有适量的习题，部分章节还安排了实训。标有星号的章节为选学内容。

　　本书引用了参考文献所列出的国内外著作的一些内容，并从互联网上查阅和下载了大量文献资料，从中获取了许多信息和前沿成果，而且经常能领略到大师的思维方式和著者独具匠心的视角，在此向各位作者致以衷心的感谢和深深的敬意。同时，对本书第一版的合作者表示感谢，对中国铁道出版社的编辑深表谢意，感谢他们的无私帮助。在本书的编写过程中，戚文静、刘学、李新华、朱红祥、赵晓峰、王永泉、赵小敏、付振华等老师认真阅读了书稿，并提出了许多建设性意见，贺佳、乔三帮我完成了书稿的文字录入工作，对他们表示深深的谢意。

　　读者的鞭策和反馈是我持续前进的动力，也是促进操作系统的研究与应用不断更新的压力。在此，衷心希望本书能一如既往地得到读者的关心和关注，欢迎大家批评指正。

赵　敬

2012 年 1 月

操作系统是最重要的计算机系统软件，同时也是最活跃的学科之一，其发展极为迅速。如果让用户去使用一台没有配置操作系统的现代计算机，那是难以想象的。操作系统控制了计算机系统中的所有软硬件资源，是计算机系统的灵魂和核心。除此之外，它还为用户使用计算机提供一个方便灵活、安全可靠的工作环境。因此，学习并掌握计算机操作系统的基本原理，不仅对计算机专业的学生和研究人员是必要的，而且对一般计算机应用人员也是非常有益的。

在学习操作系统时，理解所有操作系统的设计原理是很重要的，同时还应留意这些原理如何实际运用在真正的操作系统中。本书尽可能系统、清晰、全面、综合地展示当代操作系统的概念、特点、本质和精髓，旨在提供一个操作系统原理的全面剖析，并且在每章后附有小结，同时通过实验和综合课程设计来帮助学生理解当代操作系统。

全书共分八章，每章开始有本章要点，每章的最后一节是本章小结。第 1 章介绍操作系统的基本概念、功能及操作系统的发展等；第 2 章与第 3 章详细阐述了进程和线程的基本概念、同步与通信、调度与死锁；第 4 章介绍实存管理方式与虚存管理方式；第 5 章介绍设备管理；第 6 章介绍文件管理；第 7 章介绍系统安全性与认证、数据加密和防火墙技术；第 8 章介绍计算机网络系统、网络操作系统与分布式操作系统。

本书着重于传统操作系统基本概念、基本技术和基本方法的阐述，并注意把操作系统成熟的基本原理与当代具有代表性的具体实例 UNIX 紧密结合。本书在编写过程中力求做到概念清晰、结构合理、内容丰富、取舍得当，全书由浅入深、循序渐进，既有利于学生的知识获取，又有利于学生的能力培养，希望能达到较好的教学效果。

本书由赵敬与栾昌海主编，徐辉增与赵晓峰任副主编。第 1 章至第 6 章由中华女子学院山东分院赵敬编写；第 7 章由东营职业学院徐辉增编写，第 8 章、各章习题及答案、实验、综合课程设计由中华女子学院山东分院赵晓峰编写。特别感谢山东建筑大学戚文静副教授在百忙中审阅了全书，并提出了许多极为宝贵的意见。本书引用了参考文献中列出的国内外著作的一些内容，谨此向各位作者致以衷心的感谢和深深的敬意。本书在编写过程中，还得到了中国铁道出版社的大力支持与合作，在此表示感谢。

为方便教学，本书配有电子教案，有需要的老师可与出版社联系，免费提供；也可登录编者个人教学网站下载，网站地址为：http://www.e-zhaojing.com。

本书虽经编者多次讨论并反复修改，但限于水平，书中难免会有疏漏和不当之处，恳请读者批评指正，并给予谅解。联系电子邮件是：jsj_cwcsb@163.com。

编　者
2007 年 6 月

第1章 导论 1

1.1 操作系统概述 1
   1.1.1 操作系统的概念................... 2
   1.1.2 操作系统的目标................... 2
   1.1.3 操作系统的作用................... 3
   1.1.4 研究操作系统的
          几种观点........................... 4
1.2 操作系统的发展历史............... 5
   1.2.1 推动操作系统发展的
          动力................................... 5
   1.2.2 操作系统的历史演变......... 6
   1.2.3 操作系统的主要成就......... 11
   1.2.4 现代操作系统类型............. 12
1.3 操作系统的特征和功能............ 15
   1.3.1 操作系统的特征............... 15
   1.3.2 操作系统的功能............... 17
1.4 UNIX 操作系统概述............... 18
   1.4.1 UNIX 的历史.................. 18
   1.4.2 UNIX 的特点.................. 19
   1.4.3 UNIX 的体系结构........... 20
   1.4.4 UNIX 的用户界面........... 20

小结 21
实训1 安装 Windows 7 22
实训2 Windows 7 系统管理............. 23
本章习题...................................... 25

第2章 操作系统结构........................ 27

2.1 操作系统服务 27
   2.1.1 操作系统的用户接口....... 28
   2.1.2 操作系统的程序接口....... 29
2.2 操作系统的设计与实现............ 32
   2.2.1 设计目标....................... 32
   2.2.2 设计过程....................... 32
   2.2.3 设计的实现................... 33

2.3 操作系统结构概述...................... 33
   2.3.1 计算机系统组织............. 33
   2.3.2 计算机系统体系结构....... 34
   2.3.3 常见的操作系统结构....... 35
小结 38
本章习题...................................... 38

第3章 进程管理 40

3.1 进程的基本概念 40
   3.1.1 进程的引入.................. 40
   3.1.2 进程的定义与特征......... 41
   3.1.3 进程的状态及其转换...... 42
   3.1.4 进程的组成.................. 44
   3.1.5 进程控制块.................. 45
3.2 进程控制 46
   3.2.1 进程的创建.................. 47
   3.2.2 进程的终止.................. 48
   3.2.3 进程的阻塞与唤醒......... 48
   3.2.4 进程的挂起与激活......... 49
3.3 进程同步 49
   3.3.1 进程同步的基本概念...... 50
   3.3.2 进程同步机制............... 51
   3.3.3 锁机制......................... 52
3.4 信号量机制 52
   3.4.1 信号量机制定义............ 53
   3.4.2 信号量机制实现互斥...... 55
   3.4.3 信号量机制实现同步...... 56
   3.4.4 信号量机制实现
          资源分配........................ 56
3.5 用信号量机制解决经典
    进程同步问题.......................... 58
   3.5.1 生产者–消费者问题........ 58
   3.5.2 读者–写者问题............... 58
   3.5.3 哲学家进餐问题.............. 59

*3.6 管程机制 60
 3.6.1 管程的基本概念 61
 3.6.2 利用管程解决"生产者–
   消费者问题" 61
3.7 进程通信 62
 3.7.1 进程通信的类型 63
 3.7.2 消息传递通信 63
3.8 线程 66
 3.8.1 线程的基本概念 67
 3.8.2 线程间的同步和通信 68
 3.8.3 线程的实现 69
3.9 UNIX 的进程管理 70
 3.9.1 UNIX 进程描述 70
 3.9.2 UNIX 进程状态及其转换 . 71
 3.9.3 UNIX 进程控制 72
 3.9.4 UNIX 进程的同步与通信 .. 73
小结 74
实训 3 Windows 7 任务管理器的
   进程管理 75
本章习题 76

第 4 章 处理机调度与死锁 80
4.1 处理机调度的基本概念 80
 4.1.1 处理机调度的层次 80
 4.1.2 调度队列模型 81
 4.1.3 调度性能的评价准则 83
4.2 作业调度 84
 4.2.1 作业的概念 84
 4.2.2 作业状态及转换 85
 4.2.3 作业调度 86
 4.2.4 作业调度算法 87
4.3 进程调度 90
 4.3.1 进程调度的功能 90
 4.3.2 进程调度的时机 90
 4.3.3 进程调度性能评价 91
 4.3.4 进程调度算法 91
4.4 死锁 95
 4.4.1 产生死锁的原因 95
 4.4.2 产生死锁的必要条件 96
 4.4.3 处理死锁的基本方法 96

 4.4.4 预防死锁 97
4.5 资源分配图与死锁定理 98
 4.5.1 资源分配图 98
 4.5.2 死锁定理 98
4.6 避免死锁 99
 4.6.1 系统资源的分配状态 100
 4.6.2 单种资源的银行家
   算法 100
 4.6.3 多种资源的银行家
   算法 102
4.7 死锁的检测与恢复 103
 4.7.1 死锁的检测时机 104
 4.7.2 死锁的检测方法 104
 4.7.3 死锁的解除 105
 4.7.4 处理死锁的综合方法 106
4.8 UNIX 的进程调度 106
小结 108
本章习题 108

第 5 章 存储器管理 111
5.1 存储器管理概述 111
 5.1.1 存储器的层次 112
 5.1.2 存储管理的目的 112
 5.1.3 存储管理的功能 112
5.2 分区存储管理 115
 5.2.1 单一连续分区存储
   管理 115
 5.2.2 固定分区存储管理 117
 5.2.3 可变分区存储管理 119
5.3 分页式存储管理 125
 5.3.1 分页式存储管理的
   基本思想 125
 5.3.2 地址转换与存储保护 127
 5.3.3 内存块的组织与管理 130
 5.3.4 分页式存储管理的
   特点与缺点 131
5.4 分段式存储管理 132
 5.4.1 分段存储管理方式的
   引入 132

5.4.2　分段存储管理的
　　　　基本思想 133
5.4.3　段的共享 134
5.4.4　分页与分段的比较 134
5.4.5　段页式存储管理方式 135
5.5　虚拟存储器的概念 136
5.5.1　虚拟存储器的引入 137
5.5.2　虚拟存储器的实现 138
5.6　请求分页式存储管理 139
5.6.1　请求分页式存储管理的
　　　　基本思想 139
5.6.2　缺页中断与地址变换 140
5.6.3　页面淘汰算法 142
5.6.4　请求分页式存储管理的
　　　　优缺点 146
5.7　请求分段式存储管理 147
5.7.1　请求分段的实现 147
5.7.2　段的共享与保护 149
5.7.3　请求段页式存储管理 150
5.8　UNIX 的存储管理 150
5.8.1　交换 151
5.8.2　请求分页 152
5.8.3　换页进程 154
小结 155
实训 4　提高 Windows 7 的
　　　　内存性能 155
本章习题 156

第 6 章　设备管理 159
6.1　概述 159
6.1.1　设备管理的
　　　　目标和功能 160
6.1.2　计算机设备的分类 160
6.1.3　I/O 系统的组成 162
6.2　I/O 的处理步骤 166
6.2.1　I/O 系统的层次结构 166
6.2.2　I/O 中断处理程序 166
6.2.3　设备驱动程序 167
6.2.4　I/O 管理程序 167

6.3　设备的分配与调度算法 168
6.3.1　管理设备时的
　　　　数据结构 169
6.3.2　独享设备的分配 169
6.3.3　共享磁盘的调度 171
6.4　数据传输的方式 176
6.4.1　程序循环测试方式 176
6.4.2　中断驱动 I/O 控制方式 .. 177
6.4.3　直接存储器存取
　　　　（DMA）方式 179
6.4.4　通道方式 180
6.5　设备管理中的若干技术 181
6.5.1　I/O 缓冲技术 181
6.5.2　虚拟设备与 Spooling
　　　　技术 184
6.6　UNIX 的设备管理 186
6.6.1　字符设备缓冲区管理 186
6.6.2　块设备缓冲区管理 188
小结 190
本章习题 191

第 7 章　文件管理 193
7.1　文件管理概述 193
7.1.1　文件系统的引入 193
7.1.2　文件及其分类 194
7.1.3　文件系统 196
7.2　文件的结构 199
7.2.1　文件的逻辑结构与
　　　　存取方法 199
7.2.2　文件的物理结构与
　　　　存储设备 201
7.3　文件管理与目录结构 204
7.3.1　文件控制块与
　　　　索引结点 205
7.3.2　文件目录结构 206
7.3.3　"按名存取"的实现 208
7.4　文件存储空间的管理 209
7.4.1　位示图法 210
7.4.2　空闲区表法 210

目录

3

7.4.3　空闲链表法............211
7.5　文件的共享与保护............212
　　7.5.1　文件的共享............212
　　7.5.2　文件的保护和保密....213
7.6　UNIX 的文件管理............215
　　7.6.1　UNIX 文件系统概述....215
　　7.6.2　文件的物理结构........216
　　7.6.3　索引结点的管理........217
　　7.6.4　文件存储空间的管理....218
　　7.6.5　目录管理............219
小结............220
实训 5　优化 Windows 7
　　　　磁盘子系统............220
本章习题............222

＊第 8 章　操作系统的保护与安全......224
8.1　引言............224
　　8.1.1　系统安全性的内容和
　　　　　性质............225
　　8.1.2　对系统安全威胁的
　　　　　类型............226
　　8.1.3　对各类资源的威胁........227
　　8.1.4　信息技术安全评价
　　　　　公共准则............229
8.2　操作系统的安全机制............231
　　8.2.1　标识与鉴别............231
　　8.2.2　可信路径............231
　　8.2.3　最小特权管理............232
　　8.2.4　访问控制............233
　　8.2.5　隐蔽通道检测与控制....235
　　8.2.6　安全审计............236
8.3　数据加密技术............236
　　8.3.1　数据加密技术概述........236
　　8.3.2　数字签名和数字证明书....238
　　8.3.3　网络加密技术............240
8.4　认证技术............240
　　8.4.1　基于口令的身份认证
　　　　　技术............240
　　8.4.2　基于物理标志的认证
　　　　　技术............242

8.4.3　基于公开密钥的认证
　　　　技术............243
8.5　防火墙技术............244
　　8.5.1　包过滤防火墙............244
　　8.5.2　代理服务技术............245
　　8.5.3　规则检查防火墙............247
8.6　安全操作系统的设计与实现....248
　　8.6.1　操作系统安全设计
　　　　　原理............248
　　8.6.2　安全策略............249
　　8.6.3　安全模型............251
　　8.6.4　安全体系结构............253
小结............255
实训 6　Windows 7 操作系统的
　　　　安全机制............255
本章习题............257

＊第 9 章　典型操作系统介绍............259
9.1　网络操作系统............259
　　9.1.1　网络操作系统概述........259
　　9.1.2　网络操作系统的功能....261
　　9.1.3　网络操作系统提供的
　　　　　服务............263
9.2　分布式操作系统............264
　　9.2.1　分布式系统概述............264
　　9.2.2　分布式进程通信............265
　　9.2.3　分布式资源管理............266
　　9.2.4　分布式进程同步............267
　　9.2.5　分布式系统中的死锁....267
　　9.2.6　分布式文件系统............268
　　9.2.7　分布式进程迁移............269
9.3　嵌入式实时操作系统............269
　　9.3.1　嵌入式系统的基本
　　　　　概念............270
　　9.3.2　嵌入式操作系统............271
　　9.3.3　μC/OS-II 简介............274
小结............275
本章习题............275

参考文献............276

第1章

➡ 导　论

引子：刘邦论得天下之道

据《史记·本纪第八·汉高祖》记载：帝置酒洛阳南宫。上曰："列侯、诸将毋敢隐朕，皆言其情。吾我所以有天下者何？项氏之所以失天下者何？"高起、王陵对曰："陛下使人攻城略地，因以与之，与天下同其利；项羽不然，有功者害之，贤者疑之，此其所以失天下也。"上曰："公知其一，未知其二。**夫运筹帷幄之中，决胜千里之外，吾不如子房；镇国家，抚百姓，给饷馈，不绝粮道，吾不如萧何；连百万之众，战必胜，攻必取，吾不如韩信。三者皆人杰，吾能用之，此吾所以取天下者也。**项羽有一范增而不能用，此所以为我所禽也。"群臣说服。

可见，领袖是指挥群众、发挥群体力量的那个人。一个智慧的领袖或管理者，懂得让自己从日常琐碎的事务性工作中脱身而出，而帅主要精力用于管理、运筹与决策。

计算机系统包括硬件和软件两个部分。操作系统是一个大型的、复杂的系统软件，是配置在计算机硬件上的第一层软件。它是管理计算机硬件的程序，还为应用程序提供基础，并且充当计算机硬件和计算机用户的中介。因此，操作系统使整个计算机系统实现了高效率和自动化，是现代计算机系统最关键、最核心的软件系统。

操作系统完成任务的方式多种多样。大型机的操作系统的设计目的是为了充分优化硬件的使用率，个人计算机的操作系统则是为了能支持从复杂游戏到商业应用的各种事物，而手持计算机的操作系统则是为了给用户提供一个可以与计算机方便地交互并执行程序的环境。因此，有的操作系统是为了方便而设计，有的是为了高效而设计，还有的则是兼而有之。

本章要点：

- 操作系统的基本概念。
- 操作系统的目标和作用。
- 操作系统的发展历史和分类。
- 操作系统的基本特性和功能。
- 研究操作系统的几种观点。

1.1　操作系统概述

计算机系统包括硬件和软件两个部分，操作系统（Operating System，OS）属于系统软件，是扩充硬件功能、提供软件运行环境的一类重要系统软件，它实现了应用软件和硬件设备的连接，是对计算机系统功能的首次扩充。在计算机系统上配置操作系统的主要目标，与计算机系统的规模和操作系统的应用环境有关。例如，对于配置在大中型计算机系统中的操作系统，有着较高的功能要求；而对应用于实时工业控制环境下的操作系统，则要求其操作系统具有实时性和高可靠性。

1.1.1 操作系统的概念

计算机系统由硬件系统和软件系统两大部分构成。计算机硬件是指计算机系统中由电子、机械和光电元件等组成的各种物理设备的总称，其逻辑功能是完成信息变换、信息存储、信息传送和信息处理等任务，是完成计算任务的物质基础。按其功能可把硬件划分成五大部分：运算器、控制器、存储器、输入设备、输出设备，其中运算器和控制器通常被称为中央处理机（CPU）。通常把未配置任何软件的计算机称为"裸机"。

计算机软件是指程序及其相关文档的集合，是计算机系统的重要组成部分。按照应用和虚拟机的观点，软件可分为系统软件和应用软件两类，系统软件又分为操作系统与系统应用程序。由图1-1可以看出，操作系统是计算机系统的核心，统一管理整个系统的所有资源，并成为用户和计算机的接口。系统应用程序主要包括语言处理程序、连接装配程序、库管理程序、诊断排错程序等各种系统应用程序。应用软件是指为解决实际问题而研制的那些软件，其功能涉及计算机应用的各个领域，如各种管理软件、用于工程计算的软件包、辅助设计软件等。

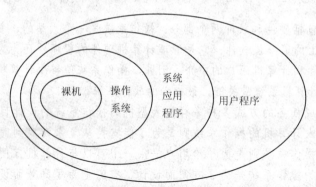

图 1-1　计算机系统的层次结构

操作系统是计算机系统中的一个系统软件，它是这样一些程序模块的集合：它们能有效地组织和管理计算机系统中的硬件及软件资源，合理地组织计算机工作流程，控制程序的执行，向用户提供各种服务功能，使得用户能够灵活、方便、有效地使用计算机，并使整个计算机系统高效运行。这里，"有效"是指操作系统在管理资源方面要考虑到系统运行效率和资源的利用率，要尽可能地提高处理器的利用率，并尽可能地均衡利用各类资源；"合理"是指操作系统对于不同的用户程序要"公平"，以保证系统不发生"死锁"（Deadlock）和"饥饿"（Starvation）现象；"方便"是指人机界面友好，要体现界面的易用性、易学性和易维护性。

1.1.2 操作系统的目标

计算机发展到今天，从个人机到巨型机，无一例外都配置一种或多种操作系统。操作系统已经成为现代计算机系统不可分割的重要组成部分，它为人们建立各种各样的应用环境奠定了重要基础。目前，存在着多种类型的操作系统，不同类型的操作系统，其目标各有所侧重。通常操作系统的目标有以下几点。

1. 方便用户使用，扩大计算机功能

操作系统通过提供用户与计算机之间的友善接口来方便用户使用，通过扩充改造硬件设施和提供新的服务来扩大计算机功能。一个未配置操作系统的计算机系统是极难使用的，因为计算机硬件只能识别 0 和 1 这样的计算机代码。此时，用户要在计算机上运行自己所编写的程序，就必须用计算机语言书写程序；用户要想输入数据或打印数据，也都必须自己用计算机语言书写相应的输入程序或打印程序。如果在计算机硬件上配置了操作系统，用户便可通过操作系统所提供的各种命令来使用计算机系统。例如，用编译命令可方便地把用户用高级语言书写的程序，翻译成计算机代码，大大地方便了用户，从而使计算机变得易学易用。

2. 管理系统资源，提高系统效率

操作系统有效管理系统中所有软硬件资源，使之得到充分利用，并且合理组织计算机的工作流程，以改进系统性能和提高系统效率。在未配置操作系统的计算机系统中，诸如 CPU、I/O 设备等各类资源，都会因经常处于空闲状态而得不到充分利用；内存及外存中所存放的数据由于无序而浪费了存储空间。配置了操作系统后，可使 CPU 和 I/O 设备由于能保持忙碌状态而得到有效利用，且由于可使内存和外存中存放的数据有序而节省存储空间。此外，操作系统还可以通过合理地组织计算机的工作流程，而进一步改善资源的利用率及提高系统的吞吐量。

3. 构筑开放环境，增强开放性和可扩充性

操作系统遵循有关国际标准来设计和构造，以构筑一个开放环境；支持体系结构（Architecture）的可伸缩性和可扩展性；支持应用程序在不同平台上的可移植性和可互操作性。随着超大规模集成电路（Very Large Scale Intergration，VLSI）技术和计算机技术的迅速发展，计算机硬件和体系结构也随之得到迅速发展，相应的，它们也对操作系统提出了更高的功能和性能要求。此外，网络的发展也对操作系统提出了一系列更新更高的要求。因此，操作系统必须具有很好的可扩充性，才能适应发展的要求。这就是说，操作系统应采用层次化结构，以便于增加新的功能层次和模块，并能修改老的功能层次和模块。

1.1.3 操作系统的作用

可以从不同的观点来观察操作系统的作用。从一般用户的观点，可把操作系统看作是用户与计算机硬件系统之间的接口；从资源管理观点上看，则可把操作系统视为计算机系统资源的管理者；从计算机扩充的观点来看，操作系统向用户提供了虚拟机。

1. 操作系统作为用户与计算机硬件系统之间的接口

操作系统作为用户与计算机硬件系统之间接口的含义是：操作系统处于用户与计算机硬件系统之间，用户通过操作系统来使用计算机系统。或者说，用户在操作系统帮助下，能够方便、快捷、安全、可靠地操纵计算机硬件和运行自己的程序。

操作系统可提供给用户三种使用计算机的方式：一是命令方式，这是指由操作系统提供了一组联机命令，用户可通过键盘输入有关命令，来直接操纵计算机系统；二是系统调用

第 1 章 导论

（System Call）方式，操作系统提供了一组系统调用，用户可在自己的应用程序中通过相应的系统调用，来操纵计算机；三是图形、窗口方式，用户通过屏幕上的窗口和图标来操纵计算机系统和运行自己的程序。

2. 操作系统作为计算机系统资源的管理者

在一个计算机系统中，通常都含有各种各样的硬件和软件资源。归纳起来可将资源分为四类：处理器、存储器、I/O 设备及信息（数据和程序）。相应的，操作系统的主要功能也正是针对这四类资源进行有效的管理，即：处理机管理，用于分配和控制处理器；存储器管理，主要负责内存的分配与回收；I/O 设备管理（Device Management），负责 I/O 设备的分配与操纵；文件管理，负责文件的存取、共享（Sharing）和保护。可见，操作系统的确是计算机系统资源的管理者。

3. 操作系统用做扩充计算机

对于一台完全无软件的计算机系统（即裸机），即使其功能再强，也必定是难于使用的。如果在裸机上覆盖上一层 I/O 设备管理软件，用户便可利用它所提供的 I/O 命令，来进行数据输入和打印输出。此时，用户所看到的计算机，将是一台比裸机功能更强、使用更方便的计算机。通常把覆盖了软件的计算机称为扩充机器或虚拟机。如果在第一层软件上再覆盖一层文件管理软件，则用户可利用该软件提供的文件存取命令，来进行文件的存取。此时，用户看到的是一台功能更强的虚拟机。如果在文件管理软件上再覆盖一层面向用户的窗口软件，则用户便可在窗口环境下方便地使用计算机，形成一台功能更强的虚拟机。

由此可知，每当人们在计算机系统上覆盖一层软件后，系统功能便增强一级。由于操作系统自身包含了若干个层次，因此当在裸机上覆盖上操作系统后，便可获得一台功能显著增强、使用极为方便的多层扩充机器或多层虚拟机。

相关链接：操作系统操控着什么

操作系统是掌控计算机的系统。最原始的计算机并没有操作系统，而是直接由人来掌控，即所谓的单一控制终端、单一操作员模式。随着计算机的功能、资源和复杂性的增长，人已经无法胜任这项工作了。于是就出现了这个专门用于掌控和操纵计算机的软件，将人从日益复杂的任务中解脱出来。另外，确保计算机不发生任何不知情或不同意的事情，不给病毒和入侵者可乘之机，也是操作系统的任务。

因此，操作系统就是掌控计算机上所有事情的软件系统。其功能包括：替用户管理计算机上的软硬件资源；保证计算机资源的公平竞争和使用；防止对计算机资源的非法侵占和使用；保证操作系统自身正常运转。

1.1.4 研究操作系统的几种观点

1. 资源管理观点

操作系统的资源管理观点是将操作系统看成是计算机系统的资源管理程序。计算机系统的软硬件资源按其作用划分为处理机、存储器、外围设备和文件四大类，这四类资源构成了操作系统本身和用户作业赖以活动的物质基础和工作环境。它们的使用方法和管理策略决定了整个操作系统的规模、类型、功能和实现。基于这一观点，就可以将操作系统看成是由一组资源管理程序所组成的。对应于上述四类资源，可以把操作系统划分成处理机管理、存储器管理、设备管理和文件管理四大部分，并分别进行分析研究。

2. 进程管理观点

进程管理观点是把操作系统看做是由若干个可以独立运行的程序和一个对这些程序进行协调的核心所组成。这些运行的程序称为进程，每个进程都完成某一特定任务（如控制用户作业的运行、处理某个设备的输入/输出等）；而操作系统的核心则控制和协调这些进程的运行，解决进程之间的通信；它以系统各部分可以并发（Concurrence）工作为出发点，考虑管理任务的分割和相互之间的关系，通过进程之间的通信来解决共享资源时所带来的竞争问题。通常，进程可以分为用户进程和系统进程两大类，由这两类进程在核心控制下的协调运行来完成用户的要求。

3. 用户界面观点

用户对操作系统的内部结构并没有多大的兴趣，他们最关心的是如何利用操作系统提供的服务来有效地使用计算机。因此，操作系统提供了什么样的用户界面成为关键问题。

4. 分层虚拟机观点

从服务用户的计算机扩充的观点来看，操作系统为用户使用计算机提供了许多服务功能和良好的工作环境。用户不再直接使用硬件机器，而是通过操作系统来控制和使用计算机，从而把计算机扩充为功能更强、使用更加方便的计算机系统（称为虚拟计算机）。虚拟机观点从功能分解的角度出发，考虑操作系统的结构，将操作系统分成若干个层次，每一层次完成特定的功能从而构成一个虚机器，并为上一层提供支持，构成它的运行环境，从而向用户提供全套的服务，完成用户的作业要求。

1.2　操作系统的发展历史

任何事物的发展都是有阶段性的。试想一个学徒，一开始什么东西都需要亲自去教他，自己会花不少时间。过一段时间，这个学徒就会干一些活了，那么你就可以腾出精力去做更多的其他事情。其实，操作系统的出现也是类似的。从穿孔机到管理程序再到操作系统，随着操作系统的产生和发展，其功能越来越强大，工作人员的劳动强度也大大减小。

操作系统的形成迄今已有 50 余年的时间。在 20 世纪 50 年代中期出现了第一个简单的批处理操作系统，到 20 世纪 60 年代中期产生了多道批处理系统，不久又出现了基于多道程序的分时系统。20 世纪 80 年代至 90 年代是微型机、多处理机和计算机网络大发展的年代，同时也是微机操作系统、多处理机操作系统和网络操作系统的形成和大发展的年代。

1.2.1　推动操作系统发展的动力

操作系统的演变就是对计算机硬件进行粉饰的过程。在出现操作系统后的 50 余年中，操作系统取得了重大的发展，其主要动力可归结为下述四个方面。

1. 不断提高计算机资源利用率

在计算机发展的初期，计算机系统特别昂贵，人们必须千方百计地提高计算机系统中各种资源的利用率，这就成为最初发展的动力，并由此形成了能自动地对一批作业进行处理的批处理系统。

2. 方便用户

当资源利用率不高的问题基本得到解决后，用户在上机、调试程序时的不方便性便成为主要矛盾。于是，人们又想方设法改善用户上机、调试程序时的条件，这又成为继续推动操作系统发展的主要因素。随之便产生了允许进行人机交互的分时系统，或称为多用户系统。

3. 器件的不断更新换代

计算机器件的不断更新，使得计算机的性能不断提高、规模急剧扩大，从而推动了操作系统的功能和性能也迅速增强和提高。例如，当微机由 8 位发展到 16 位，进而又发展到 32 位时，相应的微机操作系统也就由 8 位微机操作系统发展到 16 位，进而又发展到 32 位微机操作系统，此时相应操作系统的功能和性能，也都有显著的增强和提高。

4. 计算机体系结构的不断发展

计算机体系结构的发展，不断推动着操作系统的发展并产生新的操作系统类型。例如，当计算机由单处理机系统发展为多处理机系统（Multiprocessor System）时，相应的，操作系统也就由单处理机操作系统发展为多处理机操作系统。又如，当计算机继续发展而出现了计算机网络后，相应的又有了网络操作系统。

相关链接：推动操作系统进化的最根本原因

人的惰性和永不满足的欲望才是推动操作系统进化的最根本原因。人的惰性表现在对"方便"的永无止境的苛求上，比如傻瓜相机的出现。人的欲望则表现在对一个物质丰富而"省心"、空间舒适而能够"衣来伸手饭来张口"的平台的永无止境的追求和享受上。因此，这些一方面使得计算机的硬件成本不断下降，另一方面其功能和复杂性却日复一日地不断上升。另外，操作系统和攻击者之间的博弈也是影响操作系统发展的重要因素。总有一些人闲来无事，就想利用计算机的缺陷来进行各种损人利己或损人不利己的活动。而随着操作系统防范水平的提高，攻击者也会随之改进他的攻击手段，即所谓"道高一尺，魔高一丈"。如此循环往复，安全与防范攻击使得操作系统不得不永远走在改进和发展的道路上。

1.2.2 操作系统的历史演变

如同任何事物一样，计算机和操作系统也有其诞生、成长和发展的过程。为了更清楚地把握操作系统的实质，了解计算机和操作系统的发展是很有必要的。按照计算机器件工艺的演变可把计算机发展过程分为四个阶段：第一代电子管时代（1946—1957 年）、第二代晶体管时代（1958—1964 年）、第三代集成电路时代（1965—1970 年）、第四代大规模/超大规模集成电路时代（1971 年至今）。我们将沿着历史线索介绍操作系统的发展过程。

1. 手工操作——操作系统的史前文明

从第一台计算机诞生到 20 世纪 50 年代中期的计算机，其逻辑部件是电子管，还没有出现操作系统。这时的计算机操作是由用户（即程序员）采用手工操作方式直接使用计算机硬件系统，即先把程序纸带（或卡片）装上输入机；启动输入机把程序和数据送入计算机；通过控制台开关启动程序运行；计算完毕，打印机输出计算结果；用户取走并卸下纸带（或卡片），如图 1-2 所示。

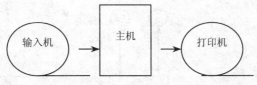

图 1-2　手工操作

　　这时用户用计算机语言编程，用户既是程序员又是操作员。在这种人工操作方式下，一个用户独占全部计算机资源，并且中央处理机等待人工操作。

　　可见，人工操作方式严重降低了计算机资源的利用率，这就是所谓的人机矛盾。随着 CPU 速度的提高和系统规模的扩大，人机矛盾变得日趋严重。此外，随着 CPU 速度的迅速提高，CPU 与 I/O 设备之间速度不匹配的矛盾也更加突出。为了缓和矛盾，曾先后出现了通道技术、缓冲技术，但都未能很好地解决上述矛盾。

　　相关链接：操作系统的诞生

　　1940 年以前的计算机还不是现代意义上的计算机，是只限于做加减法的"自动机"。这种自动机不支持交互命令输入，也不支持自动程序设计，甚至没有存储程序的概念。因此，也就更谈不上什么计算机工业、计算机研究及计算机用户这些概念。这时的"操作系统"运行在英国人巴贝斯（Babes）想象中的自动机上，被称为"状态机操作系统"。它其实是一种简单的状态转换程序，可根据特定输入和计算机现在的特定状态进行状态转换。

　　因此，这个阶段是没有操作系统的。如果非要说有，那么，人就是这个时代的操作系统。因为自动机的一切动作都是在人的操控下进行的。

　　第一台电子计算机 ENIAC 在美国宾夕法尼亚大学诞生之后，人们能够想到的就是要提供一些标准命令供用户使用，以直观地控制这台庞然大物。这些标准命令集合就构成了原始操作系统 SOSC，即单一操作员单一控制终端（Single Operator，Single Console）。

　　2. 监控程序（早期批处理）——操作系统初具雏形

　　手工操作阶段有两个致命缺点，一是浪费 CPU 的非常宝贵的时间，二是建立和运行作业慢，并且任何一步错误都将导致该作业从头开始。

　　所谓作业，即用户一次提交给计算机的一个具有独立性的计算任务。就像经理交给员工一件工作，只谈结果要求即可，也可称之为"任务"、"工作"、"程序"。从计算机系统角度来讲，作业即为计算机系统为用户一次上机算题所要做的全部工作。如果静态地观察一个作业内容，则应由用户程序及其所需要的数据结构、有关命令和说明等构成，如一个 C 语言程序的编写。计算机处理作业分为输入、编译、装配、运行、输出等，其中每一个步骤称为一个作业步。如编译步、装配目标程序步、运行目标程序步等。

　　如果把一批作业有次序地排列在一起让计算机依次逐个地去完成，使作业一批批地进入系统，经过处理后又一批批退出系统，会形成源源不断的作业流。每一批作业将有专门编制的监督程序（Monitor）自动依次处理。

　　早期的批处理可分为联机批处理与脱机批处理两种方式。为缩短作业建立和人工操作时间，解决"人机矛盾"，把若干作业合成一批，制成纸带或卡片，通过输入机存入磁带，以后就由监督程序负责把作业依次调入运行。这种从一个作业自动过渡到另一个作业的工作方式，就是所谓早期的批量处理。图 1-3 所示为早期联机批处理模型。

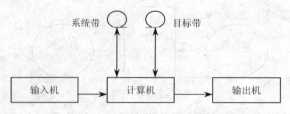

图 1-3 早期联机批处理模型

显然，作业的输入/输出都是联机的。作业信息从纸带输入到磁带，从磁带调入内存运行，以及输出计算结果等工作都是在 CPU 直接控制下进行的。

这种联机批处理方式解决了作业自动转接，从而减少了作业建立和人工操作时间。但是，在作业的输入和执行结果的输出过程中，主机 CPU 仍处在停止等待状态。此时，慢速的输入/输出设备和快速主机之间仍处于串行工作，CPU 的时间仍有很大的浪费。

为解决上述矛盾，引进脱机输入/输出技术。即在主机之外另设一台小型卫星机，用于专门处理输入/输出工作。如图 1-4 所示，主机与卫星机并行工作，二者分工明确，以充分发挥主机的高速度计算能力。

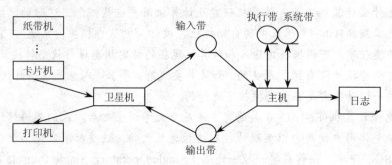

图 1-4 早期脱机批处理模型

相关链接：密歇根大学执行系统 UMES

这个时期，世界上最先进的计算机是 IBM7094。作为礼物，IBM 分别捐赠给密歇根大学（UM）和麻省理工学院（MIT）各一台 IBM7094。但是在捐赠计算机时，IBM 要求这两所学校必须遵守一个协议：平时归学校使用，帆船比赛时必须停下一切计算任务为 IBM 服务。因为帆船比赛需要使用计算机来安排赛程、计算成绩、打印名次等。但是，那时的计算机如果在程序执行过程中停下来，中间结果将无法保留，所以一切计算必须重新开始。因此，密歇根大学的 R.M.Graham、Bruce Arden 和 Bernard Galler 于 1959 年开发出了轰动一时的 MAD/UMES 系统，即密歇根算法译码器和密歇根大学执行系统。MAD 是一种可扩展的程序设计语言，而 UMES 则是一个能够保存中间结果的操作系统。从此，密歇根大学的计算机运行基本就不再受 IBM 帆船比赛所造成的中断的影响了。而 MAD 随后又进一步移植到 Philco、Univac 和 CDC 等计算机上，其很多功能后来被加入到 FORTRAN 语言里。

3. 多道批处理——现代意义上的操作系统的出现

20 世纪 60 年代初期，人们发现如果能在内存中同时存放几道程序，并允许它们交替运行，可以极大地改善上述高速设备（CPU）等待低速设备（I/O）的状况。当一道程序因某种原因而不得不暂停时，系统就马上让另一道作业投入运行，从而使处理机得到充分利用。在这种思想指导下，出现了多道程序设计和多道程序系统。

因此，在单处理系统中，多道程序运行的特点是：

（1）多道：计算机内存中同时存放几道相互独立的程序。

（2）宏观上并行：同时进入系统的几道程序都处于运行过程中，即它们先后开始了各自的运行，但都未运行完毕。微观上串行：实际上，各道程序轮流使用 CPU，交替执行。

（3）调度性：采用合理的调度策略使多道程序并发执行。

（4）异步性：程序以不可预知的时间开始执行，执行速度、结束时间也不可预知。

多道程序系统中，要解决这样一些技术问题：

（1）并行运行的程序要共享计算机系统资源，即有对资源的竞争（如多名同学对一间只容纳一人的教室的使用），但又须相互同步。同步和互斥机制成为操作系统设计中的重要问题。

（2）随着多道程序的增加，出现了内存不够用的问题。因此，又出现了诸如覆盖技术、对换技术和虚拟存储技术等内存管理技术。

（3）由于多道程序存在于内存，为保证系统程序存储区和各用户程序存储区的安全可靠，提出了内存保护的要求。

显然，此时的多道程序系统，其功能和复杂性都要比早期批处理系统复杂得多，它既要管理工作，又要管理内存，还要管理 CPU 的调度问题。因此，多道程序系统的功能有作业调度管理、处理机管理、存储器管理、外围设备管理、文件系统管理等，标志着操作系统日趋成熟。

多道程序系统显著地提高了资源的利用率，增加了系统对作业的吞吐能力，因此被现代计算机系统广泛采用。但多道程序系统在运行过程中是不允许用户和计算机进行交互式对话的，这使某些用户（例如调试程序时）感到很不方便。他们希望在程序运行过程中能随时干预，以便更快地完成调试任务。

相关链接：跨时代的多道批处理操作系统 OS/360

典型的多道批处理操作系统是 IBM 自行开发的 OS/360，它运行在 IBM 的第三代计算机（如 System/360、System/370、System/4300 等）之上。OS/360 提供了资源管理和共享，允许多个 I/O 同时运行，CPU 和磁盘操作可以并发，并引进了内存的分段管理，还同时支持商业和科学应用，因此它在技术和理念上都是跨时代的操作系统。但是，它本身存在很多错误，因此最终并没有成功付诸商业应用。

4．分时与实时系统出现——操作系统步入实用化

所谓分时系统，是指多个用户通过终端设备与计算机交互作用来运行自己的作业，并且共享一个计算机系统而互不干扰，就好像独占一台计算机一样。图 1-5 所示为分时操作系统（Time-Sharing System）示意图。第一个分时系统由 MIT 的 Fernando Corbato 等人于 1961 年在一台改装过的 IBM7090/7094 机上开发成功，当时有 32 个交互式用户。

由于分时系统及前述其他系统在实时控制、实时采样等方面不能满足要求，因此出现了实时操作系统（Real-Time System）。20 世纪 60 年代中期计算机进入第三代，固体组件代替了分立元件，计算机的性能和可靠性有了很大提高，价格也大幅度下降。这使得计算机应用越来越广泛。所谓实时就是及时，即要求计算机以足够快的速度对于外来信息进行处理，并在被控制对象允许时间范围内作出快速反应。因此，实时系统通常应用于实时控制和实时信息处理两个领域。近年来，非 PC 和 PDA（个人数字助理）等新设备的出现，使实时操作系统得到便广泛的应用。

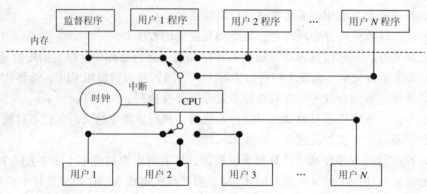

图 1-5 分时操作系统示意图

由于实时系统大部分都是专用的，因此其规模大小相差甚大，各种实时系统的特点和功能也各不相同。一般较大的实时系统，除了具有一般操作系统的基本功能外，还要求具有及时响应和高可靠性的特点。

相关链接：MULTICS 操作系统

麻省理工学院请密歇根大学的 R.M.Graham 主持，并联合贝尔实验室和 DEC（美国数字仪器公司），开始了 MULTICS 分时系统的研发工作。在此期间，贝尔实验室的研究人员因与其他合作者的理念有分歧而离开，独立研发出了 UNIX，并因此获图灵奖。因此，自 MULTICS 一面世，就遇到了"既生瑜，何生亮"的窘境。之后，麻省理工学院最终还是研发出了应用于部分商用领域的分时操作系统（Compatible Time Sharing System，CTSS）。

虽然如此，分时操作系统最典型的代表还是 MULTICS 和 UNIX。分时操作系统通常运行在第三代机 PDP、VAX 和 CRAY 上。商业实时操作系统的代表有 VxWorks 和 EMC 的 DART 系统。

5. 面向各种用户群的通用操作系统——大众化的趋势

多道批处理系统和分时系统的不断改进，实时系统的出现及其应用日益广泛，致使操作系统日益完善。在此基础上，出现了通用操作系统。它可以同时兼有多道批处理、分时处理、实时处理之中两种及以上的功能。例如，将实时处理和批处理相结合构成实时批处理系统。在这样的系统中，它首先保证优先处理任务，插空进行批作业处理。通常把实时任务称为前台作业，批作业称为后台作业。再如，将批处理和分时处理相结合可构成分时批处理系统。在保证分时用户的前提下，没有分时用户时可进行批量作业的处理。同样，分时用户和批处理作业可按前后台方式处理。

从 20 世纪 60 年代中期开始，国际上开始研制大型通用操作系统。这些系统试图达到功能齐全、可适应各种应用范围和操作方式变化多端的环境的目标。但是，这些系统本身很庞大，不仅付出了巨大的开发代价，而且由于系统过于复杂和庞大，在解决其可靠性、可维护性、可理解性和开放性等方面都遇到很大困难。但是，UNIX 操作系统却是一个例外。

UNIX 是一个通用的多用户分时交互型的操作系统。它首先建立的是一个精干的核心，而其功能却足以与许多大型的操作系统相媲美，在核心层以外可以支持庞大的软件系统。它很快得到应用和推广并不断完善，对现代操作系统有着重大的影响。

目前，广泛使用的操作系统，如 SUN 公司的 Solaris、IBM 公司的 AIX、Microsoft 公司的

Windows 操作系统，其主要原理都是基于 UNIX 操作系统的。另外，目前广为流传的 Linux 系统也是从 UNIX 演变而成的。

6. 当代操作系统的两大发展方向——宏观应用与微观应用

在当代，操作系统的发展正在呈现更加迅猛的发展态势。从规模上看，操作系统向着大型和微型两个不同的方向发展。典型的大型系统是分布式操作系统（Distributed Operating System）和集群操作系统，而典型的微型系统则是嵌入式操作系统（Embedded Operating System）。

分布式操作系统和集群操作系统是适应计算平台向异构、网络化演变而出现的。分布式系统是由多个连接在一起的处理器资源组成的计算系统，它们在整个系统的控制下可合作执行一个共同任务，对集中的程序、数据或硬件依赖最少。这些资源可以是物理上相邻的，也可以是在地理上分散的。集群操作系统适用于由多台计算机构成的集群。较典型的有加州大学伯克利分校 NOW 集群操作系统。

在当代的电子、电器和智能机械设备上，除了传统的工业控制、航空航天和武器制导等领域外，嵌入式操作系统正在向各类家电、智能电器渗透。在移动计算、有线电视、数字影像等领域都需要各种实时的、嵌入式操作系统，为各类设备提供与因特网、计算机、电器连接及字处理、邮件、浏览、控制等功能。

1.2.3 操作系统的主要成就

操作系统是现有软件系统中最复杂的系统软件之一。到目前为止，操作系统已经取得了五项主要成就：进程、存储管理、信息的保护与安全性、调度与资源管理、系统结构。它们涉及现代操作系统在设计和实现方面的最基本问题。

1. 进程

进程是现代操作系统的基础。进程这个术语最早是在 20 世纪 60 年代由 Multics 的程序设计员提出的，它在某种程度上比作业这个概念还要大众化。对进程有很多种定义，其中包括：程序的一次执行过程；能分配给处理机并在其上执行的实体；程序在一个数据集合上的运行过程；进程是系统进行资源分配和调度的一个独立单位等。

计算机系统发展的三条主线，即批处理多道程序、分时系统及实时事务处理系统，导致了实时性与同步性问题的出现。这些问题的产生进一步完善了进程概念。

2. 存储管理

用户需要一个计算环境，以支持组件编程和灵活使用数据。系统管理员需要高效和有序地存储分配控制机制。为了满足这些要求，操作系统有如下五条存储管理原则：

（1）进程隔离。操作系统必须有效防止进程之间的相互干扰。

（2）自动分配和管理。程序应该能够在动态条件下分配到其所要求的存储区域。

（3）支持组件编程。存储器共享使得一个程序具有对另一程序的存储空间进行寻址的潜在可能性，这对绝大多数程序甚至操作系统本身构成了极大威胁。

（4）长时间存储。很多用户和应用程序要求长时间存储信息。

（5）保护和存取控制。

通常操作系统用虚拟存储器和文件系统来满足这些需求。

3. 信息保护和安全性

随着计算机网络的发展及分时系统的广泛应用，人们对信息保护越来越关注。为此，美国国家标准局曾经颁布了一个文件，指出了一些安全领域要警惕的活动。为防止这些活动，可以将一些通用工具安装到计算机和操作系统中以支持各种保护和安全机制。

4. 调度和资源管理

操作系统的核心任务之一就是管理各种可获得的资源及合理地调度它们。任何资源的分配和调度策略都必须考虑以下因素：

（1）公平性。通常希望给竞争资源的进程以平等的访问权限。

（2）任务优先级。操作系统应该区分具有不同服务请求的不同类型的任务。

（3）效率。在公平和效率的限制下，操作系统最好能有最大吞吐量和最小响应时间。

5. 系统结构

随着计算机硬件复杂性的增加及操作系统性能的增强，操作系统的大小和复杂性也在不断增加。操作系统的大小及其处理任务的难度导致了许多问题，比如，系统总会有许多潜在的错误，或者其性能没有达到所希望的要求。为了有效管理系统资源和降低操作系统的复杂性，人们开始重视操作系统的软件结构。

一是软件必须组件化。这有助于组织软件、限制诊断任务并定位错误；组件间的接口应尽可能简单，以使系统改进更为容易。二是对大型操作系统，越来越多地使用体系结构分层和信息抽象技术。现代操作系统的体系结构分层是根据其复杂性及抽象的水平来分离功能的。可以将系统看成一个分层结构，每层完成操作系统要求的一个功能子集，每层都依赖于紧挨着的较低一层的功能，并且为其较高层提供服务。定义不同的层就是为了当某一组件改变时不会影响其他层的内容，这样就将一个问题分解为许多容易解决的子问题。

相关链接：操作系统的"奇异点"

随着计算机的不断普及，操作系统的功能变得越来越复杂。这种趋势下，操作系统的发展面临两个方向的选择，一是向微内核方向发展，二是向大而全的全方位方向发展。微内核的代表有 MACH 系统。而工业界更认可多功能、全方位的操作系统，即可靠、可用和安全，并致力于到达"操作系统奇异点"（OS Singularity）。当然每个用户都有自己的评价标准和理想中的操作系统。

由于大而全的操作系统的管理难度较大，现代操作系统一般都采取模块化的方式，即一颗小小的内核，外面分层加上模块化的外围管理功能。例如，最新的 Solaris 将操作系统划分为核心内核和可装入模块两个部分。而最新的 Windows 则将操作系统划分成内核（kernel）、执行体（executive）、视窗和图形驱动、可装入模块。Windows 执行划分为 I/O 管理、文件系统缓存、对象管理、热插拔管理器、能源管理器、安全监视器、虚拟内存、进程与线程、配置管理器、本地过程调用等。

1.2.4 现代操作系统类型

依据操作系统的服务观点，可把操作系统分成三种基本类型，即批处理操作系统（Batch Processing System）、分时操作系统、实时操作系统。随着计算机体系结构的发展，又出现了许多类型的操作系统，它们是嵌入式操作系统、个人计算机操作系统（Personal Computer Operating System）、网络操作系统（Network Operating System）和分布式操作系统。

1. 批处理操作系统

批处理操作系统的基本工作方式是：用户将作业交给系统操作员，系统操作员将许多用户的作业组成一批作业，之后输入到计算机中，在系统中形成一个自动转接的连续的作业流，然后启动操作系统，系统自动、依次执行每个作业。最后由操作员将作业结果交给用户。

批处理系统的设计目标是提高系统资源的使用效率和作业吞吐量。作业吞吐量是单位时间内计算机系统处理作业的个数。

批处理系统的特点是脱机服务方式，成批处理作业。计算机系统处理的是连续作业流，用户无法干预，不利于调试程序，所以只适用于成熟的程序，比如求解四色定理、天气预报等。批处理操作系统的优点是作业流程自动化较高，资源利用率较高，作业吞吐量大，从而提高了整个系统效率；其缺点是用户不能直接与计算机交互，调试程序困难。

批处理系统分为批处理单道系统和批处理多道系统。

2. 分时操作系统

分时操作系统的工作方式是一台主机连接了若干个终端，每个终端有一个用户在使用。用户交互式地向系统提出命令请求，系统接受每个用户的命令，并通过交互方式在终端上向用户显示结果。用户根据上步结果发出下道命令。

分时操作系统将 CPU 的时间划分为若干个片段，称为时间片。操作系统以时间片为单位，轮流为每个终端用户服务。每个用户以时间片为单位轮流使用计算机而并不感到有其他用户存在。例如，在一个有 n 个在线用户的分时系统，时间片为 Q，每个人在 $n \times Q$ 的时间内至少能得到 Q 的时间，因为这些时间片轮回的速度远远比用户敲击键盘的速度快，所以用户的感觉是自己独占计算机系统。

分时系统具有多路性、交互性、独占性和及时性的特征。"多路性"是指同时有多个用户使用一台计算机，宏观上看是多个人同时使用一个 CPU，微观上看是多个人在不同时刻轮流使用 CPU。"交互性"是指用户根据系统响应结果进一步提出新请求，用户直接干预每一步。"独占性"是指用户感觉不到计算机在为其他人服务。"及时性"是指系统对用户提出的请求及时响应。

分时操作系统追求的是及时响应，衡量及时响应的指标是响应时间，是指从终端发出命令到系统予以应答所需的时间。影响响应时间的因素有用户终端数目的多少、时间片的大小、信息交换速度及交换的信息量等。如 UNIX 分时系统，它就是每隔一秒产生一次时钟中断来重新计算所有进程的优先数，按动态优先数分配 CPU，而不是采用固定时间片轮转法。

3. 实时操作系统

实时操作系统是指使计算机能及时响应外部事件的请求，在规定的时间内完成对该事件的处理，并控制所有实时设备和实时任务协调一致地工作的操作系统。实时操作系统主要的追求目标是对外部请求在严格时间范围内作出反应，同时具有高可靠性和完整性。

实时操作系统主要有两类：第一类是实时过程控制，用于工业控制、军事控制等领域。比如，火箭飞行控制系统就是实时的，它对飞行数据采集和燃料喷射时机的把握要非常准确，否则难以达到精确控制的目的，将导致飞行控制失败。这种时间精确度的要求通常会在微秒以下。第二类是实时通信（信息）处理，用于电信（自动交换机）、银行、飞机订票等领域。例如，一个网络视频信息服务中心会将视频信息定期地（如每一秒每个用户 30 帧图像）传送给多个用户，如果不能维持发送的良好周期性，用户将会感觉到视频、音频的跳动。

实时系统的特点是高及时性、高可靠性和过载防护能力。实时系统的主要设计目标是对实时任务能够进行实时处理，响应不及时会造成严重的后果。因此实时系统具备强有力的中断机制、时钟管理机制和快速的任务切换机制。高可靠性也是实时系统的设计目标之一，因为实时系统往往用在一些关键应用上，它们需要有很强的健壮性和适应性。实时系统中的实时任务往往对环境依赖很大，它们的启动时间和数量随机性非常大，极有可能超出系统的处理能力，即过载。当系统出现过载现象时，实时系统要有能力判断实时任务的重要性，通过抛弃或者延后次要任务以保证重要任务成功执行。

4. 嵌入式操作系统

在电器、电子和智能机械上，嵌入安装各种微处理器或微控制芯片。嵌入式操作系统就是运行在嵌入式智能芯片环境中，对整个智能芯片及它所操作、控制的各种部件装置等资源进行统一协调、调度、指挥和控制的系统软件。

嵌入式操作系统通常配有源码级可配置的系统模块设计、丰富的同步原语、可选择的调度算法、可选择内存分配策略、定时器与计数器、多方式中断处理支持、多种异常处理选择、多种通信方式支持、标准 C 语言库、数学运算库和开放式应用程序接口 API（Application Programming Interface）。嵌入式操作系统具有高可靠性、实时性、占有资源少、智能化能源管理、易于连接、低成本等优点，其系统功能可针对需求进行裁剪、调整和生成，以便满足最终产品的设计要求。

嵌入式系统是嵌入式操作系统、相应设备环境与应用环境的结合。嵌入式系统是一个很宽的概念，小到手机的通信控制、大到国家范围内的电力监控网都可以称为嵌入式系统。或许将它理解为其他更大系统的构成子系统更合理一些。嵌入式操作系统是嵌入式系统的控制中心，它的能力将从根本上影响系统的效能。

嵌入式系统的应用非常广泛，如工业监控、智能化生活空间（信息家电、智能大厦等）、通信系统、导航系统等。举一个简单的例子，汽车上的电子控制设备实际上是一个计算机网络，一辆现代化的轿车里可能有数十个微处理器和相应的操作平台，它们需要通信，需要监控汽车的运行等，这就构成了一个嵌入式系统，它包括任务处理、计算、网络互联、数据采集、数据管理、智能控制、人机交互等诸多方面的技术，而它需要一系列针对应对环境的操作平台来控制、协调各种系统需求与服务，控制资源配置，这些平台共同构成了这个嵌入式系统的操作系统。

5. 个人计算机操作系统

个人计算机操作系统是一种单用户多任务的操作系统。个人计算机操作系统主要供个人使用，功能强，价格便宜，几乎在任何地方都可安装使用。它能满足一般人操作、学习、游戏等方面的需求。个人计算机操作系统的主要特点是：计算机在某一时间内为单个用户服务；采用图形界面人机交互的工作方式，界面友好；使用方便，用户无须专门研究，也能熟练操纵计算机。

6. 网络操作系统

为计算机网络配置的操作系统称为网络操作系统。网络操作系统是基于计算机网络的、在各种计算机操作系统之上、按网络体系结构协议标准开发的软件，包括网络管理、通信、安全、资源共享和各种网络应用。

网络操作系统把计算机网络中的各个计算机有机地连接起来，其目标是相互通信及资源共享。用户可以使用网络中其他计算机的资源来实现计算机间的信息交换，从而扩大了计算机的应用范围。

网络有不同的模式。在集中式模式中，运算处理在中央处理机里发生，终端仅作为输入/输出设备使用，通过连接两台或更多主机的方式构成网络。在分布式模式中，多台计算机通过网络交换数据并共享资源和服务。协同式计算使得在网络环境中的计算机不仅能共享数据、资源和服务，还能够共享运算处理能力。

7. 分布式操作系统

大量的计算机通过网络被连接在一起，可以获得极高的运算能力及广泛的数据共享。这种系统称为分布式系统。为分布式计算机系统配置的操作系统就称为分布式操作系统。

可以说，分布式操作系统是网络操作系统的更高级形式，它保持了网络操作系统的各种功能，并更具备了透明性、自治性、共享性、统一性。

分布式系统中，所有计算机构成一个完整的、功能更加强大的计算机系统，而分布式操作系统可以使系统中若干台计算机相互协作，共同完成一个计算任务，即把一个计算任务分解成若干可以并行执行的子任务，让每个子任务分别在不同的计算机上执行，充分利用各种资源，从而使计算机系统处理能力增强，速度更快，可靠性增强。这使分布式系统具有分布式与可靠性的优点。

集群（Cluster）是分布式系统的一种，一个集群通常由一群处理器密集构成。集群操作系统用于这样的系统，是分布式操作系统的一个新品种，它可以用低成本的微型计算机和以太网设备等产品，构造出性能相当于超级计算机运算性能的集群。

网络操作系统与分布式操作系统在概念上的主要不同之处是网络操作系统可以构架于不同的操作系统之上，也就是说它可以在不同的本机操作系统上通过网络协议实现网络资源的统一配置，在大范围内构成网络操作系统。在网络操作系统中并不要求对网络资源透明的访问，即不需要显式地指明资源位置与类型，对本地资源和异地资源访问区别对待。分布式操作系统比较强调单一性，它是由一种本地操作系统构架的，在这种操作系统中网络的概念在应用层被淡化了，所有资源（本地的和异地的）都用统一的方式管理与访问，用户不必关心它在哪里，或者怎样存储。

1.3 操作系统的特征和功能

1.3.1 操作系统的特征

虽然不同类型操作系统具有不同的特征，但它们都具并发性、共享性、虚拟性及不确定性这四个基本特征。其中，并发是操作系统最重要的特征，其他三个特征都是以并发为前提的。

1. 并发（Concurrence）

并行性和并发性是两个容易混淆的概念。并行性是指两个或多个事件在同一时刻发生；而并发性是指两个或多个事件在同一时间间隔内发生。在多道程序环境下，并发性是指一段时间内，宏观上有多个程序在同时运行，但在单处理机系统中，每一时刻却仅能有一道程序执行，故微观上这些程序只能是分时交替执行。如果在计算机系统中有多个处理机，则这些可以并发执行的程序便可被分配到多个处理机上，实现多个程序的并行执行。

通常的程序是静态实体，它们是不能并发执行的。为使多个程序能并发执行，系统必须分别为每个程序建立进程。简单地说，进程是指在系统中能独立运行的作业并作为资源分配的基本单位，它是由一组计算机指令、数据和堆栈等组成的，是一个活动实体。多个进程之间可以并发执行和交换信息。在操作系统中引入进程的目的是使多个程序能并发执行。

操作系统中程序的并发执行将使系统复杂化，以致在系统中必须增设若干新的功能模块，分别用于对处理机、内存、I/O 设备及文件系统等资源进行管理，并控制系统中作业的运行。事实上，进程和并发是现代操作系统中最重要的基本概念，也是操作系统运行的基础。

长期以来，进程都是操作系统中可以拥有资源和作为独立运行的基本单位。直到 20 世纪 80 年代中期，人们又提出了比进程更小的单位——线程。通常在一个进程中包含了若干个线程。在引入线程的操作系统中，通常都是把进程作为分配资源的基本单位，而把线程作为独立运行的基本单位。由于线程基本上不拥有系统资源，运行起来更为轻松，能更好地提高系统内多个程序间的并发执行。因而，近年来推出的操作系统都引入了线程。

2. 共享（Sharing）

在操作系统环境下，所谓共享是指系统中的资源可供内存中多个并发执行的进程（线程）共同使用。由于资源属性的不同，进程对资源共享的方式也不同，目前主要有以下两种资源共享方式。

1）互斥共享方式

系统中的某些资源，如打印机、磁带机，虽然它们可以提供给多个进程（线程）使用，但为使所打印或记录的结果不致造成混淆，应规定在一段时间内只允许一个进程（线程）访问该资源。我们把这种资源共享方式称为互斥式共享，而把一段时间内只允许一个进程访问的资源称为临界资源或独占资源。计算机系统中的大多数物理设备，以及某些软件中所用的栈、变量和表格都属于临界资源，它们要求被互斥地共享。

2）同时访问方式

系统中还有另一类资源，允许在一段时间内由多个进程"同时"对它们进行访问。这里所谓的"同时"往往是宏观上的，而在微观上，这些进程可能是交替地对该资源进行访问。典型的可供多个进程"同时"访问的资源是磁盘设备。

并发性和共享性是操作系统的两个最基本的特征，它们又互为存在的条件。一方面，资源共享是以程序（进程）的并发执行为条件的，若系统不允许程序并发执行，就不存在资源共享问题；另一方面，若系统不能对资源共享实施有效管理，协调好诸进程对共享资源的访问，也必然影响到并发执行的程序，甚至根本无法并发执行。

3. 虚拟（Virtual）

操作系统中所谓的"虚拟"，是指通过某种技术把一个物理实体变为若干个逻辑上的对应物。物理实体是实的，即实际存在的；而后者是虚的，是用户感觉上的东西。相应的，用于实现虚拟的技术称为虚拟技术。在操作系统中利用了多种虚拟技术，分别用来实现虚拟处理机、虚拟内存、虚拟外围设备和虚拟信道等。

例如，在虚拟处理机技术中，利用多道程序设计技术，把一台物理上的 CPU 虚拟为多台逻辑上的 CPU，使每个用户终端都感觉有一个 CPU 在专门为自己服务。我们把用户感觉到的 CPU 称为虚拟处理机。类似地，可以通过虚拟存储技术，将一台计算机的物理存储器变为虚拟存储器，以便从逻辑上来扩充存储器的容量，使用户感觉到的内存容量比实际内存容量大得多。我们还可以通过虚拟设备技术，将一台物理 I/O 设备虚拟为多台逻辑上的 I/O 设备，并允许每个用户占用一台逻辑上的 I/O 设备，这样便可使原来仅允许在一段时间内由一个用户访问的设备（即临界资源）变为在一段时间内允许多个用户同时访问的共享设备。

在操作系统中，虚拟性主要是通过分时使用的方法来实现的。显然，如果 n 是某物理设备所对应的虚拟的逻辑设备数，则虚拟设备的平均速度必然是物理设备速度的 $1/n$。

4. 异步性（Asynchronism）

在多道程序环境下，允许多个进程并发执行，但只有进程在获得所需的资源后才能执行。在单处理机环境下，由于系统中只有一个处理机，因而每次只允许一个进程执行，其余进程只能等待。当正在执行的进程提出某种资源请求时，而此时此资源正在为其他某进程服务，因此正在执行的该进程必须等待。可见，由于资源等因素的限制，进程的执行通常都不是"一气呵成"的，而是以"走走停停"的方式运行。

这样，内存中的每个进程在何时能获得处理机从而开始运行，何时又因提出某种资源请求而暂停，以及进程以怎样的速度向前推进，每道程序总共需多少时间才能完成等，都是不可预知的。或者说，进程是以人们不可预知的速度向前推进的，这就是进程的异步性。尽管如此，但只要运行环境相同，作业经多次运行，都会获得完全相同的结果。因此，异步运行方式是允许的，是操作系统的一个重要特征。

1.3.2 操作系统的功能

操作系统的主要任务是为多道程序提供良好的运行环境，以保证多道程序能有条不紊地、高效地运行，并能最大程度的提高系统中各种资源的利用率和方便用户的使用。为实现上述任务，操作系统应具有这样几方面的功能：处理机管理、存储器管理、设备管理和文件管理。为了方便用户使用操作系统，还须向用户提供方便的用户接口。此外，由于当今的网络已相当普及，已有越来越多的计算机接入到网络中，为了方便计算机联网，又在操作系统中增加了面向网络的服务和功能。

1. 处理机管理

处理机管理的第一项工作是处理中断事件。硬件只能发现中断事件，捕捉它并产生中断信号，而不能进行处理，但在配置了操作系统后，就能对中断事件进行处理。

处理机管理的第二项工作是处理机调度。在单用户单任务的情况下，处理机仅为一个用户的一个任务所独占，对处理机的管理十分简单。为了提高处理机的利用率，操作系统采用了多道程序设计技术。在多道程序系统中，组织多个作业同时运行，就要解决对处理机的调度、分配和回收等问题。近年来的多处理机系统，处理机管理就更加复杂。为了实现处理机管理的功能，描述多道程序的并发执行，操作系统引入了进程的概念，处理机的分配和执行以进程为基本单位。随着并行处理技术的发展，为了进一步提高系统并行性，使并发执行单位的粒度变细，并发执行的代价降低，操作系统又引入了线程的概念。对处理机的管理和调度最终归结为对进程和线程的管理调度，包括进程控制（Process Control）和管理、进程同步和互斥、进程通信、进程死锁、线程控制和管理、处理机调度。

第 1 章　导论

2. 存储器管理

存储器管理的主要任务是管理存储器资源，为多道程序的运行提供有力的支撑，便于用户使用存储器，提高存储器的利用率及能从逻辑上扩充内存。为此，存储器管理应具有存储分配、存储共享、地址映射与存储保护及存储扩充等功能。

操作系统的这一部分功能与硬件存储器的组织结构和支撑设施密切相关，操作系统设计者应根据硬件情况和用户使用需要，采用各种相应的有效存储资源分配策略和保护措施。

3. 设备管理

设备管理的主要任务是管理各类外围设备，完成用户提出的 I/O 请求，加快 I/O 信息的传输速度，发挥 I/O 设备的并行性，提高 I/O 设备的利用率，以及提供每种设备的设备驱动程序和中断处理程序，为用户隐蔽细节，提供方便简单的设备使用方法。为实现这些任务，设备管理应具有以下功能：提供外围设备的控制与处理、提供缓冲区的管理、提供设备独立性（Device Independence）、外围设备的分配和回收、实现共享外围设备的驱动调度、实现虚拟设备。

4. 文件管理

在现代计算机管理中，总是把程序和数据以文件的形式存储在磁盘和磁带上，供所有的或指定的用户使用。对这些文件如不能采取良好的管理方式，就会导致混乱或破坏，造成严重后果。为此，在操作系统中必须配置文件管理机构，它的主要任务是对用户文件和系统文件进行有效管理，实现按名存取，实现文件的共享、保护和保密，保证文件的安全性，并提供给用户一整套能方便使用文件的操作和命令。具体来说，文件管理有以下功能：提供文件的逻辑组织方法；提供文件的物理组织方法；提供文件的存取方法；提供文件的使用方法；实现文件的目录管理；实现文件的共享和存取控制；实现文件的存储空间管理。

1.4 UNIX 操作系统概述

UNIX 操作系统最初（1969—1970 年）是在小型计算机上开发的，后来不断地向微型机、大中型机及多处理机系统领域渗透，并获得巨大成功。尽管 UNIX 操作系统也曾遭到 Windows NT 的严峻挑战，但由于 UNIX 在技术上的成熟程度及其在稳定性和可靠性等方面均领先于 Windows NT，因而使其在目前仍是唯一能在从微型机到巨型机中各种硬件平台上稳定运行的多用户、多任务操作系统。

1.4.1 UNIX 的历史

UNIX 操作系统是由美国电报电话公司 Bell 实验室的 Dennis Ritchie 和 Ken Thompson 合作设计和实现的，在 DEC 公司的小型机 PDP-7 上实现并于 1971 年正式移植到 PDP-11 计算机上。最初的 UNIX 版本是用汇编语言编写的，之后 Thompson 用 B 语言重写了该系统，1973 年 Ritchie 又用 C 语言对 UNIX 进行了重写，形成了最早的正式 UNIX V5 版本。1976 年正式公开发表了 UNIX V6 版本，还开始向美国各大学及研究机构颁发了使用 UNIX 的许可证，并提供了源代码，以鼓励他们对 UNIX 加以改进。

1978 年发表了 UNIX V7 版本，它是在 PDP 11/70 上运行的，后来移植到 DEC 公司的 VAX 系列计算机上。1982—1983 年期间，又先后宣布了 UNIX System III 和 UNIX System V；1984 年推出了 UNIX System V2.0；1987 年发布了 V3.0 版本，分别称为 UNIX SVR 2 和 UNIX SVR 3；1989 年发布了 UNIX SVR 4；1992 年又发布了 UNIX SVR 4.2。

随着微机性能的提高，人们又将 UNIX 移植到微机上。在 1980 年前后，首先是将第七版移植到基于 Motorola 公司的 MC680XX 芯片的微机上，与此同时，Microsoft 也同样基于 UNIX 第七版推出了相当简洁的、用于 Intel 8080 微机上的 UNIX 版本，称为 Xenix。1986 年 Microsoft 又发表了 Xenix 系统 V；SCO 公司也公布了 SCO Xenix 系统 V 版，使 UNIX 可以在 386 微机上运行。

在 UNIX 操作系统的发展史上，由于其开放性、发展概念和商业利益等因素，使 UNIX 呈现出百家争鸣的盛况。进入 20 世纪 90 年代，企业网络和 Internet 得到极其迅速的发展和广泛应用，致使计算机网络已经无处不在，也形成了巨大的网络软件市场，一些主要的 UNIX 操作系统开发商不断地推出了用于企业网络的 UNIX 网络操作系统版本。

1.4.2 UNIX 的特点

UNIX 操作系统在不长的时间内能取得如此巨大的成功，这与它在设计上的特点是分不开的。尽管早期的 UNIX 操作系统在层次结构、通信功能及安全性和多处理机功能方面有许多不尽人意的地方，但由于 UNIX 的设计人员成功地对一些现有技术做了恰如其分的选择和精巧的实现，从而使 UNIX 操作系统得到了广泛的应用和发展。

1. 开放性

UNIX 操作系统核心程序的绝大部分源代码和系统上的支持软件都用 C 语言编写，移植性好。UNIX 操作系统是一个开放式的操作系统，它具有统一的用户接口，使得 UNIX 用户的应用程序可在不同的环境下运行。

2. 多用户、多任务环境

UNIX 操作系统是一个可供多用户同时操作的会话式分时操作系统。不同的用户可以在不同的终端上，通过会话方式控制系统操作，就好像自己独占计算机而不感到他人的存在。

3. 功能强大，实现高效

UNIX 向用户提供了两种友好的界面，分别是系统调用和操作命令；UNIX 操作系统具有一个可装卸的分层树状结构文件系统，该文件系统具有使用方便和搜索简单等特点；UNIX 操作系统把所有外围设备都当作文件，并分别赋予它们对应的文件名，从而用户可以像使用文件那样使用任一设备而不必了解该设备的内部特性。

4. 提供了丰富的网络功能

UNIX 操作系统提供了丰富的网络功能。作为网络技术基础的 TCP/IP 协议便是在 UNIX 操作系统上开发出来的，并已成为 UNIX 操作系统不可分割的一部分。UNIX 操作系统还提供了许多最常用的网络通信协议软件，其中包括网络文件系统 NFS 软件、客户机/服务器协议软件 Lan Manager Client/Server、IPX/SPX 软件等。

5. 支持多处理机功能

与 Windows NT 和 NetWare 等操作系统相比，UNIX 是最早提供支持多处理机功能的操作系统，它所能支持的多处理机数目也一直处于领先水平。

1.4.3　UNIX 的体系结构

可以把整个 UNIX 操作系统分成四个层次。其最低层是硬件，作为整个系统的基础；次低层是操作系统内核；第三层是操作系统与用户的接口 Shell 及编译程序等；最高层是应用程序。内核包括进程管理、存储器管理、设备管理和文件管理四大资源管理功能，并具有两个接口：一是内核与硬件的接口，通常由一组驱动程序和一些基本的例程组成；二是内核与 Shell 的接口，由两组系统调用及命令解释程序所组成。内核本身又可分为两大部分，一部分是进程控制子系统，另一部分则是文件子系统，两组系统调用分别与这两大子系统交互。图 1-6 所示为 UNIX 的体系结构框图。

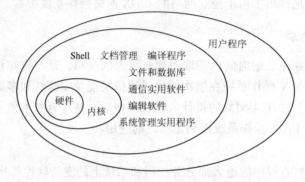

图 1-6　UNIX 的体系结构

进程控制子系统负责对四大资源中的处理机和存储器进行管理，其功能分别为进程控制、进程通信、存储器管理、进程调度等。文件子系统用于有效地管理系统中的所有设备和文件，其功能为文件管理、高速缓冲机制、设备驱动程序等。

1.4.4　UNIX 的用户界面

操作系统的用户界面是评价一个操作系统优劣的重要指标。UNIX 操作系统的用户界面包括命令控制界面和编程界面两部分，其命令控制界面是基于编程界面，也就是系统调用之上开发而成的。

1. UNIX 的命令控制界面

UNIX 具有丰富的操作命令，这些命令都通过 Shell 提供给用户使用。Shell 是 UNIX 操作系统为用户提供的键盘命令解释程序的集合。

UNIX 通过 Shell 向用户提供 300 个以上的命令。根据这些命令所提供的功能，可将命令划分为基本类和特殊类两种。基本类命令是用户在使用 UNIX Shell 界面开发用户程序时所必须用到的命令，特殊类命令则是用户需要做某些特殊的操作时才会被使用。基本类命令包括系统访问命令、编辑和文件管理命令、编译连接命令、维护管理命令、调试命令、记账日期等命令、网络通信用命令等；特殊类命令包括后台命令、文件名生成符号、输入/输出重定向符号、管道命令、滤波器功能等。另外，UNIX 操作系统的 Shell 命令还允许用户使用 Shell 程序语言，把 UNIX 命令编制成程序后批处理执行。

2. UNIX 的编程界面

UNIX 操作系统的另一个用户接口是程序员用的编程接口，即系统调用。UNIX 操作系统的系统调用以标准实用子程序形式提供给用户，从而减少用户程序设计和编程难度。通过系统调用，用户可以使用操作系统提供的有关设备管理、输入/输出系统、文件系统和进程控制、通信及存储管理等方面的功能，而不必了解系统程序的内部结构和有关硬件细节，从而起到减轻用户负担、保护系统及提高资源利用率的作用。

UNIX 操作系统的系统调用大致可分为有关设备管理的系统调用、有关文件系统的系统调用、有关进程控制的系统调用、有关进程通信的系统调用、有关存储管理的系统调用、管理用系统调用等几大类。

UNIX 的系统调用由一条访管指令——陷阱或陷阱指令实现。该指令是一条计算机硬指令，其操作数部分对应于系统调用的编号。另外，在系统中有一张系统调用入口表，用来指示各系统调用处理程序的入口地址。因此，只要把系统调用的编号与系统调用入口表中处理程序入口地址对应起来，系统就能够在用户执行系统调用之后，通过访管指令而找到并执行有关的处理程序以完成系统调用的功能。

小　结

操作系统是一个大型的、复杂的系统软件，负责计算机的全部软硬件资源的分配、调度工作，控制和协调并发活动，实现信息的存取和保护。它提供用户接口，使用户获得良好的工作环境。操作系统使整个计算机系统实现了高效率和自动化，是现代计算机系统最关键、最核心的软件系统。

计算机系统由硬件和软件组成。硬件是计算机系统的物质基础，操作系统是硬件之上的第一层软件，是支撑其他所有软件运行的基础。操作系统是一组控制和管理计算机硬件和软件资源，合理地组织计算机工作流程及方便用户的程序的集合。

操作系统有三种基本类型，分别是批处理系统、分时系统和实时系统。批处理系统能对一批作业自动进行处理，在批处理系统中引入多道程序设计技术就形成了多道批处理系统；分时系统的特征是多路性、交互性、独占性和及时性；实时系统能及时响应外部事件的请求，其主要特征是响应及时和高可靠性。

操作系统的特征是并发性、共享性、虚拟性和异步性。并发性是指两个或多个事件在同一时间间隔内发生。共享性是指系统中的资源供多个用户共同使用。虚拟性是指把一个物理实体变为若干个逻辑实体。异步性是指系统中各种事件发生的时间及顺序是不可预测的。

操作系统的主要功能包括处理机管理、存储器管理、设备管理和文件管理。处理机管理的主要功能是进程控制、进程同步、进程通信及调度。存储器管理的主要功能是内存分配、内存保护、地址映射及内存扩充。设备管理的主要功能是设备分配、设备驱动及设备独立性。文件管理的主要功能是文件存储空间管理、目录管理、文件操作管理及文件保护。

第1章　导论

实训1　安装 Windows 7

（实训估计时间：2 课时）

一、实训目的

（1）通过对 Windows 7 的安装操作，了解操作系统应用环境建立的初步过程。

（2）掌握 Windows 7 的基本系统设置。

（3）了解 Windows 多操作系统安装的方法。

二、实训准备

（1）有关 Windows 7 操作系统安装的背景知识。

（2）一台准备安装 Windows 7 操作系统的计算机。其硬件设备的最低要求如表 1-1 所示。

表 1-1　安装 Windows 7 的硬件需求

硬 件 设 备	基 本 需 求
处理器	最低 1 GHz 的 32 位或 64 位处理器
内存	1 GB 及以上
显卡	支持 DirectX9 且显存容量为 128 MB
磁盘空间	至少拥有 16 GB 可用空间的 NTFS 分区
显示器	分辨率至少在 1 024×768 像素

三、实训要求

安装操作系统，实际上是把存放在光盘上的操作系统执行代码存入硬盘的过程。另外，操作系统中的文件系统主要是靠硬盘提供物理支持。因此，安装操作系统到硬盘，实际上有两方面的作用：一是在硬盘上建立文件系统；二是把操作系统的全部内容事先存放在硬盘上以备使用。

本实训中，通过安装 Windows 7 来了解该操作系统的安装及配置，包括安装前的准备工作、驱动程序的配置及系统的设定等内容。

由于用户计算机环境的不同，需要的安装方式和内容也会有所不同，分别有升级安装、全新安装与多重开机安装等。

（1）由于 Windows 7 对硬盘可用空间的要求比较高，因此用于安装 Windows 7 的硬盘分区必须保证有 16 GB 以上的可用空间，最好能够提供 40 GB 左右的可用空间进行分区安装系统。你所使用的计算机总的硬盘空间是_____GB。

（2）你选择用于安装 Windows 7 的硬盘分区是_____，其总计大小是_____GB，可用空间是_____GB。

（3）Windows 7 操作系统的硬盘分区必须采用 NTFS 文件格式，否则安装过程中将出现错误提示而导致无法正常安装。

注：在硬盘分区时，如果不小心分成了 FAT32 文件格式，则可使用 CONVERT 命令将 FAT32 分区转换为 NTFS 分区，其语法格式为

CONVERT volume /FS:NTFS [/V] [/CvtArea:filename] [/NoSecurity] [/X]。

实训 2　Windows 7 系统管理

（实训估计时间：2 课时）

一、实训目的

（1）了解和学习 Windows 7 系统管理工具及其使用。
（2）熟悉 Windows 7 系统工具的内容和应用。
（3）进一步熟悉 Windows 7 的应用环境。

二、实训准备

（1）有关操作系统系统管理的背景知识。
（2）一台运行 Windows 7 操作系统的计算机。

三、实训要求

Windows 7 的"系统管理工具"中集成了许多系统管理工具，利用这些工具，管理员可以方便地实现各种系统维护和管理功能。这些工具都集中在"控制面板"的"管理工具"选项下，用户和管理员可以很容易地对它们进行操作和使用。

1. 可靠性和性能监视器

使用性能监视器，用户可以实时监视 CPU、磁盘、网络和内存资源的使用状况。创建数据收集器以配置和计划性能计数器、事件跟踪和配置数据收集，以便分析结果和查看报告。

1）启动性能监视器

在"所有控制面板项"窗口中，单击"管理工具"超链接，打开"管理工具"窗口，双击"性能监视器"选项，打开"性能监视器"窗口，观察性能监视器窗口组成。

在"性能监视器"窗口中，依次展开"性能→监视工具→性能监视器"选项，可在窗口右侧使用性能监视器查看具体的性能数据。性能监视器以实时监视或查看历史数据的方式显示了内置的 Windows 性能计数器，其中的曲线表示当前系统资源占用的情况，如果曲线一直大于 60%，则说明系统处于满负荷状态。你的计算机目前的性能值为＿＿＿＿。

2）添加计数器

在 Windows 7 的默认情况下，性能监视器只提供了针对 CPU 使用率的监视。用户可根据需要添加其他类型的监测项目。

以添加"Available Mbytes（统计可用内存数量）"为例：在"性能监视器"窗口，单击工具栏中的"添加"按钮，弹出"添加计数器"对话框，在"从计算机选择计数器"下拉列表框中选择"本地计算机"选项，在下方的列表框中选择 Memory 类别，并双击展开类别选项，选择"Available Mbytes"选项，单击"添加"按钮，计数器则显示在右侧的"添加的计数器"列表中，再单击"确定"按钮即可。

添加完毕后，用户便可以打开性能监视器对此计数器的统计信息进行查看。

3）可靠性监视器窗口

可靠性监视器使用曲线图的方式统计系统一个月内的可靠性变化情况，用户可通过查看某天所发生的故障，为解决问题提供强有力的技术支持。

在"所有控制面板项"窗口中，单击"操作中心"，在弹出的窗口中，单击"查看可靠性历史记录"，即可打开可靠性监视器窗口，观察窗口组成。

注：可靠性监视器必须在 Windows 7 操作系统安装 24 h 后收集到足够的信息才能开始正常工作。在可靠性监视器窗口中，表示成功或失败的事件都会用图标显示出来。

可靠性监视器窗口中的曲线走势（即可靠性指数）最低为 1，最高为 0。如果某天的曲线走势突然下降，则代表当天系统或应用程序发生故障。单击曲线走势对应的日期，即可在"系统稳定性"报告中查看当天系统发生故障的具体细节。

2. 任务管理器

Windows 任务管理器窗口中显示计算机上当前正在运行的程序、进程和服务，可用来监视计算机的性能或关闭没有响应的程序。

1）Windows 任务管理器窗口组成

在任务栏空白区域右击，在弹出的快捷菜单中选择"启动任务管理器"命令，即可启动"Windows 任务管理器"；或按【Ctrl+Shift+Esc】组合键，也可启动。

选择"Windows 任务管理器"窗口中不同的选项卡，可查看正在运行的应用程序、进程、服务和性能，还可查看网络状态及连接到该计算机的用户。

2）结束没有响应的程序

用户在浏览网页时经常会遇到浏览器没有响应的情况，这时可以结束没有响应的浏览器程序，再重新启动该程序。

在"Windows 任务管理器"窗口中，选择停止响应的浏览器程序，单击"结束任务"按钮即可；在"进程"选项卡列表中选择要结束的应用程序进程，单击"结束进程"按钮即可；在"应用程序"选项卡中结束进程，则选择需要结束的应用程序，右击并在弹出的快捷菜单中选择"转到进程"命令，"Windows 任务管理器"会自动切换至"进程"选项卡，并自动选择对应的进程，单击"结束进程"按钮即可。

3. 事件查看器

事件查看器是一个 Microsoft 管理控制台（MMC）管理单元，可用于浏览和管理事件日志，事件日志就是记录计算机上的重要事件（如用户登录计算机或启动某应用程序发生错误时）的特殊文件。它用于监视系统的运行状况，在出现问题时，管理员可以通过它在第一时间内找到问题的原因所在。

事件查看器窗口左侧是控制台，在控制台树状目录中，用户可以选择相应的来源、日志或自定义视图。管理事件自定义视图包括所有管理事件，而与来源无关。

在管理事件摘要列表中，提供了信息、警告、错误、严重、审核成功和审核失败等事件类型。同时，在右侧窗口中增加了管理、操作、分析、调试等方面的日志类型记录，如打开"Windows 日志"选项，可以看到一系列的日志类型，包括许多名为"诊断"的日志，而单击右侧的超链接则可以直接进行相应的操作。

1）日志分类

在 Windows 7 事件查看器中，管理员可查看到早期版本的 Windows 可用日志：_____、_____、_____。此外，还包括两个新的日志，分别为_____和_____。

2）使用事件查看器

在"事件查看器"窗口中展开"Windows 日志"选项，若选择安全日志，可以查看到记录事件的摘要信息。

选择"查看→窗格预览"命令，会发现其中更为细致的分类，并能够更直观地分析系统中存在的问题。

选取一个事件之后，单击"筛选当前日志"，在弹出的对话框中设置事件过滤规则。这样，用户可更有针对性地查看不同的事件。

本 章 习 题

一、选择题

1.（　　　）系统的出现，意味着现代意义的操作系统的出现。

    A．监控程序   B．分时系统   C．多道批处理系统   D．实时系统

2．操作系统最基本的两个特征是（　　　）。

    A．并发性和异步性   B．并发性和共享性

    C．共享性和虚拟性   D．虚拟性和异步性

3．分时系统追求的目标是（　　　）。

    A．充分利用 I/O 设备   B．快速响应

    C．提高系统吞吐量   D．充分利用内存

4．批处理系统的主要缺点是（　　　）。

    A．系统吞吐量小   B．CPU 利用率不高   C．资源利用率低   D．无交互能力

5．从用户视角看，操作系统是（　　　）。

    A．用户与计算机之间的接口

    B．由若干层次的程序按一定的结构组成的有机体

    C．控制和管理计算机资源的软件

    D．合理地组织计算机工作流程的软件

6．配置了操作系统的计算机是一台比原来的物理计算机功能更强的计算机，这样的一台计算机只是一台逻辑上的计算机，称为（　　　）计算机。

    A．并行   B．真实   C．虚拟   D．共享

7．操作系统中采用多道程序设计技术提高了 CPU 和外围设备的（　　　）。

    A．利用率   B．可靠性   C．稳定性   D．兼容性

8．计算机系统中配置操作系统的目的是提高计算机的（　　　）和方便用户使用。

    A．速度   B．利用率   C．灵活性   D．兼容性

9．（　　　）操作系统允许多个用户在其终端上同时交互地使用计算机。

    A．批处理   B．实时   C．分时   D．多道批处理

10．如果分时系统的时间片一定，那么（　　　），响应时间越长。

    A．用户数越少   B．内存越少   C．内存越多   D．用户数越多

11．下列选择中，（　　　）不是操作系统关心的主要问题。

    A．管理计算机裸机

B．设计、提供用户程序与计算机硬件系统的界面

C．管理计算机系统资源

D．高级程序设计语言的编译器

12．在操作系统中，处理机负责对进程进行管理和调度，对系统中的信息进行管理的部分通常称为（　　　）。

    A．数据库系统　　B．软件系统　　　　C．文件系统　　　　　　D．检索系统

13．所谓（　　　），是指将一个以上的作业放入内存，并且同时处于运行状态，这些作业共享处理机的时间和外设等其他资源。

    A．多重处理　　　B．多道程序设计　　C．实时处理　　　　　　D．共行执行

14．下列关于操作系统的叙述中正确的是（　　　）。

    A．批处理作业必须具有作业控制信息

    B．由于采用于分时技术，用户可以独占计算机的资源

    C．从响应时间的角度看，实时系统与分时系统差不多

    D．分时系统不一定都具有人机交互功能

15．实时操作系统必须在（　　　）内处理完来自外部的事件。

    A．响应时间　　　B．周转时间　　　　C．规定时间　　　　　　D．调度时间

二、填空题

1．操作系统是计算机系统中的一个＿＿＿＿＿，它管理和控制计算机系统中的＿＿＿＿＿。

2．操作系统的四大资源管理功能是＿＿＿＿＿、＿＿＿＿＿、＿＿＿＿＿、＿＿＿＿＿。

3．如果一个操作系统兼有批处理、分时和实时操作系统三者或其中两者的功能，这样的操作系统称为＿＿＿＿＿。

4．没有配置＿＿＿＿＿的计算机称为裸机。

5．在主机控制下进行的输入/输出操作称为＿＿＿＿＿操作。

6．实时系统按应用领域分为＿＿＿＿＿和＿＿＿＿＿两种。

7．在单处理机系统中，多道程序运行的特点是多道、＿＿＿＿＿和＿＿＿＿＿。

三、简答题

1．什么是操作系统？从资源管理的角度看，操作系统应具有哪些功能？

2．操作系统有哪几种基本类型，它们各有何特点？

3．什么是多道程序设计技术？多道程序设计技术的特点是什么？

4．简述并发与并行的区别。

5．驱动操作系统发展的动力是什么？

6．多道程序设计和多重处理系统有何区别？

7．设计计算机操作系统时与哪些硬件器件有关？

→操作系统结构

引子：纵心中有千军万马，看起来气定神闲

《三国志·蜀书·诸葛亮传》裴松之注引郭冲三事曰：亮屯于阳平，遣魏延诸军并兵东下，亮惟留万人守城。晋宣帝率二十万众拒亮，而与延军错道，径至前，当亮六十里所，侦候白宣帝说亮在城中兵少力弱。亮亦知宣帝垂至，已与相逼，欲前赴延军，相去又远，回迹反追，势不相及，将士失色，莫知其计。亮意气自若，敕军中皆卧旗息鼓，不得妄出庵幔，又令大开四城门，埽地却洒。宣帝常谓亮持重，而猥见势弱，疑其有伏兵，於是引军北趣山。明日食时，亮谓参佐拊手大笑曰："司马懿必谓吾怯，将有强伏，循山走矣。"候逻还白，如亮所言。宣帝后知，深以为恨。

《三国演义》上更是如此演绎："**孔明乃披鹤氅，戴纶巾，引二小童携琴一张，于城上敌楼前，凭栏而坐，焚香操琴。**"其实，水面上看似气定神闲的鸭子，功夫全用在了水下拼命划动的脚板上。"白毛浮绿水，红掌拨清波。"骆宾王的这首《咏鹅》中描述鸭子划水的样子，就很贴切——我们看到的其实是假象。

从用户角度来看，操作系统为用户执行程序提供环境，以使用户可以很方便地操控计算机。从其内部结构来说，操作系统变化很大，有很多组织方式。可以从多个角度来研究操作系统：第一个视角是考察操作系统所提供的服务；第二个视角是考察其为用户和程序提供的接口；第三个视角则是研究系统的各个组成部分及其相互关系。因此，本章将从用户角度、程序员角度和操作系统设计人员角度来分别研究操作系统的三个方面，即研究操作系统提供什么服务、如何提供服务、设计操作系统的各种方法等。

本章要点：

- 操作系统为用户、进程和其他系统提供的服务。
- 组织操作系统的不同方法。

2.1 操作系统服务

操作系统服务是指操作系统向用户提供一个环境以执行程序。一般来讲，操作系统通过以下一组函数向用户提供服务：用户接口，包括命令接口和图形接口；程序执行，系统将程序装入内存并运行，然后显示是否正常并结束执行；I/O 操作；文件系统操作，包括文件读写、创建、删除、搜索，以及基于文件所有权的访问管理；通信，包括同一台计算机上进程之间的通信，和网络上不同计算机上进程之间的通信，可通过共享内存或消息交换技术来实现；错误检测；资源分配；统计，用于记录资源使用情况；保护和安全。

从用户角度来看，为了使用户能灵活、方便地使用计算机和系统功能，操作系统向用户提供了"用户与操作系统的接口"。该接口通常是以命令或系统调用的形式呈现在用户面前的，用户通过这些接口能方便地调用操作系统功能，有效地组织作业及其工作和处理流程，并使整个系统能高效地运行。命令接口又称作业级接口或功能级接口，为用户提供一组控制操作命令在键盘终端使用，供用户组织和控制自己作业的运行。系统调用又称程序级接口或应用编程接口，为用户提供一组广义指令，用户编程时使用"系统调用"就可以获得操作系统的底层服务，以使用或访问系统管理的各种软硬件资源。在较晚出现的操作系统中，又向用户提供了基于图像的图形用户接口和面向网络的网络用户接口。

2.1.1 操作系统的用户接口

1. 命令接口

为了便于用户直接或间接地控制自己的作业，操作系统向用户提供了命令接口。用户可通过该接口向作业发出命令以控制作业的运行。那么，用户如何来向操作系统提交作业和说明运行意图呢？操作系统一般都提供了联机作业控制方式和脱机作业控制方式两个作业级接口，这两个接口使用的手段为操作控制命令和作业控制语言。

1）联机用户接口——操作控制命令

这是为联机用户提供的调用操作系统功能，请求操作系统为其服务的手段，又称命令接口。不同操作系统的命令接口有所不同，这不仅体现在命令的种类、数量及功能方面，也可能体现在命令的形式、用法等方面。不同的用法和形式组成了不同的用户界面，常用的用户界面可分成字符显示用户界面（命令行方式、批命令方式）和图形化用户界面。

联机命令接口一般包括一组联机命令、终端处理程序和命令解释程序。为了能向用户提供多方面的服务，通常操作系统都向用户提供几十条甚至上百条的联机命令，根据其功能可分成系统访问类、磁盘操作类、文件操作类、目录操作类、通信类、其他命令等。为实现人机交互，还须在微机或终端上配置相应的键盘终端处理程序，该程序应具有字符接收、字符缓冲、回送显示、屏幕编辑、特殊字符处理等功能。在所有的操作系统中，都是把命令解释程序放在操作系统的最高层，以便能直接与用户交互，其主要功能是先对用户输入的命令进行解释，然后转入相应命令的处理程序去执行。当用户在终端或控制台上输入一条命令后，系统便立即转入命令解释程序，对该命令加以解释、处理和执行。在完成指定功能后，控制又返回到终端或控制台上，等待用户输入下一条命令。这样，用户可先后输入不同命令，来实现对作业的控制，直至作业完成。

2）脱机用户接口——作业控制语言

该接口是专为批处理作业的用户提供的，又称批处理用户接口。操作系统提供了一组作业控制语言 JCL，它由作业控制卡、作业控制语句或作业控制操作命令组成。脱机用户接口源于早期批处理系统，其主要特征是用户先用作业控制语言对作业的控制步骤进行描述，再由计算机上运行的内存驻留程序（包括执行程序、管理程序、作业控制程序、命令解释程序等）根据用户的预设要求自动控制作业的执行。

2. 图形接口

用户虽然可以通过联机用户接口取得操作系统的服务，但使用这种接口的要求较高，用户要能够熟记各种命令的名字和格式，并严格按规定的格式输入命令，既不方便又浪费时间，于是图形用户接口便应运而生。图形用户接口采用图形化的操作界面，用非常容易识别的各种简单、小巧的图标将系统的各项功能、各种应用程序和文件直观、逼真地表示出来。用户可用鼠标或通过菜单和对话框来完成对应用程序和文件的操作。使用这种接口相对容易，用户不必记住各种命令的名字和格式，从而使用户摆脱烦琐且单调的操作。

图形化操作系统界面又称多窗口系统，采用事件驱动的控制方式，用户通过动作来产生事件，然后以驱动程序开始工作。事件实质上是发送给应用程序的一个消息，用户按键或单击鼠标等动作都会产生一个事件，通过中断系统激发事件驱动控制程序开始工作。系统和用户都可以把各个命令定义为一个菜单、一个按钮或一个图标，当用户用键盘或鼠标进行选择之后，系统会自动执行该命令。

随着个人计算机的广泛流行，缺乏计算机专业知识的用户随之增多，如何不断更新技术，为用户提供形象直观、功能强大、使用简便、掌握容易的用户接口，便成为操作系统领域的一个热门研究课题。例如，具有沉浸式和临场感的虚拟现实应用环境已走向实用，目前多感知通道用户接口、自然化用户接口、智能化用户接口的研究都取得了一定的进展。

2.1.2 操作系统的程序接口

该接口是为用户程序在执行中访问系统资源而设置的，是用户程序取得操作系统服务的唯一途径。它是由一组系统调用组成，每一个系统调用都是一个能完成特定功能的子程序，每当应用程序要求操作系统提供某种服务时，便调用具有相应功能的系统调用。早期的系统调用都是用汇编语言提供的，只有在用汇编语言书写的程序中，才能直接使用系统调用。但在高级语言中，往往提供了与各系统调用一一对应的库函数，这样，应用程序便可通过调用对应的库函数来使用系统调用。同时，出于安全和效率考虑，用户程序不能自由地访问内核关键数据结构或直接访问硬件资源。

1. 系统调用

系统调用是为了扩充计算机功能、增强系统能力、方便用户使用而在系统中建立的过程（函数）。

操作系统提供的系统调用很多，从功能上大致可分成五类：

（1）进程和作业管理。终止或异常终止进程、装入和执行进程、创建和撤销进程、获取和设置进程属性。

（2）文件操作。建立文件、删除文件、打开文件、关闭文件、读写文件、获得和设置文件属性。

（3）设备管理。申请设备、释放设备、设备 I/O 和重定向、获得和设置设备属性、逻辑上连接和释放设备。

（4）内存管理。申请内存和释放内存。

（5）信息维护。获取和设置日期及时间、获得和设置系统数据。

（6）通信。建立和断开通信连接、发送和接收消息、传送状态信息、连接和断开远程设备。

1）系统调用的实现

每个操作系统都提供几十到几百条系统调用。在操作系统中，实现系统调用功能的机制称为陷阱或异常处理机制，由于系统调用而引起处理机中断的计算机指令称为访管指令、陷阱指令或异常中断指令。在操作系统中，每个系统调用都事先规定了编号，称功能号，在访管或陷阱指令中必须指明系统调用的功能号，在大多数情况下，还附带有传递给内部处理程序的参数。

系统调用的处理过程为：一是编写系统调用处理程序；二是设计一张系统调用入口地址表，每个入口地址都指向一个系统调用的处理程序，有的还包含系统调用自带参数的个数；三是陷阱处理机制，需开辟现场保护区，以保存发生系统调用时的处理机现场。图 2-1 所示为系统调用的处理过程。

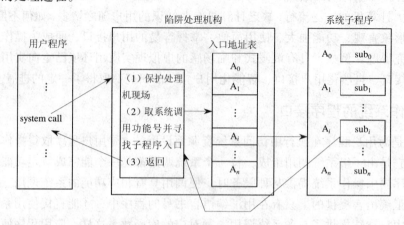

图 2-1　系统调用的处理过程

2）系统调用与过程（函数）调用的区别

程序中执行系统调用或过程（函数）调用，虽然都是对某种功能或服务的需求，但两者从调用形式到具体实现都有很大区别。

（1）调用形式不同。过程（函数）使用一般调用指令，其转向地址是固定不变的，包含在跳转语句中。但系统调用中不包含处理程序入口，而仅提供功能号，按功能号调用。

（2）被调用代码的位置不同。过程（函数）调用是一种静态调用，调用程序和被调用代码在同一程序内，经过连接编辑后作为目标代码的一部分。当过程（函数）升级或修改时，必须重新编译连接。而系统调用是一种动态调用，系统调用的处理代码在调用程序之外（在操作系统中），因此系统调用处理代码升级或修改时，与调用程序无关。

（3）提供方式不同。过程（函数）往往由编译系统提供，不同编译系统提供的过程（函数）可以不同。系统调用由操作系统提供，一旦操作系统设计好，系统调用的功能、种类与数量就固定不变了。

（4）调用的实现不同。先来了解几个概念。操作系统和用户都能使用的指令称为非特权指令。只能由操作系统使用的指令称为特权指令。为确保操作系统使用特权指令，计算机系统让 CPU 取两种工作状态：管态（管理程序态）与目态（目标程序态）。当 CPU 的控制权转移给操作系统时，硬件就把 CPU 工作的方式设置成管态，此时 CPU 可以执行包括特权指令在内的一切计算机指令。当操作系统选择用户程序占用处理机时，CPU 的工作方式就会由管态转换成目态，此时禁止使用特权指令。程序使用一般计算机指令（跳转指令）来调用过程

（函数），是在用户态运行的；程序执行系统调用，是通过中断机构来实现，需要从用户态转变到核心态，在管理状态执行。因此，程序执行系统调用安全性好。

2. 系统程序

操作系统是直接与计算机硬件相邻的第一层软件，它是由大量极其复杂的系统程序和众多的数据结构集合而成的。因此，系统程序为用户提供一个方便的环境，以开发程序和执行程序。一般来讲，系统程序主要由文件管理、状态信息、文本编辑、程序语言支持、程序装入和执行、通信等各部分组成。

（1）文件管理。文件管理系统用来处理存储在外存储器中的大量信息，它可以和外存储器的设备驱动程序相连，对存储在其中的信息以文件形式进行管理操作，比如，创建、删除、复制、重命名、打印、转存、列出等操作。

（2）状态信息。负责从系统获取日期、时间、可用内存、磁盘空间信息、用户数等状态信息，以及系统性能、用户登录和调试信息。通常这些信息经格式化后，可通过终端、输出设备或文件输出，或在 GUI 窗体上显示。有些系统还支持对注册表信息的访问和获取。注册表用于存储和检索配置信息。

（3）文本编辑程序。文本是指由字母、数字、符号等组成的信息。文本编辑程序可创建和修改位于磁盘或其他存储设备上的文件内容，或通过特殊命令来查找文件内容或完成文本的转换。

（4）程序语言支持。支持常用程序设计语言（如 C、C++、Java 等）的编译程序、解释程序、汇编程序、调试程序等。编译程序是先把高级语言程序翻译成计算机语言程序，然后再在计算机上执行；解释程序是直接把高级语言程序在计算机上运行，一边解释一边执行；汇编程序是用来把由用户编制的汇编语言源程序翻译成计算机语言程序的一种系统程序；调试程序是系统提供给用户的能监督和控制用户程序的一种工具，它可以装入、修改、显示或逐条执行一个程序。

（5）程序装入和执行。程序汇编或编译后，必须装入内存才能执行。系统要为其提供绝对加载程序、重定位加载程序、链接编辑器和覆盖式加载程序。

（6）通信。这些程序提供了在进程、用户和计算机系统之间创建虚拟连接的机制。它允许用户向其他屏幕上发送消息、浏览网页、发送电子邮件、远程登录、传送文件等。

另外，网页浏览器、字处理器和文本格式化器、电子制表软件、数据库系统、编译器、打印和统计分析包及游戏等，称为系统工具或应用程序。

相关链接：背着"壳"的魔幻家

用户程序通过调用操作系统提供的系统调用来获得操作系统的各种服务。但是使用系统调用需要编程。对于不编程并需要与操作系统进行交互的用户来说，又怎么来使用操作系统的服务呢？

因此，操作系统为这些不会编程的用户提供了一个壳（Shell），以方便用户与计算机的交互。这个"壳"是覆盖在操作系统服务上的一个用户界面，既可以是图形界面，也可以是文本界面。用户在这个界面上输入命令，操作系统则执行这些命令。这个"壳"让计算机成为人们的"魔幻家"。人们不用直接面对 0 和 1 这些密密麻麻的数字排列，只需输入习惯和熟悉的一些命令或要求就能达到目的了。

第 2 章 操作系统结构

2.2 操作系统的设计与实现

操作系统是管理计算机系统资源的软件，它为应用程序提供基本的运行条件，并在计算机用户和计算机硬件之间扮演着中介的角色。在不同的硬件环境和用户目标下，操作系统有不同的设计目标。比如，大型计算机操作系统的首要设计目标是优化对硬件的使用，个人计算机（PC）操作系统则提供了对复杂游戏、商业应用及对所有应用软件的支持，手持计算机操作系统则向用户提供一个可以方便利用计算机运行程序的环境。因此，从用户的角度来看，有的操作系统追求易用性，有的追求效率，还有的是两者的折中。

然而由于操作系统的程序长，有的功能模块甚至包含数百万条指令，因此，操作系统的接口信息较多，各个组成部分之间的信息交换多且错综复杂，具有动态性和并行性强等特点，操作系统设计过程面临着设计复杂程度高、正确性难以保证和研制周期长等问题。

2.2.1 设计目标

操作系统设计的首要问题是定义系统的目标和规格。如上所述，在最高层系统设计受硬件环境和系统类型的影响，如批处理、分时、单用户、多用户、分布式、实时或通用目标。而从需求的角度，则可分为用户目标和系统目标。用户要求一些明显的系统特性，如系统应用方便和容易使用、容易学习、可靠、安全和快速。而从设计者的角度，操作系统应该容易设计、实现和易维护、易移植，也应该做到灵活、可靠、高效且没有错误。

事实上，操作系统的用户目标与系统目标是一致的，可以统一为以下四点：保证操作系统本身运行正确；提供尽可能多的功能；尽量提高系统的效率；在追求效率的基础上尽量顾及公平。所谓"效率"，一是指系统本身具有很高的管理和运行效率；二是指系统的实现过程本身成本低。

2.2.2 设计过程

操作系统的设计过程可分为功能设计、算法设计和结构设计。三方面的设计互相渗透、不能截然分开。功能设计指根据系统的设计目标和使用要求，确定所设计的操作系统应具备哪些功能，以及操作系统的类型。算法设计是根据计算机的性能和操作系统的功能来选择和设计满足系统功能的算法策略，并分析和估算其效能。结构设计则是按照系统的功能和特性要求，选择合适的结构，使用相应结构设计方法将系统逐步地分解、抽象和综合，使操作系统结构清晰、简明、可靠、易读、易修改，并且使用方便，适应性强。

常用的实现技术包括策略与机制的分离、静态结构与动态结构、自顶向下的实现与自底向上的实现、隐藏硬件细节、间接处理等。机制决定如何做，而策略决定做什么。例如，定时器结构是一种 CPU 保护的机制，但是对于特定用户，将定时器设置为多长时间是个策略问题。

一是因为操作系统包含了强大功能，各种外围设备的接口异常复杂，这些将导致操作系统的源代码庞大而难以管理；二是由于操作系统是一个大型软件，参与开发的人员会非常多。因此，应首先确定良好、适当的操作系统结构，然后采用先进的开发技术、高效的开发工具及工程化的管理方法等，进行操作系统的设计与实现。

2.2.3　设计的实现

传统的操作系统是用汇编语言编写的，现代操作系统则基本上采用高级语言来编写。相对于低级语言编写的操作系统，使用高级语言编写的操作系统，其代码编写快且紧凑，更容易理解和调试，易修改、易移植。比如，MS-DOS 是用 Intel 8088 汇编语言编写的，只能用于 Intel 的 CPU；而 Linux 是用 C 语言写的，所以可用于许多不同的 CPU。

但是，用高级语言实现的操作系统，其缺点在于降低了速度和增加了存储要求。因此，操作系统的实现过程中，应遵循以下原则：采用更好的数据结构和算法；操作系统很大，但是只有一小部分关键代码对操作系统的性能至关重要；内存管理器和 CPU 调度是最关键的子程序；找出瓶颈程序，用相应的汇编语言替代。

2.3　操作系统结构概述

2.3.1　计算机系统组织

从概念上讲，计算机的组织结构非常简单。首先布置一根总线，然后将各种硬件设备挂在总线上。所有这些设备都有一个控制设备，外围设备都由这些控制器与 CPU 通信。所有设备之间的通信均需通过总线。如图 2-2 所示，计算机系统由 CPU、内存、辅存、I/O 设备及系统总线组成。

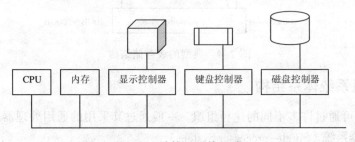

图 2-2　计算机系统组成

计算机启动后，先由引导程序对计算机系统进行初始化操作，装入和执行操作系统，然后等待事件的发生。事件的发生通过硬件或软件中断来表示。硬件可随时通过系统总线向 CPU 发出信号，以触发中断；软件则通过执行特别操作，如系统调用来触发中断。中断是计算机系统里一个最为重要的机制。它也是操作系统获得计算机控制权的根本保证。中断的基本原理是：设备在完成自己的任务后向 CPU 发出中断，CPU 判断优先级，然后确定是否响应。如果响应，则执行中断服务程序，并在中断服务程序执行完后继续原来的程序。

为了提高计算机的效率，人们又设计出了流水线结构，即仿照工业流水装配线，将计算机的功能部件分为多个梯级，并将计算机的每条指令拆分为同样多个步骤，使每第指令在流水线上流动，到流水线最后一个梯级时指令执行完毕。如图 2-3 所示，流水线上的每个梯级都可以容纳一条指令同时执行。

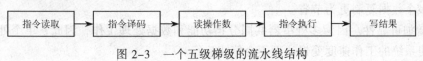

图 2-3　一个五级梯级的流水线结构

为了进一步提高计算机的效率，在流水线的基础上，人们又发明了多流水线、超标量计算和超长指令等多指令发射机制。这些机制的发明在提升计算机效率（主要是吞吐量）的同时，也极大地增加了计算机结构的复杂性，并对操作系统和编译器都提出了更高的要求。

一个典型的指令执行周期是先从内存中获取指令，并保存在指令寄存器中；然后，指令被解码，并可能导致从内存中获取操作数或将操作数保存在寄存器中；在指令完成对操作数的执行后，其结果可存回内存。

因为内存太小，并且是易失性存储设备，不能永久存储所有需要的程序和数据。所以，计算机系统又提供了大容量的辅助存储器，如磁盘、磁带等。这些存储单元构成了计算机系统的存储架构，包括缓存、主存、磁盘、磁带，以及多级缓存和外部光盘等。图 2-4 所示为一个包括寄存器的五级存储介质构成的存储架构。从寄存器到磁带，每一级的存储媒介的访问延迟和容量均依次增大，而价格却依次降低。寄存器的访问速度最快、容量最小，但成本最高；磁带的访问速度最慢、容量最大，成本却最低。通过合理搭配，可以形成一个性价比颇佳的存储架构。

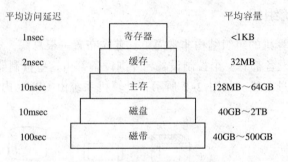

图 2-4　典型的级存储结构

2.3.2　计算机系统体系结构

计算机系统可通过许多不同的途径组织。一般通过其采用的通用处理器的数量来分类。

1. 单处理器系统（Single-processor System）

绝大多数系统采用单处理器。这也是目前最为常见的计算机体系结构。单处理器系统的种类也非常多，如 PDA、个人机、大型机等。

2. 多处理器系统（Multi-processor System）

多处理器系统又称并行系统（Parallel System）或紧耦合系统（Tightly Coupled System）。这类系统有多个紧密通信的 CPU，它们共享计算机总线，有时还有时钟、内存和外设等。

多处理器系统有三个主要优点：

（1）增加吞吐量。通过增加处理器的数量，而在相同时间内做更多的事情。但是，当多个 CPU 协同做同一件事情时，为了使各 CPU 能正确工作，会产生一定的额外开销；再加上对共享资源的竞争，则会降低因增加 CPU 的期望增益。

（2）规模经济。多个处理器共享外设、大容量存储和电源供给，相比用许多本地磁盘的计算机和多个数据复制更为节省。

（3）增加可靠性。因为多处事器共同分担功能和数据处理工作，因此，单个处理器的故障，只会使系统的工作速度变慢，而不会停止运行。

目前多处理器系统主要有两种类型：

（1）非对称多处理（Asymmetric Multiprocessing，ASMP）。即每个处理器都有各自特定的任务。一个主处理器控制系统，其他处理器要么向主处理器要任务，要么做预先定义的任务。因此，这种由主处理器调度从处理器并安排其工作的方案称为主–从关系。

（2）对象多处理（Symmetric Multiprocessing，SMP）。这是目前最为普遍的多处理器方案，所有处理器对等，每个处理器都要完成操作系统中的所有任务。

CPU 设计的趋势是将多个计算机内核（Core）设计到单个芯片上，即多处理器芯片。目前还开发了刀片服务器（Blade Server），即将多处理器板、I/O 板和网络板全部置于同一底板上。它和传统多处理器系统的不同在于，每个刀片处理器独立启动并运行各自的操作系统。

3. **集群系统**（Clustered System）

集群系统是多 CPU 的另一种类型，是由两个或多个独立的系统耦合起来的。一般是集群计算机共享存储并通过局域网或更快的内部连接来实现耦合。

集群主要用来提供高可用性（High Availability）服务。这意味着集群中的一个或多个系统出错，服务仍然可以继续。高可用性通过在系统中增加冗余来获取。

常见的集群系统有以下几种类型：

（1）非对称集群（Asymmetric Clustering）。一台计算机处于热备份模式（Hot Standby Mode），而另一台运行应用程序。热备份计算机只监视活动服务器，当活动服务器失效，那么热备份计算机就会成为现行服务器。

（2）对称集群（Symmetric Clustering）。两个或多个主机都运行应用程序，并互相监视。这种模式更为高效。

（3）并行集群。并行集群允许多个主机访问共享存储上的相同数据。由于绝大多数操作系统不支持多个主机同时访问数据，并行集群通常需要专门软件和应用程序来完成这种访问。

（4）WAN 集群。WAN 通常位于楼群之间、城市之间或国家之间。一个全球性的公司可以通过 WAN 将其办公室连起来，这些网络可以运行单个或多个协议。

2.3.3　常见的操作系统结构

操作系统最重要的一点是要有多道程序处理能力。单个用户很难使计算机的 CPU 和 I/O 设备都处于忙碌状态，因此，多道程序设计通过组织作业（编码或数据）使 CPU 总有一个作业可执行，以提高 CPU 的利用率。这种思想在日常生活中也很常见。比如一个律师，不会在一段时间内只为一个客户工作。当一个案件需要等待审判或需要准备文件时，这个律师可以处理另外一个案件。一个忙碌的律师可以为足够多的客户提供优质服务，而太过空闲的律师则很容易成为一名更加无所事事的政客。

为实现计算机系统的多道处理能力，并确保操作系统的正常执行，必须区分操作系统代码和用户定义代码的执行，即系统采取双重模式操作，分别为用户模式（User Mode）和监督程序模式（Monitor Mode）。监督程序模式又称管理模式（Supervisor Mode）、系统模式（System Mode）或特权模式（Privileged Mode）。模式转换通过在计算机硬件中增加一个模式位（Mode Bit）来实现，监督模式为 0，用户模式为 1。另外，为了确保操作系统对 CPU 的控制，防止用户因陷入死循环或不调用系统服务时仍不交还对 CPU 的控制权，可以使用定时器机制。

第2章 操作系统结构

由此可见，现代操作系统是一个庞大而复杂的系统，出于其易用性、可靠性、健壮性、容错性考虑，通常将任务分解为一个个模块，并通过某些方案将这些模块连接起来以组成内核。目前常见的操作系统结构有简单结构、分层、微内核、模块化等。

1. 简单结构

简单结构的操作系统以 MS-DOS 和早期的 UNIX 为例。各种功能归为不同的功能块，每个功能块相对独立，经过固定的界面互相联系。任意一个功能块可调用另一个功能块的服务。比如，MS-DOS 系统的应用程序能够访问基本的 I/O 子程序，直接写到显示器和磁盘驱动程序中。这种任意性使 MS-DOS 易受错误（或恶意）程序的伤害，从而导致用户程序出错时整个系统的崩溃。整个操作系统是一个巨大的单一体（Monolithic System），其运行在内核态下为用户提供服务。图 2-5 所示为 MS-DOS 系统的体系结构。

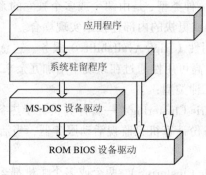

图 2-5　MS-DOS 体系结构

单一体的操作系统结构有很多缺点：功能块之间的关系复杂，修改任意功能块，其他所有功能块就都需要修改，导致操作系统设计开发困难；没有层次关系的网状联系容易造成循环调用而形成死锁，导致操作系统的可靠性降低。

2. 分层方法

随着硬件发展和软件工程的进步，采用自顶向下方法，先确定总的功能和特征，再划分为模块。将系统模块化方法很多，方法之一就是分层法。如图 2-6 所示，将操作系统分成若干层，最底层（层 0）为硬件，最高层（层 N）为用户接口。

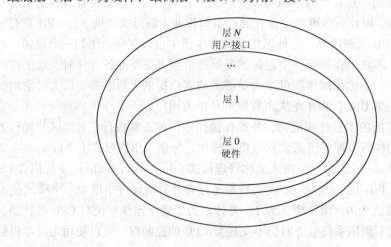

图 2-6　用分层法划分操作系统

分层法的主要优点是构造和调试的简单化，每层只能利用较低层的功能和服务，且不知道低层如何实现这种操作；而每层都向其较高层隐藏了一定的数据结构、操作和硬件细节。

分层法的缺点主要有三点，第一是需要对层详细定义。例如，用于备份存储的设备驱动程序（虚拟内存算法所使用的磁盘空间）必须位于内存管理子程序之下，因为内存管理需要能够使用磁盘空间。第二是效率较低。例如，当一个用户程序执行 I/O 操作时，执行系统调用，并陷入到 I/O 层；I/O 层会调用内存管理层，内存管理层接着调用 CPU 调度层，最后传递给硬件。在每一层都会涉及参数修改、数据传递等，为系统调用增加了额外开销，执行时间相对长。第三是可靠性和安全性难以保障。

3. 微内核

20 世纪 80 年代中期，卡内基·梅隆大学的研究人员开发了一个称为 Mach 的操作系统。该操作系统采用微内核（Micro Kernel）技术对内核进行模块化。

微内核里通常只包括最小的进程和内存管理及通信功能。如图 2-7 所示，微内核的通信是以消息传递的形式进行的。微内核的主要功能就是使客户程序和运行在用户空间的各种服务之间进行通信。

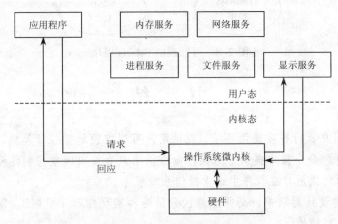

图 2-7 微内核的操作系统结构

微内核的优点如下：

（1）扩充性好。所有新服务都不需要修改内核，而是在用户空间增加。当内核确实需要改变时，所做的改变也会很小。

（2）移植性好。因为微内核很小，所以操作系统容易从一种硬件平台设计移植到另一种硬件平台设计。

（3）安全性和可靠性好。由于绝大多数服务是作为用户而不是作为内核进程来运行的，所以微内核提供了更好的安全性和可靠性。

4. 模块

最新的操作系统设计方法是用面向对象编程技术来生成模块化的内核。这时，内核只有一组核心部件，以及在启动或运行时对附加服务生成的动态链接。例如，图 2-8 所示的 Solaris 操作系统结构，被组织为七个可加载的内核模块围绕一个核心内核构成：调度类；文件系统；可加载的系统调用；可执行格式；STREAMS 模块；杂项模块；设备和总线驱动。

这种设计允许内核提供核心服务，也能动态地实现特定的功能。例如，某些硬件设备和总线驱动程序可以加载给内核，而对各种文件系统的支持也可作为可加载的模块加入其中。因此，从用户的角度来看，它更像是一个分层系统，每个内核部分都有有定义和保护的接口；但是它比分层系统更灵活，因为它的任一模块都能调用任何其他模块。从系统的角度，这种方法类似于微内核方法，核心模块只有核心功能及其他模块加载和通信的相关信息，但是它更为高效，模块不需要调用消息传递来通信。

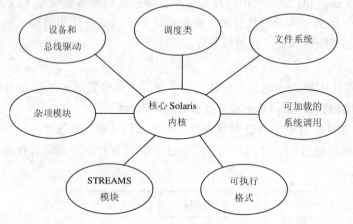

图 2-8　可加载的 Solaris 模块

小　结

　　操作系统为用户执行程序提供环境，以使用户可以方便地操控计算机。操作系统提供两种类型的用户接口。命令接口提供一组操作命令供用户直接或间接控制作业的运行；程序接口提供一组系统调用供用户在程序中请求操作系统服务。

　　在操作系统的设计周期中，必须注意区分策略和实现细节（机制），以使现代操作系统具有较好的维护和移植性。

　　操作系统的结构指操作系统的各个组成部分及其相互关系，常见的有简单结构、分层法、微内核和模块化。

本 章 习 题

一、选择题

1. 操作系统提供给编程人员的接口是（　　）。
　　A. 库函数　　　　　B. 高级语言　　　　　C. 系统调用　　　　　D. 子程序
2. 下列不是计算机操作系统结构设计的主要模式的是（　　）。
　　A. 客户机/服务器模式　　　　　　　　　　B. 对象模式
　　C. 进程模式　　　　　　　　　　　　　　D. 对称多处理模式
3. 下列不是计算机操作系统的是（　　）。
　　A. NetWare　　　B. OS/2　　　　　C. Frontpage　　　D. Solaris

4. 下列（　　）不是因特网发展历程中的一个历史。

    A. ARPANet   B. WAN   C. NSFNet   D. Internet

二、填空题

1. 操作系统的用户目标与系统目标是一致的，包括保证操作系统本身运行正确、_____、_____、在追求效率的基础上尽量顾及公平等四点。

2. 计算机系统的存储架构，包括_____、_____、_____、磁带，以及多级缓存和外部光盘等存储单元。

3. 常见的集群系统有_____、_____、_____、_____等。

4. 目前常见的操作系统结构有_____、_____、_____、_____等。

三、简答题

1. 用户与操作系统之间存在哪几种接口？

2. 你认为我国是否有必要组织力量开发一个国产的计算机操作系统？

第 2 章　操作系统结构

第 3 章

➡ 进 程 管 理

引子：田忌赛马

《史记》卷六十五《孙子吴起列传第五》记载：齐使者如梁，孙膑以刑徒阴见，说齐使。齐使以为奇，窃载与之齐。齐将田忌善而客待之。忌数与齐诸公子驰逐重射。孙子见其马足不甚相远，马有上、中、下辈。於是孙子谓田忌曰："君弟重射，臣能令君胜。"田忌信然之，与王及诸公子逐射千金。及临质，孙子曰："**今以君之下驷与彼上驷，取君上驷与彼中驷，取君中驷与彼下驷。**"既驰三辈毕，而田忌一不胜而再胜，卒得王千金。於是忌进孙子於威王。威王问兵法，遂以为师。

同样的马匹，只是调换了比赛的出场顺序，用局部的失利换取了全局的胜利，因而转败为胜。可见，善于换位思考，善于充分发掘和高效利用现有资源，善于统筹合作，不拘泥于陈规，才能以智取胜。

在计算机系统中，为了提高 CPU 的利用率，需要引入多道程序设计的概念。而在多道程序批处理系统和分时系统中，人们所熟悉的"程序"并不能独立运行，因此本章给出操作系统中非常重要的概念：进程是资源分配和独立运行的基本单位。

本章要点：
- 进程与线程的基本概念。
- 进程控制。
- 进程同步机制及问题解决。
- 进程通信。

3.1 进程的基本概念

3.1.1 进程的引入

在单道环境下，程序的执行方式是顺序执行，即必须在一个程序执行完成后，才允许另一个程序执行；在多道程序环境下，则允许多个程序并发执行。程序的这两种执行方式间有着显著的不同，因此才在操作系统中引入进程的概念。

1. 程序的顺序执行及其特征

通常一个应用程序可分成若干程序段，在各程序段之间，必须按照某种先后次序顺序执行。例如，在进行计算时，必须先输入用户的程序和数据，再进行计算，最后才能打印计算结果。图 3-1 所示为单道环境下程序的顺序执行示意图。

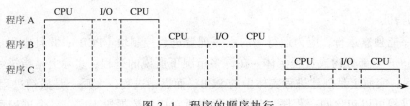

图 3-1　程序的顺序执行

可以看出，程序顺序执行时的特征为：

（1）资源的独占性（又称封闭性）：程序是在封闭的环境下执行的。即程序运行时独占系统的一切资源；资源状态与运行结果不受任何外界因素的影响。

（2）执行的顺序性：处理机的操作严格按照所规定的顺序执行，即每一操作开始执行必定是在前一个操作结束之后。

（3）结果的再现性：只要程序执行时的环境和初始条件相同，当程序重复执行时，该程序的执行轨迹和最终结果必定相同。

2. 程序的并发执行及其特征

在多道环境下，仍以前面三个程序的执行为例，如图 3-2 所示。显然，程序的并发执行，虽然提高了系统吞吐量，但也产生了一些与程序顺序执行时不同的特征：

（1）资源的竞争性（失去封闭性）：这是资源共享的必然结果。程序在并发执行时，由于它们共享系统资源形成了相互制约的关系，即出现了"你不用时我用"及"你用着时，我可以等"的现象。

（2）异步性与相互制约（间断性）：程序在并发执行时，由于共享资源及相互合作，致使每个程序的启动和结束时间不确定，且其执行一般是"走走停停"。

（3）结果与速度有关（不可再现性）：这是指程序的执行结果与其执行速度有关，也称与时间有关，是共享性和异步性导致的结果。这当然是我们不希望看到的，所以我们引入进程的概念来解决这个问题。

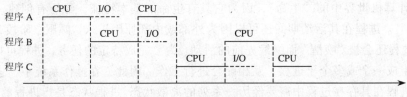

图 3-2　程序的并发执行

3.1.2　进程的定义与特征

在多道程序设计环境下，程序的并发执行导致其结果失去封闭性，说明程序是不能参与并发执行的。为使程序能并发执行，并对并发执行的程序加以描述和控制，人们引入了"进程"的概念。

1966 年，美国麻省理工学院的 J.H.Saltzer 最早提出"进程"的概念并将之用于 Multics 系统设计中。所谓进程，是指一个程序在给定数据集合上的一次执行过程，是系统进行资源分配和运行调度的独立单位。

为了能较深刻地了解进程，下面再对进程的特征加以描述。

1. 结构特征

为使程序能独立运行，应为运行中的程序配置进程控制块（PCB），并且由程序段、相关的数据段和 PCB 三部分构成进程实体。在许多情况下所说的进程，实际上是指进程实体，例如，创建进程，实质上是创建进程实体中的 PCB；而撤销进程，实质上是撤销进程的 PCB。

不同的进程可以包含同一程序，只要该程序所对应的数据段不同。一个进程可包括多个程序，共同组成一次运行活动。因此，进程和程序之间不存在一一对应的关系。如一部电影可以在不同的场次或不同的影院中放映；一次电影专场可连续放映几部影片。

2. 动态性

进程的实质是进程实体的一次执行过程，因此动态性是进程最基本的特征。其动态性表现在：它由创建而产生，由调度而执行，由撤销而消亡。可见，进程实体有生命期。而程序则只是一组有序指令的集合，并静态地存放于某种介质上，其本身并不具有运行的含义。如果把程序比作菜谱，那么进程则是按菜谱炒菜的过程。

3. 并发性

这是指多个进程实体同存于内存中，且能在一段时间内同时运行。并发性是进程的重要特征，也是操作系统的重要特征。引入进程的目的正是为了使其进程实体能和其他进程实体并发执行；而程序（没有建立 PCB）是不能并发执行的。

4. 独立性

在传统的操作系统中，独立性是指进程实体是一个能独立运行、独立分配资源和独立接受调度的基本单位。凡未建立 PCB 的程序都不能作为一个独立的单位参与运行。

5. 异步性

进程按各自独立的、不可预知的速度向前推进。

3.1.3 进程的状态及其转换

进程是计算机世界中的"生命"，因为它具有生命的基本特征，经历有创建、活动及消亡的"生存期"。进程在其活动期间还可以因为外部或内部原因进入"睡眠"阶段，处于"睡眠"阶段的进程还会被"唤醒"而继续先前的活动。为了完成特定的任务，进程可以采用"克隆"技术，生成一个或多个子进程，互相配合进行工作。因此，在操作系统中，进程的动态特性使一个进程在其存在过程中需要经历一系列的离散状态。进程状态是指进程的当前行为。一般来说，进程在其生命期内有如下几种状态。

（1）执行状态（Running）：又称运行态。进程已获得 CPU，正在 CPU 上执行它的程序。在单处理机系统中，任一时刻只有一个运行态进程。在多处理机系统中，则有多个进程处于运行态。

（2）阻塞状态（Blocked）：正在执行的进程由于发生某事件或受到某种制约而暂时停止执行，即进程的执行受到阻塞，把这种暂停状态称为阻塞态，或称为等待状态。致使进程阻塞的典型事件如请求 I/O、申请缓冲空间等。此时即使 CPU 空闲，阻塞态进程也不能享用。通常将阻塞状态的进程排成一个队列，有的系统则根据阻塞原因的不同而把阻塞态进程排成多个队列。

（3）就绪状态（Ready）：进程获得了除 CPU 之外的一切必要资源，只要再获得 CPU，便可立即执行，即所谓"万事俱备，只欠 CPU"。一个进程一旦被建立，即处于就绪状态。在一个系统中处于就绪状态的进程可能有多个，通常将它们排成一个或多个队列，称为就绪队列。

如图 3-3 所示，处于就绪态的进程，在调度程序为之分配了处理机后，该进程便可执行，并由就绪态转变为执行态；正在执行的进程又称当前进程，如果因分配给它的时间片已完成而被暂停执行时，该进程便由执行态回到就绪态；如果因发生某事件而使进程的执行受阻（如进程请求访问某临界资源，而该临界资源正被其他进程访问时），使之无法继续执行，该进程将由执行态转变为阻塞态。

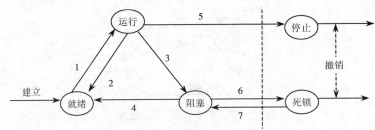

图 3-3　进程状态及其转换

由图 3-3 可以看出，执行态（物理运行）、就绪态（逻辑运行）、阻塞态（逻辑运行）是进程的三种基本状态。宏观上这三种状态都是活动的（即都处于运行之中）。进程除了三种基本状态之外，还有停止状态与死锁状态。停止（Terminated）状态是指进程运行终止，等待被系统撤销。死锁（Deadlock）状态是指进程在无限地等待一件永远不会发生的事件，这是一种进程故障。所以停止状态（无需再运行）、死锁状态（无法运行）是静止的。

图 3-3 中，变迁 1 是通过进程调度使进程获得 CPU；变迁 2 是时间片用完，进程放弃CPU；变迁 3 是等待某事件发生；变迁 4 是某事件发生；变迁 5 是进程运行终止；变迁 6 是无休止等待；变迁 7 是死锁解除。虚线左边是活动的，右边是静止的。变迁 3 和变迁 5 是进程自己启动的，其他变迁均由操作系统的专门机构启动。

【例 3-1】试问在什么条件下将会发生下面给出的因果变迁。

（1）一个进程从执行态变为就绪态，一定会引起另一个进程从就绪态变为执行态。

分析：是。前者一定会无条件的引起后者。因为一个进程从执行态变为就绪态，CPU 空闲，系统会重新分配处理机，从而引起另一进程从就绪态变为执行态。如果就绪队列为空，则另一进程即为其自身。

（2）一个进程从执行态变为阻塞态，一定会引起另一进程从执行态变为就绪态。

分析：这种因果变迁是绝对不可能发生的。因为一个 CPU 不可能同时运行两个进程。

（3）一个进程从阻塞态变为就绪态，一定会引起另一个进程从就绪态变为执行态。

分析：不一定。如果引起，则是该进程自身。

由于进程的不断创建，系统的资源特别是内存资源已经不能满足进程运行的要求时，就必须考虑把某些进程挂起（Suspend），对换到磁盘镜像区中，释放它所占有的某些资源，暂时不参与调度。引起进程挂起的原因主要有：系统中的进程均处于阻塞态，处理机空闲，这时需要把一些阻塞进程对换出去，以腾出足够的内存装入就绪进程；进程竞争资源，导致系统资源不足，此时需要挂起部分进程以调整系统负荷，保证系统的实时性或让系统正常运行；把一些定期执行的进程（如审计程序、监控程序、记账程序）对换出去，以减轻系统负荷；

43

用户要求挂起自己的进程，以便根据中间执行情况和中间结果进行某些调试、检查和改正；父进程要求挂起自己的子进程，以进行某些检查和改正；操作系统需要挂起某些进程，检查运行中资源使用情况，以改善系统性能，或当系统出现故障或某些功能受到破坏时，需要挂起某些进程以排除故障。图 3-4 所示为引入挂起状态后的进程状态变换图。

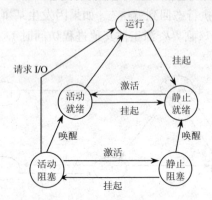

图 3-4　具有挂起状态的进程状态变换图

3.1.4　进程的组成

进程是在一个上下文的执行环境中执行的，这个执行环境称为进程映像，它包括处理机中各通用寄存器的值、进程的内存映像、打开文件的状态和进程占用资源的信息等很多部分。进程映像中最关键的部分是存储器映像，因为一个进程在暂时退出处理机时，其处理机映像、打开文件和使用外围设备的状态都要保存起来，成为存储器映像的一部分。而当进程再次被调度执行时，要能从存储器映像中恢复进程全部的执行环境。因此，一般提到进程映像时，都是指存储器映像。

如图 3-5 所示，进程的存储器映像由进程控制块（PCB）、进程执行的程序（Code）、进程执行时所用的数据、进行执行时使用的工作区等组成。

图 3-5　进程的组成

1．进程控制块

进程控制块（Process Control Block，PCB）是系统用于查询和控制进程运行的档案，它描述进程的特征，记载进程的历史，决定进程的命运。由于 PCB 较大，一些系统将其分割为两部分：一部分是进程基本控制块，记录进程的基本控制信息，常驻内存；另一部分是进程扩充控制块，当进程被调度程序选中后，才会换入内存。

2．共享正文段

用高级语言编写的程序一般是可重入的"纯代码"，也就是说，它可以被多个进程并发地执行。例如，对于编辑程序 vi，一个用户在编辑自己的源文件时，系统要将磁盘中的执行程序 vi 调入内存。如果此时另一个用户也要编辑自己的源程序，那这个用户就不再需要再将原 vi 程序调入，而只要执行前一用户已调入的 vi 程序代码即可。这两个用户对 vi 来说，只不过当前的执行位置不同而已。事实上，共享正文段不仅包括程序，还包括不可修改的常数。

3. 数据区

进程执行时所用的数据，例如，C 程序中的外部变量和静态变量，进程执行的程序为非共享程序，如用汇编语言编写，可以在执行时修改执行的代码和其中的数据等，构成了进程的数据区。

4. 工作区

进程在核心态运行时的工作区为核心栈，在用户态下运行时的工作区为用户栈。在调用核心的函数或用户函数时，两种栈分别用于传递参数、存放返回地址、保护现场以及为局部动态变量提供存储空间。此外，核心栈还可用于保护中断现场，用户栈还用于向主程序（main函数）传递命令行参数等。

3.1.5 进程控制块

操作系统作为资源管理和分配程序，其本质任务是自动控制程序的执行，并满足进程执行过程中提出的资源使用要求。当一个程序进入计算机的内存进行计算就构成了进程，那么进程就不只是一个概念而是相应的有个实体。为了描述和控制进程的运行，系统为每个进程定义了一个数据结构，称为进程控制块（PCB），它是进程实体的一部分，是操作系统中最重要的记录型数据结构。

进程实体由三部分组成，分别是共享正文段（程序段）、数据段与 PCB。PCB 中记录了操作系统所需的、用于描述进程当前情况及控制进程运行的全部信息。进程控制块的作用是使一个在多道程序环境下不能独立运行的程序，成为一个能独立运行的基本单位，一个能与其他进程并发执行的进程。或者说，操作系统是根据 PCB 来对并发进程进行控制和管理的，当进程创建时，系统为它建立一个 PCB；当进程的状态发生变化时，系统将其运行信息记录在 PCB 中；当进程执行完毕时，系统回收其 PCB。因此，PCB 是进程存在的唯一标识，是进程在其生命期内的管理档案，必须常驻内存。

1. 进程控制块的内容

不同操作系统，PCB 的格式、大小及内容不尽相同，但一般包括以下四个方面的信息。

（1）进程标识符。进程标识符用于唯一地标识一个进程。一个进程通常有两种标识符，分别是内部标识符与外部标识符。在所有的操作系统中，每一个进程都被赋予一个唯一的数字标识符，它通常是一个进程的序号，设置内部标识符主要是为了方便系统使用。外部标识符由创建者提供，通常是由字母、数字组成，往往是由用户在访问该进程时使用。

（2）处理机状态。处理机状态主要由处理机的各种寄存器中的内容组成。处理机在运行时，许多信息都放在寄存器中。当处理机被中断时，所有这些信息都必须保存在 PCB 中，以便在该进程重新执行时，能从断点继续执行。这些寄存器包括通用寄存器、指令计数器、程序状态字 PSW 和用户栈指针。

（3）进程调度信息。与进程调度和进程对换有关的信息，包括进程状态、进程性质、进

程优先级、进程调度所需的其他信息、进程由执行态进入阻塞态所等待的事件等。

（4）进程控制信息。进程控制信息包括程序和数据的地址、进程同步和通信机制、资源清单、链接指针等。

2. 进程控制块的组织方式

在一个系统中，通常可拥有数十个、数百个甚至数千个进程的 PCB。为了便于管理，系统将所有的 PCB 用适当方式组织起来。一般来说，大致有三种组织方式。

（1）线性表方式。将所有的 PCB 不分状态组织在一个连续表（又称 PCB 表）中。该方式的优点是简单，且不需要额外的开销，适用于进程数目不多的系统。缺点是调度进程时往往需要扫描整个 PCB 表。

（2）索引方式。对于相同状态的进程，分别设置各自的 PCB 索引表，表目为 PCB 在 PCB 表（线性表）中的地址。于是就构成了就绪索引表、阻塞索引表。另外，在内存固定单元设置三个指针，分别指示就绪索引表的起始地址和阻塞索引表的起始地址及执行态 PCB 在 PCB 表中的地址，如图 3-6 所示。

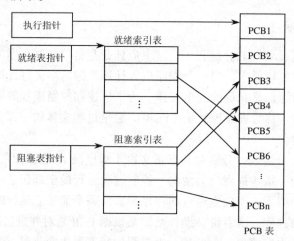

图 3-6　PCB 的索引方式

（3）链接方式。对于相同状态进程的 PCB，通过 PCB 中的链接字构成一个队列。队首由内存固定单元中相应的队列指针指示，链接字指出本队列下一 PCB 表中的编号（或地址），队尾的链接字（队列指针）内容为 0 或一个特殊符号。这样，便形成了就绪队列、阻塞队列和运行队列。其中，就绪队列只有一个，阻塞队列对应于不同的阻塞原因可以有多个，而运行队列中只有一个成员。

3.2　进程控制

进程控制是进程管理中最基本的功能。进程控制就是系统使用一些具有特定功能的程序段来创建、撤销进程及完成进程各状态间的转换，从而达到多进程高效率并发执行及资源共享的目的。

对进程的控制包括创建进程、阻塞进程、唤醒进程、挂起进程、激活进程和终止进程等。进程控制一般是由操作系统的内核来实现的，通常把进程控制用程序段做成原语。原语是在系统态下执行的、完成系统特定功能的过程。原语和计算机指令类似，是一个不可分割的基本单位，其特点是执行过程中不允许被中断，因此原语的执行是顺序的而不可能是并发的。一种原语的实现方法是以系统调用方式提供原语接口，且采用屏蔽中断的方式来实现原语功能，以保证原语操作不被打断。

3.2.1 进程的创建

在多道程序环境中，只有进程才能在系统中运行。因此，为使程序能正常运行，就必须为其创建进程。

1. 引起创建进程的事件

导致一个进程去创建另一个进程的典型事件有以下四类：

（1）用户登录。在分时系统中，用户在终端输入登录命令后，如果是合法用户，系统将为该终端建立一个进程，并把它插入到就绪队列中。

（2）作业调度。在批处理系统中，当作业调度程序按一定的算法调度到某作业时，便将该作业装入内存，为它分配必要的资源，并立即为它创建进程，再把进程插入到就绪队列中。

（3）提供服务。当运行中的用户程序提出某种请求后，系统将专门创建一个进程来提供用户所需要的服务。例如，用户程序要求进行文件打印，操作系统将为它创建一个打印进程，这样，不仅可使打印进程与该用户进程并发执行，还便于计算出为完成打印任务所花费的时间。

（4）应用请求。在上述三种情况下，都是由系统内核为它创建一个新进程。应用进程也可提出请求，由它自己创建一个新进程，以便使新进程以并发运行方式完成特定任务。例如，某应用程序需要不断地从键盘终端读入输入数据，继而又要对数据进行相应的处理，然后，再将处理结果以表格形式在屏幕上显示。该应用进程为使这几个操作能并发执行，以加速任务的完成，可以分别建立键盘输入进程、表格输出进程。

2. 创建进程的操作步骤

一旦操作系统发现了要求创建进程的事件后，便调用进程创建原语按下述步骤创建一个新进程：

（1）申请空白 PCB。为新进程申请并获得唯一的数字标识符，并从 PCB 集合中索取一个空白 PCB。

（2）为新进程分配资源。为新进程的程序和数据及用户栈分配必要的内存空间。如果新进程要共享某个已在内存的地址空间（即已装入内存的共享段），则必须建立相应的连接。

（3）初始化 PCB。PCB 的初始化包括初始化标识信息、处理机状态信息、处理机控制信息。

（4）将新进程插入到就绪队列。

需要注意以下几点：

（1）此为进程创建原语。在原语执行前要屏蔽中断，执行完毕后要打开中断，以保证原语执行的不可中断性。

（2）创建进程的主要任务是构造新进程的 PCB。

（3）系统进程调用进程创建原语创建父进程，父进程再调用进程创建原语创建子进程，子进程作为父进程也可调用进程创建原语创建其子进程。这样便形成了一个进程树。把树的根结点作为进程家族的祖先。子进程可以继承父进程所拥有的资源。在撤销进程时，也必须同时撤销其所有的子进程。

3.2.2 进程的终止

一个进程完成了特定的工作或出现了严重的异常，操作系统将收回其占用的资源，其实质是撤销其 PCB。进程终止分为正常和非正常终止，前者如分时系统中的注销和批处理系统中撤离作业步，后者如进程运行过程中出现错误与异常。

1. 引起进程终止的事件

（1）正常结束。进程完成功能，正常运行结束。

（2）异常结束。在进程执行期间，由于出现某些错误和故障而迫使进程终止。常见的有：进程执行了非法指令；进程在目态执行了特权指令；进程运行超时；进程等待超时；越界错误；对共享内存区的非法使用；算术运算错误；严重的输入/输出故障等。

（3）外界干预。外界干预并非指在本进程运行中出现了异常事件，而是指进程应外界的请求而终止运行。常见的干预有：操作员或操作系统干预；父进程请求；父进程撤销，因而其所有子进程被撤销；操作系统终止等。

2. 进程的终止过程

如果系统发生了上述要求终止进程的某事件后，操作系统便调用进程终止原语，按下述过程去终止指定的进程：

（1）依进程名检索出其 PCB，从中读出该进程的状态。

（2）若被终止的进程正处于执行态，应立即终止进程的执行；若该进程还有子孙进程，还应将其所有子孙进程予以终止。

（3）收回该进程所拥有的全部资源。

（4）将被终止进程的 PCB 从所在队列移出并消去。

3.2.3 进程的阻塞与唤醒

当进程在执行过程中因等待某事件的发生而暂停执行时，进程调用阻塞原语将自己阻塞，并主动让出处理机。当阻塞进程等待的事件发生时，由事件的发现者进程调用唤醒原语将阻塞的进程唤醒，使其进入就绪态。

1. 引起进程阻塞和唤醒的事件

（1）请求系统服务。当正在执行的进程向系统请求某种服务或请求分配资源时，由于某种原因其要求无法立即得到满足，进程便暂停执行而变为阻塞态。例如，当进程在执行中请求打印服务时，由于打印机已被其他进程占用，请求者只能进入阻塞态去等待。当进程请求的系统服务完成时，应将阻塞进程唤醒。

（2）启动某种操作并等待操作完成。当进程执行时启动了某操作，且进程只有在该操作完成后才能继续执行，那么进程也将暂停执行而变为阻塞态。例如，进程启动了某 I/O 设备进行 I/O 操作，但由于设备速度较慢而不能立刻完成指定的 I/O 任务，所以进程进入阻塞态等待。当进程启动的操作完成后，应将阻塞进程唤醒。

（3）等待合作进程的协同配合。相互合作的进程，有时需要等待合作进程提供新的数据或等待合作进程做出某种配合而暂停执行。在新的数据到达之前，该进程也将停止执行而变为阻塞态。例如，计算过程不断地计算出结果并存入缓冲区，而打印进程不断地从缓冲区中取出数据进行打印。如果计算进程尚未将数据送到缓冲区中，则打印进程只能变为阻塞态去等待。当合作进程完成协同任务时，应将阻塞进程唤醒。

（4）系统进程无新工作可做。系统中往往设置了一些具有特定功能的系统进程，每当它们的任务完成后便将自己阻塞起来，以等待新任务的到达。例如，系统中设置的发送进程，若已有发送请求全部完成且尚无新的发送请求到达，这时发送进程将阻塞等待。当系统进程收到了新的任务请求时，应将阻塞进程唤醒。

2. 进程阻塞过程

正在执行的进程，当发现上述某事件时，由于无法继续执行，进程便通过调用阻塞原语把自己阻塞。可见，进程的阻塞是进程自身的一种主动行为。其主要操作过程为：停止当前进程的执行；保存该进程的 CPU 现场信息；将进程状态改为阻塞态，并将其 PCB 入相应的阻塞队列；转进程调度程序。

3. 进程唤醒过程

当被阻塞进程所期待的事件出现后，如 I/O 完成或其所期待的数据已经到达，则由有关进程（如用完并释放了该 I/O 设备的进程）调用唤醒原语，将等待该事件的进程唤醒。唤醒原语执行的过程是：首先把被阻塞的进程从等待该事件的阻塞队列中移出，将其 PCB 中的现行状态由阻塞改为就绪，然后再将该 PCB 插入到就绪队列中。

应当指出，一个处于阻塞态的进程不可能自己唤醒自己。阻塞原语与唤醒原语是一对作用相反的原语。因此，如果在某进程中调用了阻塞原语，则必须在与之合作的另一进程中或其他相关的进程中安排唤醒原语，才能唤醒阻塞进程；否则，被阻塞进程将会因不能被唤醒而长久地处于阻塞状态，从而再无机会继续运行。

3.2.4　进程的挂起与激活

前面已经讨论了进程挂起的概念，当出现了引起挂起的事件时系统或进程利用挂起原语把指定进程或处于阻塞态的进程挂起。

1. 进程的挂起

挂起原语的执行过程是：首先检查被挂起进程的状态，若处于活动就绪态，便将其改为静止就绪；对于活动阻塞态的进程，则将其改为静止阻塞。为了方便用户或父进程考查该进程的运行情况需要把该进程的 PCB 复制到某指定的内存区域。若被挂起的进程正在执行，则转向调度程序重新调度。

2. 进程的激活

当发生激活进程的事件时，例如，父进程或用户进程请求激活指定进程，若该进程驻留在外存而内存中已有足够的空间时，则可将在外存上处于静止就绪态的进程调入内存。这时，系统将利用激活原语将指定进程激活。激活原语先将进程从外存调入内存，检查该进程的现行状态，若是静止就绪，便将其改为活动就绪；若为静止阻塞，便将其改为活动阻塞。

3.3　进 程 同 步

在操作系统中引入进程后，虽然提高了资源的利用率和系统的吞吐量，但进程的异步性会给系统造成混乱，尤其是在多个进程共享临界资源时。例如，当多个进程去共享一台打印

机时，有可能使多个进程的输出结果交织在一起，难以区分；而当多个进程去共享变量、表格、链表时，有可能使数据处理出错。进程同步的主要任务是使并发执行的进程之间能有效地共享资源和相互合作，从而使程序的执行具有可再现性。

3.3.1 进程同步的基本概念

1. 临界资源与临界区（Critical Section）

在第一章中曾经介绍过，许多硬件资源如卡片输入机、打印机、磁带机等，软件资源如文件、队列、缓冲区、表格、变量等，各进程间应采取互斥方式实现对这些资源的共享。一次仅允许一个进程使用的资源称为临界资源（Critical Resource）。

人们把在每个进程中访问临界资源的那段代码称为临界区（Critical Section）。对其概念的理解如图 3-7 所示。显然，能保证各进程互斥地进入自己的临界区，便可实现各进程对临界资源的互斥访问。为此，每个进程在进入临界区之前，应先对欲访问的临界资源进行检查，看它是否正在被访问。如果此临界资源正在被访问则进程不能进入临界区，否则进程进入临界区并设置访问标识，此段代码称为进入区。相应的，在临界区后面也要加上一段称为退出区的代码，用于将临界区正在被访问的标识恢复为未被访问的标识。进程中除进入区、临界区及退出区之外的其他部分代码，称为剩余区。

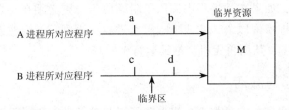

图 3-7 临界资源与临界区

为保证各进程互斥地进入临界区，应有如下调度机制：

（1）在访问同一临界资源的临界区中，每次只能允许一个进程进入。

（2）一个进程在非临界区中的暂停运行不能影响其他进程。

（3）一个进程如需要进入临界区，不能发生无限延迟的情况，即既不会死锁，也不会饥饿。

（4）当临界区没有进程，必须让任何希望进入该程序段的进程无延迟地进入。

（5）一个进程只能在临界区内停留有限的时间。

（6）对于相关进程的运行速度和处理机的数量不做假设。

2. 进程的互斥与同步

在多道程序环境下，当程序并发执行时，由于资源共享和进程合作，使同处于一个系统中的各进程之间，可能存在着以下两种形式的制约关系。

（1）间接相互制约关系。同处于一个系统中的进程，必然是共享着某种系统资源，如共享 CPU、共享 I/O 设备等。所谓间接相互制约即源于这种资源共享。例如，有两个进程 A 和 B，如果在 A 进程提出打印请求时，系统已将唯一的一台打印机分配给了进程 B，则此时进程 A 只能阻塞；一旦进程 B 将打印机释放，才能使 A 进程由阻塞改为就绪状态。

显然，此时进程间的相互制约关系体现为"我用时你别用"，不允许两个及以上进程同时对临界资源操作，即所谓互斥关系。具有互斥关系的进程特点如下：具有互斥关系的进程，一部分程序可能用于内部计算、内部处理等，另一部分是临界区，是真正需要保证互斥执行的一段；具有互斥关系的进程，并不关心对方的存在；具有互斥关系进程的临界区，其操作可同（如用一台打印机打印两个文件）可不同（如进程调度是摘下 PCB，而时钟中断是插入 PCB）；不同临界资源的临界区，不存在互斥关系（如订票系统与进程调度程序）。

（2）直接相互制约关系。这种制约主要源于进程间的合作。例如，有一输入进程 A 通过单缓冲向计算进程 B 提供数据。当该缓冲空时，计算进程 B 因不能获得所需数据而阻塞，而当进程 A 把数据输入缓冲区后，便将进程 B 唤醒；反之，当缓冲区已满时，进程 A 不能再向缓冲区投放数据而阻塞，当进程 B 将缓冲区数据取走后便可唤醒 A。

此时，某进程未获得合作进程发来消息（同步条件）之前，该进程等待（同步点），消息到达后才可继续执行。人们把这种进程之间通过在执行时序上的某种限制而达到彼此间的相互合作的制约关系称为同步。同步进程间关系特点如下：进程间在某些点上协调工作，有顺序要求；进程间了解对方，不能单独运行；进程的运行依赖对方发来的消息。

对同步与互斥的上述解释表明，它们的实质都是进程在执行时序上的某种限制。因此，可把它们归结为：并发进程在执行时序上的相互制约关系。这就是广义同步概念。故在广义上，互斥是一种特殊的同步。

3.3.2 进程同步机制

为实现进程互斥地进入自己的临界区，可用软件方法，更多的是在系统中设置专门的同步机构来协调各种进程间的运行。

1. 所有同步机制都应遵循下述四条准则

（1）空闲让进。当无进程处于临界区时，表明临界资源处于空闲状态，应允许一个请求进入临界区的进程立即进入自己的临界区，以有效地利用临界资源。

（2）忙则等待。当已有进程进入临界区时，表明临界资源正在被访问，因而其他试图进入临界区的进程必须等待，以保证对临界资源的互斥访问。此准则反映了互斥的基本含义，即使用临界资源的排他性。

（3）有限等待。对要求访问临界资源的进程，应保证在有限时间内能进入自己的临界区，以免陷入"死等"状态。

（4）让权等待。当进程不能进入自己的临界区时，应立即释放处理机，以免进程陷入"忙等"状态。

2. 同步机构

解决进程同步问题可以通过硬件方法，也可以通过软件方法来实现。系统中用来实现进程间同步与互斥的机构称为同步机构。

完全利用软件方法实现进程互斥有很大局限性，现在已很少单独采用软件方法。利用硬件方法实现互斥的主要思想是用一条指令完成标识的检查和修改两个操作，或者通过禁止中断的方式来保证检查和修改作为一个整体执行，因而保证了检查操作与修改操作不被打断。由于硬件方法采用处理机指令很好地把标识的检查和修改操作结合成一个不可分割的整体，因而具有明显的优点，具体体现在适用范围广、简单、支持多个临界区等。但硬件方法也有

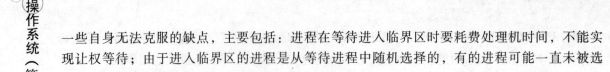

一些自身无法克服的缺点，主要包括：进程在等待进入临界区时要耗费处理机时间，不能实现让权等待；由于进入临界区的进程是从等待进程中随机选择的，有的进程可能一直未被选上，从而导致饥饿现象。

目前常见的同步机制有：锁机制、信号量机制与管程机制。

3.3.3 锁机制

大多数同步机构都是采用一个物理实体，如锁、信号量等，并提供相应的原语。系统通过这些同步原语来控制对共享资源或公共变量的访问，以实现进程的同步与互斥。

当某个进程进入临界区之后，它将锁上临界区，直到它退出临界区为止。当并发进程在申请进入临界区时，首先测试该临界区是否是上锁的，如果是，则该进程要等到该临界区开锁之后才能可能获得临界区。

1. 锁机制定义

这是一种最简单的同步机构。用变量 w 代表某种临界资源的状态，w 称为锁或锁位。w=0 表示资源可用；w=1 表示资源正在被使用。进程在使用临界资源之前需要先考察锁变量的值，如果值为 0 则将锁设置为 1（关锁），如果值为 1 则回到第一步重新考察锁变量的值。当进程使用完资源后，应将锁设置为 0。

系统可以提供对锁变量进行操作的两个原语操作 lock（w）和 unlock（w）。加锁原语 lock（w）：① 测试 w 是否为 0；② 若 w=0，则令 w=1；③ 若 w=1，则返回到①。整个操作是一条原语，即不可中断，中间不允许别的进程改变 w 的状态。整个原语由两条指令组成。①②步由一条"测试并设置"（Test and Set）完成。开锁原语 unlock（w）只有一个动作，即令 w=0。

2. 利用加锁与开锁原语，可以很方便地实现进程互斥

```
进程 Pi:   ...
          lock(w)
          Si           //进程 Pi 在临界区中的操作
          unlock(w)    //如果无此句，则任何进程包括自己，都无法再使用该资源
          ...
```

3. 特点分析

锁机制简单、方便，但效率很低。当有进程在临界区内时，其他想进入临界区的进程必须不断地进行测试，从而处于一种"忙等待"状态（故称为"自旋锁"），造成了处理机时间的浪费，这不符合让权等待的准则，还有可能导致在某些情况下出现不公平现象，如饥饿现象或死锁现象。举例来说，假如有一间教室，人人都可借用，且不规定使用时间，但规定一次只能有一个人使用。某学生首先获得使用该教室的权利，然后去看该教室是否锁上了。如果没锁，进去并加锁；如果锁上了，他只好一会儿再来，直到进门为止。可能他来几十次也进不了教室，而有的学生可能一次就进去了，且不断的进进出出。

解决办法有两种。一是增设一个教室管理员（Monitor），教室门一开就通知最先到的学生；二是增设一个信号灯（Sem），通过信号灯的颜色变化来决定申请使用教室者是否可以进入。

3.4 信号量机制

信号量机制是荷兰计算机科学家 E.W.Dijkstra 于 1965 年提出的一个同步机构，并于 1968

年在 T.H.E 操作系统中予以实现。其基本思想是在多个相互合作的进程之间使用简单的信号来保证同步。在长期且广泛的应用中，信号量机制又得到了很大的发展，它从整型信号量经记录型信号量，进而发展为"信号量集"机制。现在，信号量机制已被广泛地应用于单处理机和多处理机系统及计算机网络中。

3.4.1 信号量机制定义

信号是铁路交通管理中的一种常用设备，交通管理人员利用信号颜色的变化来实现交通管理。操作系统中，信号量 sem 是一整数。显然，用于互斥的信号量 sem 的初值应大于零，而建立一个信号量必须说明所建信号量所代表的意义、赋初值及建立相应的数据结构以便指向那些等待使用该临界资源的进程。

1. 信号量及 P、V 操作定义

在操作系统中，信号量用以表示物理资源的实体，它是一个与队列有关的整型变量，且初值非负（运行过程中不受非负限制）。实现时，信号量常常用一个记录型数据结构表示，它有两个分量：一个是信号量的值，另一个是信号量队列的队列指针，每一个信号量都对应一个空或非空的阻塞队列，其中进程处于阻塞态。

除赋初值外，信号量仅能由同步原语对其进行操作。这两个同步原语分别称为 P 操作和 V 操作(荷兰语中测试 Passeren 和增量 Verhoog)。此外，还常用符号 wait 和 signal、up 和 down、sleep 和 wakeup 等。

P 操作的主要动作如下：① sem 减 1；② 若 sem≥0，则进程继续执行；③ 若 sem<0，则该进程被阻塞，到与该信号相对应的队列中排队，然后转进程调度。P 原语操作功能框图如图 3-8 所示。

V 操作的主要动作如下：① sem 加 1；② 若 sem>0，则进程继续执行；③ 若 sem≤0，则从该信号的阻塞队列中唤醒一个被阻塞进程，然后再返回原进程继续执行或转进程调度。V 原语操作功能框图如图 3-9 所示。

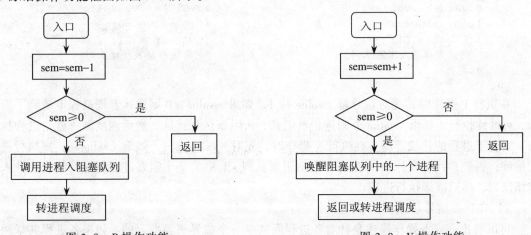

图 3-8　P 操作功能　　　　　图 3-9　V 操作功能

依上述定义，P、V 操作的物理意义为：每执行一次 P 操作意味着请求分配一个单位的资源；每执行一次 V 操作意味着释放一个单位资源。另外，P、V 操作具有严格的不可分割性，一是 P、V 操作的执行动作不允许被中断；二是 P、V 操作是一种对操作。

2. 信号量类型

1）整型信号量

最初由 Dijkstra 把整型信号量定义为一个整型量 s，除初始化外，仅能通过两个标准的原语操作 wait（s）和 signal（s）来访问。很长时间以来，这两个操作一直被分别称为 P、V 操作。

s 的数值表示当前系统中可用的该类临界资源的数量：当 s > 0 时，表示系统中空闲的该类临界资源的个数；当 s = 0 时，表示系统中该类资源刚好被全部占用，且没有等待进程；当 s < 0 时，其绝对值表示系统中等待该类资源的进程的个数。

P 操作可描述为：while (s<=0) 进程被阻塞；
s=s-1;

V 操作可描述为：s=s+1;

可以看出，当一进程在值不大于 0 的信号量 s 上执行 P 操作时，将在循环语句 while 上陷入忙等待，直到其他进程在该信号量 s 上执行 V 操作后，才能解除它的等待。因此，该机制并未遵循"让权等待"准则，而使进程处于"忙等"的状态，因此我们称其为"忙等待方式的 P、V 操作"。另外不难看出，这种形式的 P、V 操作完全可用硬件指令来实现。

2）记录型信号量

记录型信号量机制是一种不存在"忙等"现象的进程同步机制，又称"让权等待方式的 P、V 操作"。但在采取了"让权等待"的策略后，又会出现多个进程等待访问同一临界资源的情况。为此，在信号量机制中，除了需要一个用于代表资源数目的整型变量 value 外，还应增加一个进程链表 L，用于链接上述所有阻塞进程。其包含的两个数据项可描述为：

```
struct semaphore {
  int value;
  queue type  L;
}
```

此时 P、V 操作的定义可分别修改为：

```
P(semaphore s){            V(semaphore s){
   s.value=s.value-1;         s.value=s.value+1;
   if(s.value<0)              if(s.value<=0)
   { block(s.L);             { wakeup(s.L);
     将该进程插入阻塞队列;        将进程插入就绪队列;
   }                         }
}                          }
```

在执行 P 操作时，先对信号量 s.value 减 1，如果 s.value ≥ 0 则意味着该进程申请到了资源，可继续执行；如果 s.value < 0 则进程被阻塞，入阻塞队列排队，然后调度某一就绪进程执行，实现了进程的让权等待。在执行 V 操作时，先对 s.value 加 1，如果 s.value > 0，则执行进程继续；否则调用唤醒原语 wakeup，唤醒阻塞队列 s.L 中的某个阻塞进程变为就绪状态并入就绪队列，然后继续执行进程。

3）AND 型信号量

可以看出，以上操作描述是针对各进程间共享一个临界资源而言的。如果各进程共享两个或更多的临界资源，如进程 A 和 B 共享数据 D 和 E，设 D、E 的互斥信号量分别为 Dmutex、Emutex，并令初值为 1，则有：

```
process A: P(Dmutex);P(Emutex);
process A: P(Dmutex);P(Emutex);
```

如果两个进程的四句按下列次序推进：进程 A：P（Dmutex）；进程 B：P（Emutex）；进程 A：P（Emutex）；进程 B：P（Dmutex）。显然这种推进次序会使进程 A 和 B 处于僵持状态。在无外力作用下，两者都无法从僵持状态中解脱出来，我们称此时的进程 A 和 B 已进入死锁状态。显然，共享资源越多，死锁可能性越大。

因此，AND 型信号量同步机制的基本思想是：将进程在整个运行过程中需要的所有资源，一次性全部分配给进程，待进程使用完成后再一起释放。即对若干临界资源采取静态分配方式：要么全部分配，要么一个也不分配。为此，在 P 操作中增加了一个 AND 条件，故称为AND 同步，或称为同时 wait 操作，即 swait。

```
P(s₁,s₂,…,sₙ){
if (s₁>=1&& … && sₙ>=1){for (i=1;i<=n;i++)sᵢ=sᵢ-1;}
else 将该进程放入阻塞队列；
}
V (s₁,s₂,…,sₙ){
for (i=1;i<=n;i++){
sᵢ=sᵢ+1;
 唤醒所有因 sᵢ 不满足而进入阻塞队列的进程；}
 }
```

4）信号量集

在记录型信号量机制中，P 操作和 V 操作只能对信号量施以加 1 或减 1 操作，这意味着每次只能获得或释放一个单位的临界资源。而当一次需 n 个某类临界资源时，便要进行 n 次 P 操作，显然这是低效的。此外，在有些情况下，当资源数量低于某个下限值时，便不予分配。因而，在每次分配时，都必须测试该资源的数量，看是否大于其下限值。基于上述两点，可以对 AND 型信号量机制加以扩充，形成一般化的"信号量集"机制。P、V 操作可描述如下，其中 s 为信号量，d 为需求值，t 为下限值。

```
P(s₁,t₁,d₁,…,sₙ,tₙ,dₙ){
if (s₁>=t₁ && … && sₙ>=tₙ){for (i=1;i<=n;i++) sᵢ=sᵢ-dᵢ;}
else 将该进程放入阻塞队列；
}
V (s₁,d₁,…,sₙ,dₙ){
for (i=1;i<=n ;i++){
sᵢ=sᵢ+dᵢ;
唤醒所有因 sᵢ 不满足而进入阻塞队列的进程；
 }
}
```

3.4.2 信号量机制实现互斥

为使多个进程能互斥地访问某临界资源，只需为该资源设置一互斥信号量 S，并设其初值为 1，然后将各进程访问该资源的临界区置于 P 和 V 操作之间即可。我们称互斥信号量为公用信号量。进程用 P 操作申请使用资源，用 V 操作释放资源。如下例：

```
P₁( ){ …                          P₂( ){ …
      P(S);                             P(S);
      进程 P₁ 的临界区；                  进程 P₂ 的临界区；
      V(S);                             V(S);
   … }                              … }
```

由于信号量 S 初值为 1，若第一个进程 P_1 先请求使用临界资源，则该进程执行 P 操作时使信号量的值减为 0，这说明当前临界资源空闲，系统可将该资源分配给进程 P_1，P_1 随后进入临界区执行。若此时 P_2 再请求使用临界资源，则该进程也需要先执行 P 操作，从而使信号量 S 值减为 -1，这说明当前临界资源已被占用，因此 P_2 被阻塞，并入信号量 S 的阻塞队列。当进程 P_1 执行完临界区内代码后，接着执行 V 操作，即对 S 执行加 1 操作，从而使 S 恢复为 0，同时唤醒 P_2。待 P_2 完成对临界资源的使用后，又执行 V 操作释放资源，S 加 1 恢复到初值 1。

在利用信号量机制实现进程互斥时注意，P、V 操作必须成对出现。缺少 P 操作将会导致系统混乱，不能保证对临界资源的互斥访问；而缺少 V 操作将会使临界资源永远得不到释放，从而使因等待该资源而被阻塞的进程永远不能被唤醒。另外，在安排 P、V 操作时，不要把与共享临界资源无关的语句放入临界区。因为这样会降低系统并发执行的能力。

3.4.3　信号量机制实现同步

利用信号量同样可以方便地实现合作进程之间的同步。方法是为某个事件设置一个同步信号量 S，其初值为 0，表示该事件还未发生。当进程 A 需要等待 S 对应的事件时执行 P 操作，如果此时 S<0 则阻塞该进程，将它挂入 S 的阻塞队列；若 S=0 则表示事件已发生，该进程可继续执行。当某进程完成了 S 的事件时，立即执行 V 操作唤醒 S 的阻塞队列中的某个进程。

我们把同步信号量 S 称为私用信号量（Private Semaphore），即只有需要等待 S 相应事件发生的进程或说需要其他某个进程给予合作的进程在 S 上执行 P 操作，而完成 S 事件的进程或说是提供合作的进程只在 S 上执行 V 操作。举例说明，有 A、B 两个进程，A 进程负责从键盘读数据到缓冲区，B 进程负责从缓冲区取数据进行计算。要完成读取数据并计算的工作，A 进程和 B 进程要协同工作，即 B 进程只有等待 A 进程把数据送到缓冲区后才能取走数据进行计算，而 A 进程只有等待 B 进程取走缓冲区数据后才能再从键盘读数据送入缓冲区，否则就会出现错误。这是一个进程同步的问题。

A 进程：	B 进程：
把数据从键盘送到缓冲区；	等待 A 发来的"缓冲区已满"信号；
给 B 发"缓冲区已满"的信号；	取走缓冲区中数据并计算；
等待 B 发回"数据已取走"的信号；	给 A 发"数据已取走"的信号；

此时可设两个信号量 S_1 和 S_2，且赋予它们的初值均为 0。S_1 表示缓冲区中是否装满数据，S_2 表示缓冲区中数据是否取走。此同步问题可描述如下：

A 进程：	B 进程：
把数据从键盘送到缓冲区；	$P(S_1)$;
$V(S_1)$;	取走缓冲区中数据并计算；
$P(S_2)$;	$V(S_2)$;

3.4.4　信号量机制实现资源分配

Dijkstra 把广义同步问题抽象成一种"生产者与消费者关系"的抽象模型。事实上，计算机系统中的许多问题都可归结为生产者与消费者关系，如图 3-10 所示，对于需要输出打印文件的某用户进程，相对于打印机管理进程，该用户进程是生产者，而后者便是消费者；同理，若该用户进程需要读入一个磁盘文件，相对于磁盘管理进程，该用户进程是消费者，而磁盘管理进程则是生产者。

此时，生产者不断地生产产品往缓冲区里投放，每投放一个产品便通知消费者可以取走产品；而消费者不断地从缓冲区里取出产品进行消费，每取走一个产品便通知生产者可以继续投入产品。当缓冲区为空时，消费者不能取走产品；当缓冲区为满时，生产者不能投放产品。

图 3-10　用户进程与打印机管理进程

当生产者与消费者共享 n 个大小相等的缓冲区时，如图 3-11 所示，每个缓冲区容纳一个产品。生产者不断地每次往缓冲池中投放一个产品，而消费者则可不断地每次从缓冲池取出一个产品。当缓冲池全满时，表示供过于求，生产者等待，并唤醒消费者；当缓冲池全空时，表示供不应求，消费者等待，并唤醒生产者。

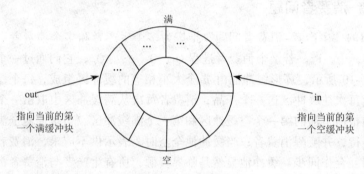

图 3-11　环形缓冲池

【例 3-2】（简单的"生产者-消费者问题"）假定有一个生产者进程 P 和一个消费者进程 Q，他们共享 n 个缓冲区。生产者进程 P 不断地生产产品，将每个产品依次放入缓冲区（一个缓冲区正好存放一个产品），消费者进程 Q 依次从缓冲区中取出产品进行消费。只有在缓冲区中有空位时，生产者进程 P 生产出来的产品才能往里面放；只有在缓冲区有产品时，消费者进程 Q 才能从它的里面取出产品。试用 P、V 操作来协调生产者进程 P 和消费者进程 Q 之间的工作。

分析：为解决"生产者-消费者问题"，必须分析它们之间的同步互斥关系，并设置相应的信号量。P 进程不能往"满"的缓冲区中投放产品，设置信号量 empty，初值为 n，用于指示空缓冲区的数目；Q 进程不能从"空"的缓冲区中取走产品，设置信号量 full，初值为 0，用于指示满缓冲区数目。

另外，为了管理这 n 个缓冲区，必须设置两个指针，一个指针 in 用来指明当前哪个缓冲区是空闲的，可以往里面投放产品；一个指针 out 用来指明当前可以从哪个位置取出产品进行消费。为了循环使用这 n 个缓冲区，进程 P 总是按照 in 的指点来投放产品，然后对 in 执行 in=(in+1) mod n；进程 Q 总是按照 out 的指点来取走产品，然后对 out 执行 out=(out+1) mod n。下面给出这个问题的解决方法。

```
P: while(true){                    Q: while(true){
   生产出一个产品；                     P(full);
   P(empty);                           按out指点从缓冲区中取产品；
   按in指点，将产品投入缓冲区；          out=(out+1)mod n;
   in=(in+1)mod n;                     V(empty);
   V(full);}                           消费产品；}
```

显然，无论在生产者进程还是在消费者进程中，P、V 操作的次序不能颠倒，否则将可能造成进程死锁。

3.5 用信号量机制解决经典进程同步问题

在多道程序环境下，进程同步问题十分重要，因而吸引了不少学者对它进行研究，由此而产生了一系列经典的进程同步问题。其中较有代表性的是"生产者-消费者问题"、"读者-写者问题"、"哲学家进餐问题"等。通过对这些问题的研究和学习，可以帮助我们更好地理解进程同步概念及实现方法。

3.5.1 生产者-消费者问题

将上节介绍的"生产者-消费者问题"推广为多个生产者和多个消费者：设有若干个生产者进程 P_1，P_2，…，P_n，若干个消费者进程 Q_1，Q_2，…，Q_m，它们通过一个环形缓冲池联系起来，如图 2-10 所示，环形缓冲池由 n 个大小相等的缓冲区组成，每个缓冲区能容纳一个产品，生产者每次往缓冲区送一个产品，消费者每次从满缓冲区中取出一个产品。指针 in 和指针 out 分别指出当前的第一个空缓冲区和第一个满缓冲区。当缓冲池全满时，表示供过于求，生产者等待，并唤醒消费者；当缓冲池全空时，表示供不应求，消费者等待，并唤醒生产者。这是相互合作同步。缓冲池显然是临界资源，所有生产者与消费者都要使用它，而且都要改变它的状态，故关于缓冲池的操作必须是互斥的。

显然，任一 P 进程不能往"满"的缓冲区中投放产品，设置信号量 empty，初值为 n，用于指示空缓冲区数目；任一 Q 进程不能从"空"的缓冲区中取产品，设置信号量 full，初值为 0，用于指示满缓冲区数目。此时有多个生产者和多个消费者，它们在执行生产活动和消费活动时都要对缓冲区进行操作，也就是说它们需要共享缓冲区。因此，对缓冲区的使用必须互斥，为此需设置信号量 mutex，初值为 1，用于实现临界区（环形缓冲池）的互斥。下面是"生产者-消费者问题"的同步问题描述：

```
producer:                          consumer:
while(true){                       while(true){
    生产出一个产品;                      P(full);
    P(empty);                          P(mutex);
    P(mutex);                          按 out 指点从缓冲区中取产品;
    按 in 指点, 将产品投入缓冲区;         out=(out+1)mod n;
    in=(in+1)mod n;                   V(mutex);
    V(mutex);                         V(empty);
    V(full);                          消费产品;
    }                              }
```

3.5.2 读者-写者问题

一个数据文件或记录，可被多个并发进程共享。我们把只要求读其内容的进程称为"读者"（Reader），其他要求修改它的进程称为"写者"（Writer）。显然，允许多个读者进程同时工作，因为读操作不会使文件混乱。但是，读者与写者或写者与写者同时工作，可能导致不确定的访问结果。例如，某航空公司的航空订票系统，各售票处可查询和修改系统中所有班机当前订票数的数据库。很明显，任一"写者"必须与其他"写者"或读者互斥访问可共享的数据对象。

因此，所谓"读者-写者问题"是指保证一个读者进程必须与其他进程互斥地访问共享对象的同步问题。"读者-写者问题"常被用来测试新的同步原语。

为了实现读进程与写进程之间的同步，应设置两个信号量和一个共享变量：共享变量 readcount，用于记录当前正在读文件的读进程数目，初值为 0；读互斥信号量 rmutex，用于使读进程互斥地访问共享变量 readcount，其初值为 1；写互斥信号量 wmutex，用于实现写进程与读进程的互斥及写进程与写进程的互斥，其初值为 1。当一个读进程要读文件时，应将读进程计数器 readcount 加 1。如果该读进程是第一个读者，还应对写互斥信号量 wmutex 做 P 操作，这样若文件中无写进程则通过 P 操作阻止后续写进程进行写操作；若文件中有写进程，则通过 P 操作让读进程等待。同理，当一个读进程完成读文件操作时，应将读进程计数器 readcount 减 1。如果此进程是最后一个读者，还应对写互斥信号量 wmutex 做 V 操作，以允许写进程写。"读者-写者问题"的同步算法可描述如下：

```
reader:                          writer:
While(true){                     while(true){
  P(rmutex);                       P(wmutex);
  if(readcount==0) P(wmutex);      写文件;
  readcount++;                     V(wmutex);
  V(rmutex);                     }
  读文件;
  P(rmutex);
  readcount--;
  if(readcount==0) V(wmutex);
  V(rmutex);
}
```

3.5.3 哲学家进餐问题

由 Dijkstra 于 1965 年提出并解决的"哲学家进餐问题"也是一个经典的进程同步问题。该问题描述如下：有五个哲学家共用一张圆桌，分别坐在周围的五把椅子上，圆桌上共有五只筷子和五只碗，他们的生活方式是交替地进行思考和进餐。平时哲学家们进行思考，饥饿时便试图取用其左右最靠近他的筷子，只有在他拿到两只筷子时才能进餐。进餐完毕，放下筷子继续思考。

经分析可知，放在圆桌上的筷子是临界资源，一段时间内只允许一位哲学家使用。为了实现对筷子的互斥使用，可以用一个信号量表示一只筷子，由这五个信号量构成信号量数组 semaphore stick[5]，所有信号量初值均为 1，即 semaphore stick[5]={1，1，1，1，1}；第 i 个哲学家的活动算法可描述如下：

```
philosopher:
while(true){
思考;
P(stick[i]);
P(stick[(i+1)%5]);
进餐;
V(stick[i]);
```

```
V(stick[(i+1)%5]);
}
```

在以上描述中，当哲学家饥饿时，总是先去拿左边的筷子，即执行 P(stick[i])；成功后，再去拿他右边的筷子，即执行 P(stick[(i+1)%5])；又成功后便可进餐。进餐完毕，又先放下他左边的筷子，然后再放右边的筷子。

虽然上述解法可以保证不会有相邻的哲学家同时进餐，但有可能引起死锁。假如五位哲学家同时饥饿而各自拿起左边的筷子时，就会使五个信号量均为 0；当他们再试图去拿右边的筷子时，都将因无筷子可拿而无限期地等待。对于这样的死锁问题，可以采取以下几种解决方法：

（1）至多只允许有四位哲学家同时去拿左边的筷子，最终能保证至少有一位哲学家能够进餐，并在用餐完毕时能释放出他用过的两只筷子，从而使更多的哲学家能够进餐。

（2）仅当哲学家的左、右边两只筷子均可用时，才允许他拿起筷子进餐。

（3）规定奇数号哲学家先取左手边的筷子，再取右边的筷子；而偶数号的哲学家先取右手边的筷子，再取左边的筷子。这样，任何一个哲学家拿到一只筷子后，就已经阻止了他邻座的一个哲学家吃饭的企图，除非某个哲学家一直吃下去，否则不会有人饿死。

相关链接：Solaris 同步机制

为了控制访问临界区，Solaris 提供了适应互斥、条件变量、信号量、读写锁和十字转门等几种方法。适应互斥（Adaptive Mutex）保护对每个临界数据项的访问。在多处理器系统中，适应互斥以自旋锁实现的标准信号量开始。如果数据已加锁，说明数据正在被使用，那么适应互斥有两个选择：如果锁是被正在另一个 CPU 上运行的线程所拥有，那么拥有锁的线程可能会很快结束，所以请求锁的线程就自旋并等待锁可用；如果拥有锁的线程现在不处于运行状态，那么线程就阻塞并进入睡眠，直到锁释放时被唤醒。

Solaris 使用适应互斥方法以保护那些被较短代码所访问的数据。如果所要的锁已经被占用，那么线程就等待且进入睡眠。当一个线程释放锁时，它发出一个信号给队列中下一个睡眠线程。线程进入睡眠、唤醒及相关的上下文切换的额外开销比在自旋锁上浪费数百条指令的开销要少得多。

读写锁用于保护经常访问的只读数据。在这种情况下，读写锁要比信号量更为有效，因为多个线程可以同时读数据，而信号量只允许顺序访问数据。

Solaris 使用十字转门（Turnstile）来安排等待获取适应互斥和读写锁的线程链表。十字转门是一个队列结构，它包含阻塞在锁上的线程。每个同步对象只要有一个线程在其上阻塞时，就需要一个独立的十字转门。然而，Solaris 不是将每个同步对象与一个十字转门相关联，而是给每个内核线程一个十字转门。这是因为一个线程只能某一时刻阻塞在一个对象上，所以，这比每个对象都有一个十字转门要更为高效。

*3.6 管程机制

虽然信号量机制是一种既方便又有效的进程同步机制，但每个要访问临界资源的进程都必须自备同步操作 P 和 V。这就使大量的同步操作分散在各个进程中。这不仅给系统的管理带来麻烦，而且还会因同步操作的使用不当而导致系统死锁。这样，在解决上述问题的过程中，便产生了一种新的进程同步工具——管程（Monitor）。

3.6.1 管程的基本概念

管程是一种并发性的结构，它包括用于分配一个特定的共享资源或一组共享资源的数据和过程。Hansan 为管程所下的定义是：一个管程定义了一个数据结构和能为并发进程所执行（在该数据结构上）的一组操作，这组操作能同步进程和改变管程中的数据。由此可知，管程由三部分组成：局部于管程的共享变量说明；对该数据结构进行操作的一组过程；对局部于管程的数据设置初始值的语句。此外，还需为该管程赋予一个名字。因此，管程最主要的特点如下：局部于管程的数据结构，仅能被局部于管程的过程所访问，任何管程外的过程都不能访问它，称其为信息隐蔽；进程通过调用管程的过程而进入管程；每一时刻只能有一个进程在管程中执行，任何其他调用管程的进程将被阻塞直至管程可用为止。由此可见，管程相当于围墙，它把共享数据和对它进行操作的若干过程围了起来，所有进程要访问临界资源时，都必须经过管程才能进入，而管程每次只准许一个进程进入管程，从而实现了进程互斥。

在利用管程实现进程同步时，必须设置两个同步操作原语 wait 和 signal。当某进程通过管程请求获得临界资源而未能满足时，管程便调用 wait 原语使该进程等待，并将它排在等待队列上。仅当另一进程访问完成并释放该资源后，管程才又调用 signal 原语，唤醒等待队列中的队首进程。

通常等待的原因有多个，如生产者进程被阻塞是因为没有空缓冲区，而消费者进程被阻塞是因为没有满缓冲区，为了区分不同的等待原因，引入条件变量 condition。管程中对每个条件变量都须予以说明，如 notfull、notempty 等。它定义了两个条件变量，notfull 为真时，说明至少有一个空的缓冲区，生产者进程可以投放产品；notempty 为真时，说明至少有一个满的缓冲区，消费者进程可以取走产品。

对条件变量所能做的操作仅仅是 wait 和 signal，因而条件变量可被视为抽象数据类型，它提供这两种操作。如操作 wait (notfull) 指缓冲池已满，该调用进程等待；操作 signal (notempty) 指发消息给消费者；wait（notempty）指缓冲池已空，该调用进程等待；操作 signal（notfull）指发消息给生产者。显然，signal（x）操作会启动一个被阻塞的进程，如果没有阻塞的进程，则 signal 不起作用，即 x 的状态就和该操作执行之前一样。这与信号量机制中的 V 操作不同，V 操作总是对信号量的值起作用。

3.6.2 利用管程解决"生产者–消费者问题"

在利用管程来解决"生产者–消费者问题"时，首先便是为它们建立一个管程，并命名为 PC。其中包括两个过程：

（1）put 过程。生产者利用该过程将自己生产的产品投放到缓冲池中，并用整型变量 count 来表示在缓冲池中已有的产品数目，当 count≥n 时，表示缓冲池已满，生产者须等待。

（2）get 过程。消费者利用该过程从缓冲池中取出一个产品，当 count≤0 时，表示缓冲池中已无可取用的产品，消费者应等待。

下面给出管程 PC 的描述。

```
char buffer[n];
int in,out,count;
in=0;out=0;count=0;
condition notfull,notempty;
```

```
put(char x)
{ if (count>=n) wait(notfull);
  buffer[in]=x;
  in=(in+1)%n;
  conut++;
  signal(notempty);
}
get(char x)
{ if (count<=0) wait(notempty);
  x=buffer[out];
  out=(out+1)%n;
  conut--;
  signal(notfull);
}
```

利用上面定义的管程，可以实现"生产者-消费者问题"。其算法描述如下：

```
producer:                    consumer:
while(true)                  While(true)
{ 生产一个产品;              { PC.get(x);
  PC.put(x);                   取走一个产品;
}                            }
```

从上述算法中可以看出，生产者可以通过管程中的过程 put 往缓冲区中投放产品。该过程首先检查条件 notfull，以确定缓冲区是否还有可用空间。如果没有，则该进程在这个条件上被阻塞。当缓冲区不再满时，阻塞进程可以从队列中移出，并恢复处理。在往缓冲区里投放一个产品后，该进程发送 notempty 条件信号。对消费者的描述与其类似。

从这个例子可以看出，与信号量相比，管程负担的任务不同。对于管程而言，它本身实现了互斥，使生产者和消费者不可能同时访问缓冲区；程序员只需把适当的 wait 和 signal 原语放在管程中，便可防止进程往一个满缓冲区中存放产品，或者从一个空缓冲区中取出产品。而在使用信号量时，互斥和同步都属于程序员的职责。

3.7　进程通信

进程通信（Interprocess Communication）就是进程之间进行信息交换。操作系统可以看做是由各种进程组成的，如用户进程、计算进程、打印进程等，这些进程都具有各自的功能，且异步推进，但有些进程之间必须保持一定的联系，以便协调一致地完成指定任务。这种联系就是通过交换一定数量的信息来实现的。交换的信息量可多可少，少者仅交换一些状态或数值，以达到控制进程执行速度的作用，称为低级通信；多者可以交换大量的数据，不仅保证相互制约的进程之间的正确关系，还同时实现了进程之间的信息交换，称为高级通信。

进程间低级通信方式包括信号通信机制与进程同步机制。信号机制又称软中断，是一种进程之间进行通信的简单通信机制，通过发送一个指定信号来通知进程某个异常事件发生，并进行适当处理。同步机制中最常用的是信号量机制，其作为同步工具虽卓有成效，但作为通信工具则不够理想。主要表现为：

（1）效率低。生产者每次只能向缓冲池投放一个产品，消费者每次只能从缓冲区中取得一个产品。

（2）通信对用户不透明。共享数据结构的设置、数据的传送、进程的互斥与同步，都必须由程序员去实现，操作系统只提供共享存储器。

本节所要介绍的是高级进程通信，是用户可直接利用操作系统提供的一组通信命令高效地传送大量数据的一种通信方式。操作系统隐蔽了进程通信的实现细节，或者说，通信过程对用户是透明的。

3.7.1　进程通信的类型

随着操作系统的发展，用于进程之间实现通信的机制也在发展，并已由早期的低级进程通信机制发展为能传送大量数据的高级通信机制。目前，高级通信机制可归结为三大类：共享存储器系统、消息传递系统及管道通信系统。

1. 共享存储器系统（Shared Memory System）

在共享存储器系统中，进程通过共享某些数据结构或共享存储区进行通信。据此又可把它们分成以下两种类型：

（1）基于共享数据结构的通信方式。在这种通信方式中，要求进程公用某些数据结构，以实现进程之间的信息交换。如在"生产者–消费者问题"中，就是用缓冲区这种数据结构来实现通信的。显然，这种通信方式是低效的，只适于传递相对少量的数据。

（2）基于共享存储区的通信方式。为了传输大量数据，在存储器中划出了一块共享存储区，进程可通过对共享存储区中数据的读写来实现通信。这种通信方式属于高级通信。

2. 消息传递系统（Message Passing System）

不论是单机系统、多机系统，还是计算机网络，消息传递机制都是用得最广泛的一种进程间通信机制。在消息传递系统中，进程间的数据交换是以格式化的消息（message）为单位的。在计算机网络中，又把 message 称为报文。程序员直接利用系统提供的一组通信命令进行通信。操作系统隐蔽了通信的实现细节，大大地减化了通信程序编制的复杂性，因而得到广泛的应用。消息传递系统属于高级通信方式，又因其实现方式的不同而分成直接通信方式和间接通信方式两种。

3. 管道通信

所谓"管道"，是指用于连接一个读进程和一个写进程以实现他们之间通信的一个共享文件，又称 pipe 文件。向"管道"（共享文件）提供输入的发送进程（即写进程）以字符流形式将大量的数据送入"管道"；而接收进程（即读进程）则从"管道"中接收数据。由于发送进程和接收进程是利用"管道"进行通信的，故称为管道通信。

为了协调双方的通信，管道机制必须提供以下三方面的协调能力：

（1）互斥，即当一个进程正在对管道执行读/写操作时，其他进程必须等待。

（2）同步，指当写进程把一定数量的数据写入"管道"时，便去睡眠等待，直到读进程取走数据后，再把它唤醒。当读进程读一空"管道"时，也应睡眠等待，直到写进程将数据写入"管道"后，才将其唤醒。

（3）确定对方是否存在，只有确定了对方已存在时，才能进行通信。

3.7.2　消息传递通信

消息缓冲通信是由 Hansen 于 1973 年首先提出的，其基本思想是：根据生产者与消费者

关系原理，利用内存的公用消息缓冲池实现进程之间的信息交换。操作系统负责管理公用消息缓冲池及消息的实际传递，进程通过访问系统支持的消息缓冲通信机构实现相互之间的信息交换。

1. 消息传递通信的实现方法

在进程之间通信时，源进程可以直接或间接地将消息传送给目标进程，由此可将进程通信分为直接和间接两种通信方式。

1）直接通信方式

发送进程利用操作系统的发送原语 send，直接把消息发送给目标进程，接收进程利用操作系统的接收原语 receive 接收消息。此时要求发送进程和接收进程都以显式方式提供对方的标识符。

直接通信方式又称"消息缓冲通信"，属于实时通信。发送进程在发送消息前，先在自己的内存空间设置一个发送区，把待发送的消息填入其中，然后再用发送原语 send 将其发送出去。接收进程则在接收消息之前，在自己的内存空间设置相应的接收区，然后用接收原语 receive 接收消息。发送原语和接收原语的功能描述如下：

```
send(receiver,a)//receiver 为接收者标识号,a 为发送区首址
{   向系统申请一个消息缓冲区；
    将发送区消息送入新申请的消息缓冲区；
    P(mutex);
    把消息缓冲区挂入接收进程的消息队列；
    V(mutex);
    V(sm);
}
receive(sender,b)//sender 为发送者标识号,b 为接收区首址
{   P(sm);
    P(mutex);
    从消息队列中找到要接收的消息；
    从消息队列中摘下此消息；
    V(mutex);
    将消息复制到接收区；
    释放消息缓冲区；
}
```

有时，接收进程可与多个发送进程通信。例如，用于提供打印服务的进程，可接收来自任何一个进程的"打印请求"消息。

我们可利用直接通信原语，来解决"生产者–消费者问题"。当生产者生产出一个产品后，便用 send 原语将消息发送给消费者进程；而消费者进程则利用 receive 原语来得到一个消息。如果消息尚未生产出来，消费者必须等待，直至生产者进程将消息发送过来。

2）间接通信方式

间接通信方式是指进程之间的通信，需要通过作为共享数据结构的实体。该实体用来暂存发送进程发送给目标进程的消息；接收进程则从该实体中取出对方发送给自己的消息。通常把这种中间实体称为信箱。消息在信箱中可以安全地保存，只允许核准的用户随时读取。因此，利用信箱通信方式，既可实现实时通信，又可实现非实时通信。

信箱逻辑上分成信箱头和信箱体两部分。如图 3-12 所示，信箱头中存放有关信箱的描

述，如信箱名称、信箱大小、信箱方向及拥有该信箱的进程名称等。信箱体主要用来存放消息，由若干缓冲区组成，每个缓冲区存放一个信件，缓冲区的大小和数目在创建信箱时确定。信件的传递可以是单向的，也可以是双向的。

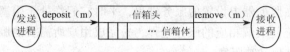

图 3-12　信箱通信结构

对于只有一发送进程和一接收进程使用的信箱，则进程间通信应满足如下条件：发送进程发送消息时，信箱中至少要有一个空格能存放该消息；接收进程接收消息时，信箱中至少要有一个消息存在。

系统为信箱通信提供了若干条原语，分别用于信箱的创建、撤销和消息的发送、接收等。设发送进程调用过程 deposit（m）将消息发送到信箱，接收进程调用过程 remove（m）将消息 m 从信箱中取出。此时，为了记录信箱中空格个数和消息个数，信号量 fromnum 为发送进程的私用信号量，信号量 mesnum 为接收进程的私用信号量。fromnum 的初值为信箱的空格数 n，mesnum 的初值为 0。则 deposit（m）和 remove（m）可描述如下：

```
deposit(m){                          remove(){
P(fromnum);                          P(mesnum);
选择空格 x;                           选择满格 x;
将消息 m 放入空格 x 中;                把满格 x 中的消息取出放 m 中;
置格 x 的标识为满;                     置格 x 的标识为空;
V(mesnum);                           V(fromnum);
}                                    }
```

信箱可由操作系统创建，也可由用户进程创建，创建者是信箱的拥有者。据此可把信箱分为三类：私用信箱、公用信箱和共享信箱。

私用信箱由用户进程创建，信箱的拥有者有权从信箱中读取消息，其他用户只能往里发送消息，因此是单向通信方式。当拥有该信箱的进程结束时，信箱也随之消失。

公用信箱由操作系统创建，并提供给系统中的所有核准进程使用。核准进程既可向信箱发送消息也可从信箱中读取消息。显然公用信箱应采用双向通信方式实现。通常，公用信箱在系统运行期间始终存在。

共享信箱由某进程创建，在创建时或创建后，指明它是可共享的，同时须指出共享进程的名字。信箱的拥有者和共享者都有权从信箱中取走发送给自己的消息。

2. 消息通信中的同步问题

两个进程间的消息通信意味着其中包含某种程序间的同步。下面讨论进程在执行发送原语和接收原语后的状态。一个发送进程在执行发送原语后有两种可能，一种是发送进程被阻塞直到消息被接收，另一种是发送进程不被阻塞。同样一个接收进程在执行接收原语后也有两种可能，一是如果消息已发来，则消息被接收并继续执行；二是如果没有发送来的消息，则进程或者被阻塞以等待消息或者放弃接收。

因此，发送进程和接收进程都可以阻塞或不阻塞。根据发送进程和接收进程采取方式的不同，通常有三种常用的组合方式，但对于一个特定系统来说，只会实现其中的一种或两种组合方式。

第 3 章　进程管理

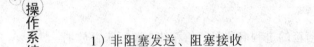

1）非阻塞发送、阻塞接收

这是最常用、最自然的进程同步方式。平时，发送进程不阻塞，因而它可尽可能快地把一个或多个消息发送给多个目标；而接收进程平时则处于阻塞状态，直到发送进程发来消息时才被唤醒。例如，在服务器上设置的服务进程，平时它们都处于阻塞状态，一旦有请求服务的消息到达时，系统便唤醒相应的服务进程，去完成用户所需要的服务；处理完后，若无新的服务请求，服务进程又被阻塞。

2）非阻塞发送、非阻塞接收

这是分布式系统常见的通信方式。平时，发送进程和接收进程都在忙自己的事情，仅当发生某事件使它们无法继续运行时，才把自己阻塞起来等待。例如，在发送进程和接收进程之间联系着一个长度为 n 的消息队列时，发送进程和接收进程可以连续不断地对队列操作而不必等待，只有当消息队列中的消息数已达到 n 个时，发送进程才会被阻塞，当消息队列中的消息数为 0 时，接收进程才会被阻塞。

对于并发任务而言，非阻塞发送是最自然不过的，如系统允许请求进程不间断地向打印机发出打印请求。但非阻塞发送存在一些潜在的问题。一是一些错误可能导致进程重复地产生消息，因为没有阻塞来约束该进程，这些消息将耗费大量的系统资源，包括处理机时间和缓冲区空间；二是非阻塞发送加重了程序员确认消息是否收到的负担，进程必须发送应答消息确认已收到消息。

3）阻塞发送、阻塞接收

此情况主要用于进程间的紧密同步（Tight Synchronization），发送进程与接收进程之间无缓冲时。这两个进程平时都处于阻塞状态，直到有消息传递时才被唤醒。发送进程在发送完消息后，阻塞等待，直到接收进程发送回答消息后才能继续向前执行；接收进程在接收到消息前，也阻塞等待，直到接收到消息后才能继续执行。这种同步方式称为汇合（Rendezvous）。

相关链接：Solaris 的进程通信机制

Solaris 支持 POSIX 标准的进程间通信服务。相关的应用编程接口由一组工业标准接口组成，提供了与 System V 的进程间通信服务相同的功能。Solaris 支持 System V 的三种 IPC 机制（包括共享内存、信号量和消息队列），同时，Solaris 还支持基于套接字的远程进程间通信机制。Solaris 内核通过加锁机制实现对重要数据的访问，以维护数据的完整性、一致性和正确的状态。

Solaris 实现了一种新的 IPC 机制——Solaris 门（Door）。它是一种类似于远程过程调用的机制，允许本地的进程调用运行在相同系统上的其他进程中的函数。一个进程可以通过创建门而成为门服务器。门是一个函数，在服务器中以线程的形式存在，其他的客户端进程可以调用门。Solaris 门是非常快速的进程间通信机制。门服务器会在线程池中创建一个内核线程以等待客户端的调用，只要门线程池中还有空闲的线程，客户端就能马上得到服务，因此，门函数的调用非常迅速。

3.8 线 程

自从 20 世纪 60 年代人们提出了进程的概念后，操作系统中一直都是以进程作为拥有资源和独立运行的基本单位的。直到 20 世纪 80 年代中期，人们又提出了比进程更小的能独立运行的基本单位——线程（Threads），试图用它来提高系统内程序并发执行的程度，从而可进一步提高系统的吞吐量。特别是进入 20 世纪 90 年代后，多处理机系统得到迅速发展，线程能更好地提高程序的并行执行程度，充分地发挥多处理机的优越性。

3.8.1 线程的基本概念

1. 线程的引入

在操作系统中引入进程的目的是为了程序的并发执行，以改善资源利用率及提高系统的吞吐量。进程是一个可拥有资源的独立单位，同时又是一个可独立调度和分派的基本单位。正是由于这两个基本属性，进程才能够独立运行和并发执行。然而，为使程序能并发执行，系统还必须进行进程的创建、撤销与切换，此时系统必须为之付出较大的时间、空间开销。正因如此，系统中所设置的进程数目不宜过多，进程切换频率也不宜过高，这就限制了并发程度的进一步提高。

为使多个程序更好地并发执行，并尽量减少操作系统的开销，不少操作系统研究者考虑将进程的两个基本属性分离，分别交由不同的实体来实现。为此，操作系统设计者引入了线程，让线程去完成第二个属性的任务，即线程作为独立调度和分派的基本单位，以做到"轻装上阵"。而进程只完成第一个属性的任务，即进程是资源分配的基本单位。

2. 线程的定义及属性

在引入线程的操作系统中，线程是进程中的一个实体，通常在一个进程中包含多个线程，每个线程都是 CPU 调度和分派的基本单位，是花费开销最小的实体。通俗地讲，线程是进程的分身术，每个线程在本质上是一样的，即拥有同样的程序文本。因此，线程具有下述属性：

（1）轻型实体。线程自己基本上不拥有系统资源，只拥有一点在运行中必不可少的资源（如程序计数器、一组寄存器和栈）。

（2）独立调度和分派的基本单位。由于线程很"轻"，故线程的切换非常迅速且开销小。

（3）可并发执行。在一个进程中的各个线程之间，可以并发执行，甚至允许在一个进程中所有线程都能并发执行。当然不同进程中的线程也能并发执行。

（4）共享进程资源。在同一进程中的各个线程，都可以共享该进程所拥有的资源，这首先表现在所有线程都具有相同的地址空间（进程的地址空间）上，线程还可以访问进程所拥有的已打开文件、定时器、信号量机构等。

3. 线程的状态及其转换

与进程一样，线程是一个动态的概念，在各线程之间也存在着共享资源和相互合作的制约关系，致使线程也有一个从创建到消亡的具有间断性的生命过程，相应的，线程在运行时，也具有下述三种基本状态：

（1）运行态，表示线程正获得处理机而运行。

（2）就绪态，指线程已具备了各种执行条件，一旦获得 CPU 便可执行。

（3）阻塞态，指线程在执行中因某事件而受阻，处于暂停执行状态。

需要强调的是，线程不具有进程中的挂起状态，因为挂起的作用是将资源从内存移到外存，而线程不拥有和管理资源。另外，对于多线程系统，若一个线程被阻塞，其进程并不被阻塞，进程中的其他线程依然可以参与调度。

第 3 章 进程管理

线程的状态转换是通过相关的控制原语来实现的。常用的原语有：创建线程、终止线程、线程阻塞等。

（1）创建（Spawn）。又称派生或孵化。线程在进程中派生出来，也可再派生线程。在多线程操作系统环境中，应用程序在启动时，通常仅有一个线程在执行，我们称它为"初始化线程"，它可根据需要再去创建若干线程。创建线程时需要为其提供寄存器上下文和栈空间，并将其放入就绪队列中。

（2）调度（Schedule）。选择一个就绪态线程进入运行状态。

（3）阻塞（Block）。又称封锁或等待。当一个线程等待一个事件时，将变成阻塞态，此时，须保护它的寄存器、程序计数器、堆栈指针等。

（4）激活（Unblock）。又称活化、恢复或解除阻塞。当被阻塞线程等待的事件发生时，线程将从阻塞态转换到就绪态。

（5）终止（Finish）。又称结束或撤销。线程执行结束，其寄存器及堆栈内容被释放。终止线程有两种方式：一是线程完成自己的工作后自行退出，二是线程在运行中出现错误或由于某种原因而被其他线程强行终止。

4. 引入线程的好处

并发多线程程序设计的主要优点是使系统性能获得很大提高，具体表现在：

（1）快速线程切换。线程很"轻"，易于调度，切换快且系统开销小。

（2）减少系统管理开销。创建线程开销小，速度快。

（3）通信易于实现。对于自动共享同一地址空间的各线程来说，所有全局数据均可自由访问，不需要什么特殊设施就能实现数据共享。

（4）并发程度提高。对多线程技术来说，并发线程数目一般可达几千个，基本上不存在线程数目的限制，大大提高了系统效率。

（5）节省内存空间。多线程合用进程地址空间，资源使用非常经济。

3.8.2　线程间的同步和通信

为使系统中的多线程能有条不紊地运行，在系统中必须提供用于实现线程间同步和通信的机制。为了支持不同频率的交互操作和不同程度的并行性，在多线程操作系统中通常提供多种同步机制，如互斥锁、条件变量、计数信号量、多读单写锁、管道、套接字、共享内存、消息队列等。下面进行部分介绍。

1. 互斥锁

互斥锁是一种比较简单的、用于实现线程间对资源互斥访问的机制。由于操作互斥锁时空开销低，因而较适于高频率使用的关键共享数据和程序段。互斥锁有两种状态，即开锁（unlock）和关锁（lock）状态。相应的，可用两条命令对互斥锁进行操作，其中，关锁 lock 操作用于将 mutex 关上，开锁操作 unlock 用于将 mutex 打开。

2. 条件变量

在许多情况下，只利用 mutex 来实现互斥访问，可能会引起死锁，为此引入条件变量。每一个条件变量通常都与一个互斥锁一起使用。单纯的互斥锁用于短期锁定，主要用来保证对临界区的互斥进入，而条件变量则用于线程的长期等待，直至所等待的资源变为可用为止。

3. 计数信号量

为提高效率，可为线程和进程分别设置相应的信号量。当需利用信号量来实现同一进程中各线程之间的同步时，可调用创建信号量的命令来创建一私用信号量，其数据结构存放在应用程序的地址空间中。私用信号量属于特定的进程，操作系统并不知道私用信号量的存在。公用信号量（Public Semaphore）是为实现不同进程间或不同进程中各线程之间的同步而设置的。它有着一个公开的名字供所有的进程使用，其数据结构是存放在受保护的系统存储区中，由操作系统为它分配空间并进行管理，故又称系统信号量。公用信号量是一种比较安全的同步机制。

4. 套接字

套接字（Socket）的功能非常强大，可以支持不同层面、不同应用、跨网络的通信。使用套接字进行通信时，需要双方均创建一个套接字，其中一方作为服务器方，另外一方作为客户方。服务器方必须先创建一个服务区套接字，然后在该套接字上进行监听，等待远方的连接请求。欲与服务器通信的客户则创建一个客户套接字，然后向服务区套接字发送连接请求。服务器套接字收到连接请求后，将在服务器机器上创建一个客户套接字，与远方的客户机上的客户套接字形成点到点的通信通道。之后，客户端和服务器端就可以通过 send 和 recv 命令在这个创建的套接字通道上进行交流了。

套接字的工作方式类似于虫洞（Worm Hole）。虫洞的一端是开放的，它在宇宙内或宇宙间飘移着，另一端则位于不同的宇宙，监听是否有任务从虫洞来。而所有使用虫洞的人需要找到虫洞的开口端（发送连接请求），然后即可穿越虫洞。

3.8.3 线程的实现

从实现的角度看，线程可分为用户级线程 ULT（User-Level Threads）和内核级线程 KLT（Kernel-Supported Threads），分别在用户空间和核心空间实现。也有一些系统提供了混合式线程，同时支持两种线程实现。

用户级线程仅存在于用户空间中，与内核无关。为了对用户级线程进行管理，操作系统提供一个在用户空间执行的线程库，该线程库提供创建、调度、撤销线程功能，同时也提供线程间的通信、线程的执行及存储线程上下文的功能。因此，对于设置了用户级线程的系统，其调度仍是以进程为单位进行的。在采用轮转调度算法时，各个进程轮流执行一个时间片。假如进程 A 中包含了一个用户级线程，而另一个进程 B 中含有 100 个用户级线程，这样，进程 A 中线程的运行时间将是进程 B 中各线程运行时间的 100 倍，相应的进程 A 的速度要比进程 B 的速度快 100 倍。

内核支持线程类似于进程，无论系统线程还是用户线程，其创建、切换、撤销等操作，由操作系统内核支持完成，并以线程为单位调度。在采用轮转调度算法时，各个线程轮流执行一个时间片。同样假定进程 A 只有一个内核支持线程，而在进程 B 中有 100 个内核支持线程。此时进程 B 可以获得的 CPU 时间是进程 A 的 100 倍，且进程 B 可使 100 个系统调用并发工作。

由于纯 KLT 和纯 ULT 各有优缺点，如果将两种方法结合起来，则可得到两者的全部优点。将两种方法结合起来的系统称为多线程的操作系统。内核支持多线程的建立、调度与管理，同时系统又提供使用线程库的便利，允许用户应用程序建立、调度和管理用户级的线程。

第3章　进程管理

相关链接：Solaris 进程和线程管理

Solaris 是一个多线程的操作系统。其进程是执行线程的容器，用户线程是在进程内由用户创建的执行单元。多线程进程中的用户线程和轻量级进程（LWP）一起创建，轻量级进程是内核对象，它使用户线程独立于同一进程中的其他线程而执行和进入内核。操作系统的任务以内核线程的形式执行。内核线程是 Solaris 中的调度和执行单位，因此，进程中的用户线程必须链接到内核线程才能被执行。

Solaris 中最初的线程模型是 $m \times n$ 模式，线程库 libthread.so 中实现的用户线程调度程序把 m 个用户线程复用到 n 个 LWP，N 可能比 m 小。用户线程和 LWP 之间没有一一对应关系。多年来，这种 $m \times n$ 模式都行之有效，但其实现中的一些固有困难非常难以克服。Solaris10 和 OpenSolaris 中的线程模型发生了很大变化，使用 1:1 模型，所有线程都是轻量级进程，可以立刻对内核调度程序可见。

Solaris 的线程调度并不是单纯使用某一种调度算法，而是多种算法的结合体，针对实际系统的需要进行针对性的优化。Solaris 内核是可抢占的，这种机制使线程的调度延迟最小，同时也是实时调度机制的核心部分。Solaris 还实现了针对多处理机的线程调度机制，它并不是单一的就绪队列，而是给每个处理机构造一个就绪队列。

3.9 UNIX 的进程管理

一个进程是一个正在执行的程序。一个进程必须拥有一定的系统资源，如内存和 CPU 等，通过对一组准备运行的进程进行系统资源的调度，UNIX 实现了多个进程的并发执行。本节主要介绍 UNIX 操作系统的进程描述、进程状态及其转换、进程控制、进程的同步与通信等内容。

3.9.1 UNIX 进程描述

在 UNIX 操作系统中，采用了段页式存储管理方式。在该系统中把段称为区。一个进程都是由若干个区组成的，这些区包括正文程序区、数据区、栈区和共享存储区等。每个区又可分成若干个页。此外，还须为每个进程配置一个进程控制块，简称 PCB，其中装有许多用于实现对进程进行控制和管理的信息。

1. 进程控制块（PCB）

UNIX 操作系统把进程控制块分为四部分：进程表项（Process Table Entry），又称为 proc 表或 proc 结构，其中包括最常用的核心数据，常驻内存；U 区，又称为 user 结构，用于存放进程表项的一些扩充数据，是非常驻内存部分；进程区表，用于存放各区的起始虚地址及指向系统区表中对应区表项的指针；系统区表（System Region Table），存放各个区在物理存储器中的地址信息等。

2. 进程映像（Process Image）

进程是进程映像的执行过程；或者说进程映像也就是正在运行的进程的实体，它由用户级上下文、寄存器上下文和系统级上下文三部分组成。用户级上下文的主要成分是用户程序，在系统中可分为正文区和数据区两部分。寄存器上下文主要是由 CPU 中的一些寄存器所组成的，主要的寄存器有程序寄存器、处理机状态寄存器、栈指针、通用寄存器等。系统级上下文包括操作系统为管理该进程所用的信息，可分为静态和动态两部分。在进程的整个生命期中，系统级上下文的静态部分只有一个，其大小保持不变，又可再进一步把它分成三部分，分别为进程表项、U区及进程区表项和页表。而系统级上下文的动态部分的大小是可变的，它包括核心栈和若干层寄存器上下文。

3.9.2 UNIX 进程状态及其转换

一个进程的生命期是由一组状态来刻画的。UNIX 内核为进程设置了图 3-13 所示的九种状态。

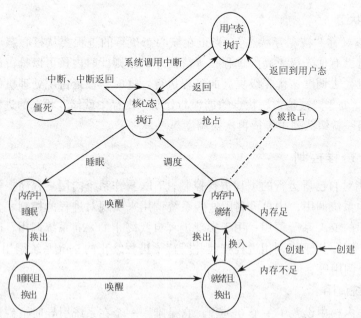

图 3-13 进程的状态及转换

1．执行状态

表示进程已获得处理机而正在执行。UNIX 又把进程的执行状态进一步分为两种：一种是用户态执行；另一种是核心态执行，表示一个应用进程执行系统调用后，或 I/O 中断、时钟中断后，进程便处于核心态执行。这两种状态的主要差别在于：处于用户态执行时，进程所能访问的内存空间和对象受到限制，其所占有的处理机是可被抢占的；而处于核心态执行中的进程，则能访问所有的内存空间和对象，且所占有的处理机是不允许被抢占的。

2．就绪状态

此时进程已获得除了 CPU 之外的所有资源。由于 UNIX 内核提供了对换功能，因而又可把就绪状态分为"内存中就绪"和"就绪且换出"两种状态。当调度程序调度到"内存中就绪"状态的进程时，该进程便可立即执行；而调度到"就绪且换出"状态的进程时，则须先将该进程映像全部调入内存后，再使其执行。

3．睡眠状态

使一个进程由执行状态转换到睡眠状态的原因有很多，如因进程请求使用某系统资源而未得到满足时，又如进程使用了系统调用后，便主动暂停自己的执行，以等待某事件的出现。在 UNIX 中把睡眠原因分成 64 种，相应的，最多也可设置 64 个睡眠队列。同样，由于对换

功能的原因又可将睡眠状态分成"内存睡眠"状态和"睡眠且换出"状态。当内存紧张时，在内存中睡眠的进程可被内核换出到外存上，此时进程的状态便由"内存睡眠"状态转换到"睡眠且换出"状态。

4. 创建与僵死状态

创建状态是指用 fork 系统调用来创建子进程时，被创建的新进程所处的状态。僵死状态是在进程执行了 exit 系统调用后所处的状态，此时该进程实际上已不存在，但还留下一些信息供父进程搜集。

5. 被抢占状态

被抢占状态又称"被剥夺状态"。当正在核心态执行的进程要从核心态返回到用户态执行时，如果此时已有优先级更高的进程在等待处理机，则此时内核可以抢占已分配给正在执行进程的处理机，去调度该优先级更高的进程执行。这时，被抢占了处理机的进程便转换为"被抢占"状态。处于"被抢占"状态的进程与处于"内存中就绪"状态的进程是等效的，它们都被排列在同一就绪队列中等待再次被调度。

3.9.3 UNIX 进程控制

为使用户能对自己所运行的进程进行控制，UNIX 操作系统向用户程序提供了一组用于对进程进行控制的系统调用，用户可利用这些系统调用来实现对进程的控制。其中包括：用于创建一个新进程的 fork 系统调用；用于实现进程自我终止的 exit 系统调用；改变进程原有代码的 exec 系统调用；用于将调用进程挂起并等待子进程终止的 wait 系统调用；获取进程标识符的 getpid 系统调用等。

1. fork 系统调用

在 UNIX 的内核中设置了一个 0 进程，它是唯一一个在系统引导时被创建的进程。在系统初启时，由 0 进程再创建 1 进程，之后 0 进程变为对换进程，1 进程成为系统中的始祖进程。UNIX 利用 fork 为每个终端创建一个子进程为用户服务，如等待用户登录、执行 shell 命令解释程序等。每个终端进程又可利用 fork 来创建自己的子进程，如此下去可以形成一棵进程树。因此，系统中除 0 进程外的所有进程都是用 fork 创建的。

fork 系统调用如果执行成功，便可创建一个子进程，子进程继承父进程的许多特性，并具有与父进程完全相同的用户级上下文。核心为 fork 完成下列操作：为新进程分配一个进程表项和进程标识符；检查同时运行的进程数目；复制进程表项中的数据；子进程继承父进程的所有文件；为子进程创建进程上下文；子进程执行。

2. exec 系统调用

在 UNIX 操作系统中，当利用 fork 系统调用创建一个新进程时，只是将父进程的用户级上文复制到新建的子进程中。而 UNIX 操作系统又提供了一组系统调用 exec，用于将一个可执行的二进制文件覆盖在新进程的用户级上下文的存储空间上，以更新新进程的用户级上下文。UNIX 所提供的这一组 exec 系统调用，它们的基本功能相同，只是它们各自以不同的方式提供参数，且参数各异。一种方式是直接给出指向参数的指针，另一种方式则是给出指向参数表的指针。exec 所要完成的操作是：对可执行文件进行检查；回收内存空间；分配存储空间；参数复制。

3. exit **系统调用**

为了及时回收进程所占用的资源，对于一般的用户进程，在其任务完成后应尽快撤销该进程。UNIX 内核利用 exit 来实现进程的自我终止。通常，父进程在创建子进程时，应在进程的末尾安排一条 exit，使子进程能自我终止。内核须为 exit 完成以下操作：关闭软中断；回收资源；写记账信息；置进程为"僵死"状态。

4. wait **系统调用**

wait 系统调用用于将调用进程挂起，直至其子进程因暂停或终止而发来软中断信号为止。如果在 wait 调用前已有子进程暂停或终止，则调用进程做适当处理后便返回。核心对 wait 做如下处理：核心查找调用进程是否还有子进程，若无，便返回出错码；如果找到一个处于"僵死"状态的子进程，便将子进程的执行时间加到其父进程的执行时间上，并释放该子进程的进程表项；如果未找到处于"僵死"状态的子进程，则调用进程便在可被中断的优先级上睡眠，等待其子进程发来软中断信号时再被唤醒。

3.9.4 UNIX 进程的同步与通信

在 UNIX 操作系统的早期版本中，已为进程的同步与进程通信提供了 sleep 和 wakeup 同步机制、管道（Pipes）机制和信号（Signal）机制。在 UNIX 操作系统 V 中又增加了一个用于进程通信的软件包，简称为 IPC。它包括消息机制、共享内存机制及信号量机制。

1. sleep **与** wakeup **同步机制**

在 UNIX 操作系统中，进程可由于多种原因而使自己进入睡眠状态。例如，在执行一般磁盘的读写操作时，进程要等待磁盘 I/O 完成，此时进程可调用 sleep 使自己进入睡眠状态；当磁盘 I/O 完成时，再由中断处理程序中的 wakeup 将其唤醒。又如，当进程访问一个上了锁的临界资源（如内存索引结点）时，进程也将调用 sleep 进入睡眠状态，当其他进程释放临界资源时，利用 wakeup 将其唤醒。

2. **信号机制**

信号机制主要是作为在同一用户的进程之间通信的简单工具。信号本身是一个 1～19 中的某个整数，用来代表某一种事先约定好的简单消息。每个进程在执行时，都要通过信号机制来检查是否有信号到达。若有信号到达，表示某进程已发生了某种异常事件，便立即中断正在执行的进程，转向由该信号所指示的处理程序，去对所发生的事件进行处理。处理完毕，再返回到此前的断点处继续执行。可见，信号机制是对硬中断的一种模拟，故在早期的 UNIX 版本中又称其为软中断。

信号机制的功能分为发送信号、设置对信号的处理方式、对信号的处理三部分。

信号机制与中断机制之间的相似之处表现为：信号和中断都采用异步通信方式，在检测出有信号或中断请求时，两者都是暂停正在执行的程序而转去执行相应的处理程序，处理完后都再返回到原来的断点；两者对信号或中断都可加以屏蔽。

信号与中断机制之间的差异是：中断有优先级，而信号机制没有，即所有的信号都是平等的；信号处理程序是在用户态下执行的，而中断处理程序则是在核心态下运行；中断响应及时，而对信号的响应通常都可以有较长的时间延迟。

3. **管道机制**

在早期的 UNIX 版本中，只提供了无名管道（Unnamed Pipes）。这是一个临时文件，是利用系统调用 pipe 建立起来的，通过该系统调用所返回的文件描述符来标识，因而只有调用 pipe 的进程及其子孙进程才能识别此文件描述符。为了克服无名管道在使用上的局限性以便让更多的进程能够利用管道进行通信，在 UNIX 操作系统中又增加了有名管道（Named Pipes）。有名管道是利用 mknod 系统调用建立的、可以在文件系统中长期存在的、具有路径名的文件，因而其他进程可以感知它的存在，并能利用该路径名来访问该文件。

对有名管道的访问方式像访问其他文件一样，都须先用 open 系统调用将其打开。不论是有名管道还是无名管道，对它们的读写方式是相同的。

4. 消息机制

消息是一个格式化的、可变长度的信息单元。消息机制允许进程发送一个消息给任何其他进程。由于消息的长度是可变的，因而为便于管理而把消息分为消息首部和消息数据区两部分。在消息首部中，记录了消息的类型和大小、指向消息数据区的指针、消息队列的链接指针等。

当一个进程收到由其他多个进程发来的消息时，可将这些消息排成一个消息队列。在一个系统中可能有若干个消息队列。

在一个进程要利用消息机制与其他进程通信之前，应利用 megget 系统调用先建立一个指定的消息队列。之后，用户可利用 msgid 系统调用对指定的消息队列进行操纵，操纵命令可分为三类：用于查询有关消息队列的情况；用于设置和改变有关消息队列的属性；消除消息队列的标识符等。消息的发送与接收分别利用 msgsnd 和 msgrcv 系统调用来实现。

5. 共享存储区（Shared Memory）机制

共享存储区机制是 UNIX 操作系统中通信速度最高的一种通信机制。该机制一方面可使若干进程共享主存中的某个区域，且使该区域出现在多个进程的虚地址空间中。另一方面，在一个进程的虚地址空间中又可连接多个共享存储区，每个共享存储区都有自己的名字。当进程间想要利用共享存储区进行通信时，须首先在主存中建立一个共享存储区，然后将该区附接到自己的虚地址空间上。此后，进程之间便可通过对共享存储区中数据的读写来实现直接通信。

进程利用 shmget 系统调用建立其共享存储区，利用 shmctl 系统调用对共享存储区的状态信息进行查询、设置或修改属性、加锁和解锁等操作。在进程已经建立了共享存储区或已获得了其描述符后，还须利用 shmat 系统调用将该共享存储区附接到用户给定的某个进程的虚地址上；当进程不再需要该共享存储区时，再利用 shmdt 系统调用把该区与进程断开。

6. 信号量机制

在 UNIX 操作系统中规定，每个信号量有一个可用来表示某类资源数目的信号量值和一个操作值，该操作值可为正整数、零或负整数三种情况之一。

UNIX 利用 semop 系统调用对指定的信号量施加操作。此外，还可利用 semget 系统调用来建立信号量和利用 semctl 系统调用对信号量进行操纵。

在一个信号量集中，通常都包含有若干个信号量，对这组信号量的操作方式是原子操作（Atomic Operation）方式，即把这组信号量视为一个整体，要么全做，要么全不做。

小　结

进程是现代操作系统中最重要的概念之一，是为了正确而有效地描述并发程序而引入的。进程是程序关于某个数据集合的可并发的一次运行，是动态的概念。进程不仅是一个概念，还是相应的有个实体。进程实体由程序、数据及 PCB 三部分组成。进程的特征为：动态性、并发性、独立性、异步性和结构性。

进程作为资源分配和独立运行的基本单位，有运行态、就绪态和阻塞态三种基本状态。进程控制是对进程的生命历程实施控制。控制原语一般包括进程的创建与终止、进程的阻塞与唤醒、进程的挂起与激活。

一个时刻只允许一个进程使用的资源称为临界资源，进程中访问临界资源的操作部分称为临界区。同步是并发进程因相互合作而产生的一种制约关系，互斥是并发进程因共享资源而产生的一种制约关系，它们可以归结为广义同步概念：并发进程在执行时序上的相互制约关系。解决同步问题的同步机构应遵循四条准则：有空让进、无空等待、有限等待和让权等待。

常见的同步机制有锁机制、信号量机制与管道机制。锁机制简单，但缺点是所采用的忙等待方式造成了 CPU 时间浪费。信号量机制是被广泛采用且行之有效的同步机构，它们构成了一种"阻塞-唤醒"机制。管程机制是一种高级同步机构，被定义为一种并发数据结构，它包括局部于该管程的共享数据和对这些数据进行规定操作的若干局部过程。

进程通信就是在进程之间进行数据交换。常用的进程通信机构有共享存储器系统、消息传递系统、管道通信。

线程的引入是为了提高系统内程序并发的程度的。引入线程的系统中，进程只作为资源分配的基本单位，而线程成为调度和分派的基本单位。一个进程中可包含多个线程，线程是花费开销最小的实体，可并发执行，可共享进程资源。线程的状态类似于进程，有就绪态、执行态与阻塞态，但没有挂起态。线程的转换由线程控制原语实现，分别为派生与终止、阻塞与激活、调度等。线程的同步与通信方式有互斥锁、条件变量、信号量机制与多读单写锁等。线程常用的实现方式分别为纯 ULT、纯 KLT 及混合式。

实训 3　Windows 7 任务管理器的进程管理

（实训估计时间：2 课时）

一、实训目的

通过在 Windows 任务管理器中对进程进行响应的管理操作，熟悉操作系统进程管理的概念，学习观察操作系统运行的动态性能。

二、实训准备

（1）有关进程管理的背景知识。
（2）一台运行 Windows 7 操作系统的计算机。

三、实训要求

Windows 7 的任务管理器提供了用户计算机上正在运行的程序和进程的相关信息，也显示了最常用的度量进程性能的单位。使用任务管理器，可以打开监视计算机性能的关键指示器，快速查看正在运行的程序的状态，或者终止已停止响应的程序。也可以使用多个参数评估正在运行的进程的活动，查看 CPU 和内存使用情况的图形和数据。

1. 查看任务管理器窗口

（1）本次实训中，你使用的操作系统版本是_____。

（2）在当前计算机中，由你打开、正在运行的应用程序有_____。

（3）Windows 7 任务管理器的窗口由_____个选项卡组成，分别是_____、_____、_____、_____、_____、_____。

（4）记录"应用程序"选项卡显示内容。

2. 使用任务管理器终止进程

（1）选择"进程"选项，一共显示了_____进程。其中系统进程有_____个，将结果填入表 3-1 中；服务进程有_____个，将结果填入表 3-2 中；用户进程有_____个，将结果填入表 3-3 中。

表 3-1　实训记录 1

映 像 名 称	用 户 名	CPU	内 存 使 用

表 3-2　实训记录 2

映 像 名 称	用 户 名	CPU	内 存 使 用

表 3-3　实训记录 3

映 像 名 称	用 户 名	CPU	内 存 使 用

（2）选中要终止的进程，然后单击"结束进程"按钮。

本 章 习 题

一、选择题

1. 在进程管理中，当（　　）时，进程从阻塞态变为就绪态。

　　A．进程被调度程序选中　　　　　　　　B．进程等待某一事件发生

　　C．等待的事件出现　　　　　　　　　　D．时间片到

2. 在分时系统中，一个进程用完给它的时间片后，其状态变为（　　）。

　　A．就绪　　　　　　B．等待　　　　　　C．运行　　　　　　D．由用户设定

3. 下面对进程的描述中，错误的是（　　）。

　　A．进程是动态的概念　　　　　　　　　B．进程的执行需要处理机

C. 进程具有生命周期   D. 进程是指令的集合

4. 一个进程被唤醒，意味着该进程（   ）。

     A. 重新占有 CPU   B. 优先级变为最大

     C. 移至等待队列之首   D. 变为就绪状态

5. P、V 操作是（   ）。

     A. 两条低级进程通信原语   B. 两条高级进程通信原语

     C. 两条系统调用命令   D. 两条特权指令

6. 进程的并发执行是指若干个进程（   ）。

     A. 共享系统资源   B. 在执行的时间上是重叠的

     C. 顺序执行   D. 相互制约

7. 若信号量 S 的初值为 2，当前值为 -1，则表示有（   ）个进程在与 S 相关的队列上等待。

     A. 0   B. 1   C. 2   D. 3

8. 用 P、V 操作管理相关进程的临界区时，信号量是初值应定义为（   ）。

     A. -1 B. 0   C. 1   D. 随着

9. 用 V 操作唤醒一个等待进程时，被唤醒进程的状态变为（   ）。

     A. 等待   B. 就绪   C. 运行   D. 完成

10. 若两个并发进程相关临界区的互斥信号量目前取值为 0，则正确的描述应该是（   ）。

     A. 没有进程进入临界区

     B. 有一个进程进入临界区

     C. 有一个进程进入临界区，另一个在等待进入临界区

     D. 不定

11. 信箱通信是一种（   ）通信方式。

     A. 直接   B. 间接   C. 低级   D. 信号量

12. 对进程的管理和控制使用（   ）。

     A. 指令   B. 原语   C. 信号量   D. 信箱

13. 下列进程状态变化中，（   ）变化是不可能发生的。

     A. 运行→就绪   B. 运行→阻塞   C. 阻塞→运行   D. 阻塞→就绪

14. 临界区是（   ）。

     A. 一个缓冲区   B. 一段共享数据区   C. 一段程序   D. 一个互斥资源

15. 下列哪个选项不是管程的组成部分（   ）。

     A. 局部于管程的共享数据结构

     B. 对管程内数据结构进行操作的一组过程

     C. 管程外过程调用管程内数据结构的说明

     D. 对局部于管程的数据结构设置初始值的语句

16. 下面所述步骤中，（   ）不是创建进程所必需的。

     A. 由调度程序为进程分配 CPU   B. 建立一个进程控制块

     C. 为进程分配内存   D. 将进程控制块链入就绪队列

17. 多道程序环境下，操作系统分配资源以（　　　）为基本单位。

A. 程序　　　　　B. 指令　　　　　　C. 进程　　　　　D. 作业

18. 如果系统中有 n 个进程，则就绪队列中进程的个数最多为（　　　）。

A. $n+1$　　　　　B. n　　　　　　C. $n-1$　　　　　D. 1

19. 下述哪一个选项体现了原语的主要特点（　　　）。

A. 并发性　　　B. 异步性　　　　C. 共享性　　　　D. 不可分割性

20. 下面关于进程的叙述中，不正确的有（　　　）。

A. 处于阻塞态的进程，即使 CPU 空闲，也不能享用

B. 在单 CPU 系统中，任一时刻有一个进程处于运行状态

C. 优先级是进行进程调度的重要依据，一旦确定不能改变

D. 进程获得处理机而运行是通过调度而实现的

二、填空题

1. 进程在执行过程中有三种基本状态，它们是＿＿＿＿＿、＿＿＿＿＿和＿＿＿＿＿。

2. 系统中一个进程由＿＿＿＿＿、由＿＿＿＿＿、和由＿＿＿＿＿三部分组成。

3. 在多道程序设计系统中，进程是一个＿＿＿＿＿态概念，程序是一个＿＿＿＿＿态概念。

4. 在一个单 CPU 系统中，若有五个用户进程。假设当前系统为用户态，则处于就绪状态的用户进程最多有＿＿＿＿＿个，最少有＿＿＿＿＿个。

5. 信号量的物理意义是当信号量值大于 0 时表示＿＿＿＿＿；当信号量值小于 0 时，其绝对值为＿＿＿＿＿。

6. 所谓临界区，是指进程程序中＿＿＿＿＿。

7. 用 P、V 操作管理临界区时，一个进程在进入临界区前应对信号量做＿＿＿＿＿操作；退出临界区时应对信号量做＿＿＿＿＿操作。

8. 有 m 个进程共享一个临界资源，若使用信号量机制实现对临界资源的互斥访问，则该信号量取值最大为＿＿＿＿＿，最小为＿＿＿＿＿。

9. 对信号量 S 的 P 操作原语中，使进程进入相应信号量队列等待的条件是＿＿＿＿＿。

10. 信箱在逻辑上被分为＿＿＿＿＿和＿＿＿＿＿两部分。

11. 在操作系统中进程间的通信可分为＿＿＿＿＿与＿＿＿＿＿两种。

三、简答题

1. 程序并发执行为什么会失去封闭性和结果可再现性？

2. 试说明进程的互斥和同步两个概念之间的异同。

3. 什么是临界区和临界资源？

4. 什么是管程？它有哪些属性？

5. 简述消息缓冲通信机制的实现思想。

6. 操作系统中引入进程概念后，为什么又引入线程概念？

7. 试从调度、并发性、拥有资源和系统开销四个方面对传统进程和线程进行比较。

8. 试述进程和程序的区别。

四、计算题

1. 设公共汽车上，司机和售票员的活动分别如下：司机的活动为启动车辆、正常行车、到站停车；售票员的活动为关车门、售票、开车门。在汽车不断地到站、停车、行

驶过程中，这两个活动有什么同步关系？用信号量和P、V操作实现它们的同步。

2. 吃水果问题。桌子上有一空盘，允许放一只水果。爸爸可向盘中放苹果，也可向盘中放桔子。儿子专等吃盘子中的桔子，女儿专等吃盘子中的苹果。规定当盘子空时一次只能放一只水果供吃者取用。请用P、V原语实现爸爸、儿子、女儿三个并发进程的同步。

　　　分析：实际上是"生产者-消费者问题"的一种变形。这里，生产者放入缓冲区的产品有两类，消费者也有两类，每类消费者只消费其中固定的一类产品。

3. 哲学家进餐问题。哲学家甲请哲学家乙、丙、丁到某处讨论问题，约定全体到齐后开始讨论；在讨论的间隙四位哲学家进餐，每人进餐时都需使用刀、叉各一把。餐桌上的布置如图3-14所示。

　　　请用信号量及P、V操作说明这四位哲学家的同步、互斥过程。

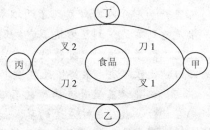

　　　分析：在本题中这四位哲学家在讨论问题期间的生活方式为交替地进行讨论和进餐。由于刀、叉资源均为2，而哲学家有四位，这就会出现资源竞争，为此应对他们的进餐进行同步控制。

图3-14　四个哲学家进餐问题

4. 有一阅览室，读者进入时必须先在一张登记表上登记，该表为每一座位列出一个表目，包括座号、姓名，读者离开时要注销登记信息；假如阅览室共有 100 个座位。试用信号量和P、V操作来实现用户进程的同步算法。

5. 在一个盒子里，混装了数量相等的黑白棋子。现在用自动分拣系统把黑子和白子分开，设分拣系统有两个进程 P_1 和 P_2，其中 P_1 拣白子，P_2 拣黑子。规定每个进程每次拣一子；当一个进程在拣时，不允许另一进程去拣；当一个进程拣了一子时，必须让另一个进程去拣。试写出两进程 P_1 和 P_2 能并发正确执行的程序。

6. 一个快餐厅有四类职员：领班，接受顾客点菜；厨师，准备顾客的饭菜；打包工，将做好的饭菜打包；出纳员，收款并提交食品。每个职员可被看做一个进程，试用一种同步机制写出能让四类职员正确并发执行的程序。

7. 吸烟者问题。三个吸烟者在一个房间内，还有一个香烟供应者。为了制造并抽掉香烟，每个吸烟者需要三样东西：烟草、纸和火柴，供应者有丰富货物提供。三个吸烟者中，第一个有自己的烟草，第二个有自己的纸，第三个有自己的火柴。供应者随机地将两样东西放在桌子上，允许一个吸烟者进行对健康不利的吸烟。当吸烟者完成吸烟后唤醒供应者，供应者再把两样东西放在桌子上，唤醒另一个吸烟者。试采用信号量和P、V操作编写他们同步工作的程序。

8. Jurassic 公园有一个恐龙博物馆和一个花园，有 m 个旅客和 n 辆车，每辆车仅能乘一个旅客。旅客在博物馆逛了一会儿，然后排队乘坐旅行车，当一辆车可用时，它载入一个旅客，再绕花园行驶任意长的时间。若 n 辆车都已被旅客乘坐游玩，则想坐车的旅客需要等待。如果一辆车已经空闲，但没有游玩的旅客了，那么车辆要等待。试用信号量和P、V操作同步 m 个旅客和 n 辆车子。

第4章

➡ 处理机调度与死锁

引子：布里丹的选择

布里丹的驴子在野外发现了两堆草可以吃。它到了左边，觉得左边的草没有右边的颜色好，于是跑到右边；到了右边，它发现草青青的，颜色很好，但没有左边的品种好，于是再回到左边；到了左边，又觉得没有右边的新鲜；到了右边，又觉得没有左边的数量多。如此来来回回、犹豫不决，最终饿死在途中。

其实，避免"布里丹选择"也不难。如果把颜色排在首位，就应该吃右边的草；如果把品种排在首位，就应该吃左边的草；如果把数量排在首位，则应该吃左边的草。**正因为没有排序，才一再失去机遇而陷入思维的死锁，陷入饥饿困境，最终被饿死。**

处理机调度的主要目的是为了分配处理机，但在不同的操作系统中所采用的调度方式不完全相同，而系统的运行性能在很大程度上取决于调度，因此，调度便成了多道系统的关键。处理机调度分为三个级别：作业调度、交换调度、进程调度。死锁是两个或两个以上的进程都无知地等待永远不会出现的事件而发生的僵死现象。

本章要点：

- 进程调度策略与算法。
- 作业调度策略与算法。
- 死锁问题及解决。

4.1 处理机调度的基本概念

在多道程序系统中，一个作业被提交后，必须经过处理机调度，才能获得处理机执行。对于批量型作业，通常需要经历作业调度和进程调度两个过程，才能获得处理机；对于终端型作业，则通常只须经过进程调度。在较完善的系统中，往往还设置了中级调度。在引入线程的操作系统中，还有对线程的调度。对于上述每一级调度，又都可采用不同的调度方式和调度算法。

4.1.1 处理机调度的层次

一个批处理作业，从进入系统并驻留在外存的后备队列开始，直至作业运行完毕，一般要经历下述三级调度。

1. 高级调度（High Level Scheduling）

高级调度又称作业调度、宏观调度或长程调度，用于决定把外存上处于后备队列中的哪些作业调入内存，为它们创建进程、分配必要的资源，并将新创建的进程排在就绪队列上，准备执行。因此又称接纳调度。

在批处理系统中，作业进入系统后，先驻留在外存上，因此需要有作业调度的过程，以便将它们分批地装入内存。而在分时系统和实时系统中，为了做到及时响应，而用户通过键盘输入的命令或数据等都是被直接送入内存的，因而无须再配置作业调度机制。

在每次执行作业调度时，须做出以下两个决定：

（1）接纳多少个作业，即允许多少个作业同时在内存中运行。

（2）接纳哪些作业，这取决于所采用的调度算法。常见的有先来先服务、短作业优先、基于作业优先权的调度算法及响应比高者优先等。

作业调度往往发生在一个或一批作业运行完毕退出系统，而需要重新调入一个或一批作业进入内存时，因此作业调度的运行频率较低，一般为几分钟一次。一个作业只需经过一次高级调度。

2. 低级调度（Low Level Scheduling）

通常也把低级调度称为进程调度（Process Scheduling）、微观调度或短程调度，用来决定就绪队列中的哪个进程应获得处理机，然后再由分派程序把处理机分配给该进程。进程调度是最基本的一种调度，在三种类型的操作系统中，都必须配置这级调度。

进程调度可采用下述两种调度方式：

（1）非抢占方式（Non-Preemptive Mood）。在采用这种调度方式时，一旦把处理机分配给某进程，便让该进程一直执行，直至该进程完成或发生某事件而被阻塞时，才再把处理机分配给其他进程。

（2）抢占方式（Preemptive Mode）。这种调度方式，允许调度程序根据某种原则，去暂停某个正在执行的进程，将已分配给该进程的处理机重新分配给另一进程。抢占原则可以为优先权原则、短进程优先原则、时间片原则等。

进程调度的运行频率很高，在分时系统中一般 10～100 ms 便运行一次，因而进程调度算法不能太复杂，以免占用太多的 CPU 时间。

3. 中级调度（Intermediate-Level Scheduling）

中级调度又称交换调度、平衡负载调度或中程调度（Medium-Term Scheduling）。其主要任务是按照给定的原则和策略，将处于外存对换区中的重新具备了运行条件的进程调入内存，或将处于内存的暂时不能运行的进程交换到外存对换区。显然，中级调度是为了缓解内存资源的紧张状态，在多道程序范畴内实现进程动态覆盖和进程级的虚拟存储器技术。一个进程在其运行期间可能需要经过多次中级调度，因此，其运行频率介于作业调度与进程调度之间。引入交换调度的主要目的是为了提高内存利用率和系统吞吐量，它实际上是存储器管理中的交换功能，通常仅用于分时系统。

4.1.2　调度队列模型

由前面介绍可知，不同的操作系统有不同的调度级别。在多道批处理系统中，存在着作业调度和进程调度。但是在分时系统和实时系统中，一般不存在作业调度，而只有进程调度、交换调度和线程调度。因此，便形成了常见的三种类型的调度队列模型。

1. 仅有进程调度的调度队列模型

在分时系统中，通常仅设置进程调度。用户输入的命令和数据都直接送入内存，由操作系统为其建立进程。系统可以把处于就绪状态的进程组织成栈、树或一个无序链表，具体与操作系统类型及其所采用的调度算法有关。

每个进程在执行时，都可能出现以下三种情况：

（1）任务在给定的时间片内已经完成，该进程便在释放处理机后进入完成状态。

（2）任务在本次分得的时间片内尚未完成，操作系统便将该任务再放入就绪队列中。

（3）执行期间，进程因为某事件而被阻塞，被操作系统放入阻塞队列。图 4-1 所示为仅有进程调度的调度队列模型。

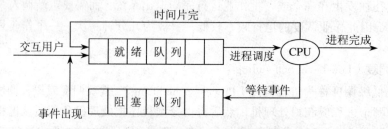

图 4-1 仅具有进程调度的调度队列模型

2. 具有作业调度和进程调度的调度队列模型

在批处理系统中，不仅需要进程调度，还需要作业调度。先由作业调度程序按一定的作业调度算法，从外存的后备队列中选择一批作业调入内存，并为它们建立进程，送入就绪队列，然后再由进程调度按照一定的进程调度算法选择一个进程，把处理机分配给该进程。图 4-2 所示为具有进程调度和作业调度的调度队列模型。

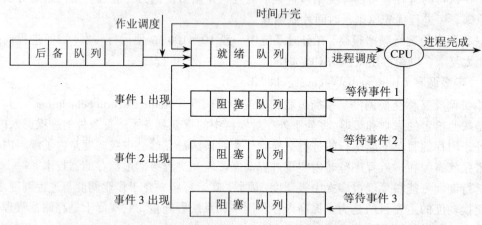

图 4-2 具有进程调度与作业调度的调度队列模型

3. 同时具有三级调度的调度队列模型

在操作系统中引入交换调度后，可把进程的就绪态分为内存就绪和外存就绪，把阻塞态分成内存阻塞和外存阻塞。通过调出操作完成内存就绪到外存就绪的转换和内存阻塞到外存阻塞的转换，通过交换调度完成外存就绪到内存就绪的转换。图 4-3 所示为具有三级调度的调度队列模型。

4.1.3 调度性能的评价准则

进程调度策略的选择及其调度性能的评价需要考虑很多因素，这些因素之间往往互相冲突，很难选择一个最佳算法来适应不同的需要。例如，对于批处理系统，应该以提高计算机系统的运行效率、取得最大的作业吞吐量和减少作业平均周转时间为主要目标；对于交互式分时系统，应该以能及时响应用户的请求为主要目标；而对于实时系统，应该能对紧急事件做出及时处理和安全可靠为头等重要的考虑因素。因此，在一个操作系统的设计中，应综合考虑不同用户和不同进程的各种要求，采用统筹兼顾的策略，针对操作系统的类型及目标，设计与选择一个"合适"的调度方式和算法。主要考虑的准则有：针对不同的系统考虑不同的设计目标；应能充分使用系统中各种类型的资源，使多个设备能并行工作；能公平对待各个进程，使其均衡使用处理机；合理的系统开销。显然，这些评价调度方式和算法的准则，有的是面向用户的，有的是面向系统的。

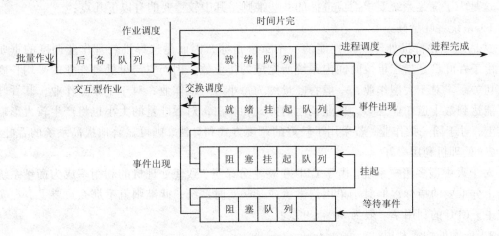

图 4-3 具有三级调度的调度队列模型

1. 面向用户的准则

这是为了满足用户的需求所应遵循的一些准则。其中比较重要的有以下几条：

1）周转时间短

通常把周转时间的长短作为评价批处理系统的性能、选择作业调度方式与算法的重要准则之一。所谓周转时间，是指从作业被提交给系统开始，到作业完成为止的这段时间间隔。它包括四部分时间：作业在外存后备队列上等待调度的时间，进程在就绪队列上等待进程调度的时间，进程在 CPU 上执行的时间，进程等待 I/O 操作完成的时间。其中后三项在一个作业的整个处理过程中，可能发生多次。

对每个用户而言，希望自己作业的周转时间最短。但作为计算机系统的管理者，则总是希望能使平均周转时间最短，这不仅会有效地提高系统资源的利用率，而且还可使多数用户都感到满意。

2）响应时间快

通常把响应时间的长短来评价分时系统的性能，这是选择分时系统中进程调度算法的重要准则之一。所谓响应时间，是从用户通过键盘提交一个请求开始，直至系统首次产生响应为止的时间。或者说，直到屏幕上显示出结果为止的一段时间间隔。它包括三部分时间：

从键盘输入的请求信息传送到处理机的时间，处理机对请求信息进行处理的时间，以及将所形成的响应信息回送到终端显示器的时间。

3）截止时间（Deadline）的保证

这是评价实时系统性能的重要指标，因而是选择实时系统调度算法的重要准则。所谓截止时间，是指某任务必须开始执行的最迟时间，或必须完成的最迟时间。对于严格的实时系统，其调度方式和算法必须能保证这一点，否则将可能造成难以预料的后果。

4）优先权准则

在批处理、分时系统和实时系统中选择调度算法时，都可遵循优先权准则，以便让某些紧急任务能得到及时处理。在要求严格的场合，往往还需选择抢占式调度方式，才能保证紧急任务的及时处理。

2. 面向系统的准则

这是为了满足系统要求而应遵循的一些准则。其中较重要的有以下几点：

1）系统吞吐量高

这是用于评价批处理系统性能的一个重要指标，因而是选择批处理作业调度的重要准则。由于吞吐量是指在单位时间内系统所完成的作业数，因而它与批处理作业的平均长度具有密切关系。对于大型作业，一般吞吐量约为每小时一道作业；对于中小型作业，其吞吐量则可能达到数十道作业之多。作业调度的方式和算法，对吞吐量的大小也将产生较大影响。事实上，对于同一批作业，若采用了较好的调度方式和算法，则可显著地提高系统的吞吐量。

2）处理机利用率好

对于大中型多用户系统，由于 CPU 价格十分昂贵，致使处理机的利用率成为衡量系统性能的十分重要的指标；但对于单用户微机或某些实时系统，此准则就不那么重要了。在实际系统中，CPU 的利用率一般为 40%～90%。

3）资源的均衡利用

在大中型系统中，不仅要使处理机的利用率高，而且还应能有效地利用其他各类资源，如内存、外存和 I/O 设备等。选择适当的调度方式和算法，能保持系统中各类资源都处于忙碌状态。但对于微型机和某些实时系统，该准则并不重要。

4.2 作 业 调 度

在操作系统中调度的实质是一种资源分配，因而调度算法是指根据系统的资源分配策略所规定的资源分配算法。对于不同的系统和系统目标，通常采用不同的调度算法。例如，在批处理系统中，为了照顾为数众多的短作业，应采用短作业优先的调度算法；又例如，在分时系统中，为了保证系统具有合理的响应时间，应采用轮转法进行调度。目前，存在的多种调度算法中，有的算法适用于作业调度，有的算法适用于进程调度，但也有些调度算法既可用于作业调度又可用于进程调度。

本节主要讨论作业调度算法。作业概念一般用于批处理操作系统。

4.2.1 作业的概念

操作系统中的作业是一个含义比较广泛的概念，并不限于单纯的计算。例如，打印一个文件、检索一个数据库、发送一个电子邮件等都可视为一个作业。一般把用户在一次解题或一个事务处理过程中要求计算机系统所做工作的集合称为一个作业。

计算机系统在完成一个作业的过程中所做的一项相对独立的工作称为一个作业步，因此，也可以说一个作业是由一系列有序的作业步组成的。例如，在编制程序的过程中，通常包括编辑输入、编译、连接、运行几个步骤，其中的每一个步骤都可以看做是一个作业步。

作业有两种基本类型，分别为脱机作业和联机作业。脱机作业包括批处理作业和后台作业，即在批处理环境下运行的作业和以后台方式运行的作业。联机作业包括终端作业及前台作业，即在分时环境或交互环境下运行的作业和以前台方式运行的作业。

从静态观点看，作业由用户程序、所需的数据及作业说明书等组成。系统通过作业说明书控制文件形式的程序和数据，使其执行和操作。因此，作业可被看做是用户向计算机提交任务的任务实体，而进程则是计算机为了完成用户任务而设置的执行实体，是系统分配资源的基本单位。显然，计算机要完成一个任务实体，必须要有一个以上的执行实体。也就是说，一个作业总是由一个以上的多个进程组成的。创建一个进程时，要开辟一个进程控制块，用于记录进程的信息。同样，把一个作业提交给系统时，系统也要开辟一个作业控制块 JCB，用于随时记录作业的信息。JCB 的内容一般包括该作业的作业名、作业状态、资源要求、资源使用情况及作业的控制方式、类型和优先级等。

4.2.2　作业状态及转换

一个作业从进入系统到运行结束，一般需要经过提交、收容、运行、完成四个阶段。与其对应，作业在自己的生命期内要处于提交状态、后备状态、运行状态和完成状态四种状态。作业的状态及其状态变迁过程如图 4-4 所示。

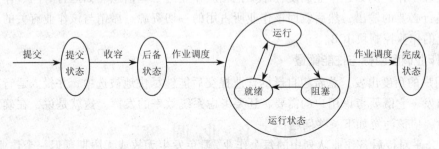

图 4-4　作业的状态及其状态变迁

（1）提交状态。一个作业进入辅存的过程，称为"提交状态"。这是作业的一个暂时性状态。这时，作业的信息还没有全部进入系统，系统也没有为它建立作业控制块 JCB，因此感知不到它的存在。

（2）后备状态。该状态又称"收容状态"。在系统收到一个作业的全部信息后，为它建立作业控制块 JCB，并将 JCB 排到后备作业队列中。这时，它的状态就成为后备状态，系统可以真实地感知到它的存在，这时作业获得了参与竞争处理机的资格。

（3）运行状态。位于后备作业队列中的作业，一旦被作业调度程序选中，它就进入内存真正去参与对 CPU 的竞争，从而使它的状态由后备转为运行状态。在一个作业呈现运行状态时，即由作业调度阶段进入了进程调度阶段。在此期间，从宏观上看，处于运行状态的多个作业都在执行之中；从微观上看，它们都在走走停停，各自以独立的、不可预知的速度向前推进。

（4）完成状态。作业运行结束后，就处于完成状态。它也是一个暂时性状态。此时，为了撤销作业，系统正在做着收尾工作，收回所占用的各种资源，撤除作业的 JCB 等。

4.2.3　作业调度

1. 作业调度程序的功能

作业调度的主要功能是按照某种原则（作业调度算法）从后备作业队列中选取作业进入内存，并为作业做好运行前的准备工作和作业完成后的善后处理工作，完成这种功能的程序称为作业调度程序。其具体功能如下：

（1）记录进入系统的各个作业的情况。为了挑选作业投入运行并对运行中的作业进行管理，作业调度程序必须为每个作业建立相应的数据结构。

（2）从后备作业中挑选一些作业投入运行。一般系统中处于后备状态的作业较多，有几十个甚至几百个，其个数的多少取决于存储后备作业的空间大小，但是处于运行状态的作业是有限的几个。因此，作业调度程序的一个重要职能就是，在适当的时候按确定的调度策略从后备作业中选取若干个作业进入运行状态。作业调度的调度策略和调度时机通常与系统的设计目标有关，并由许多因素决定。为此，在设计作业调度程序时，必须综合平衡各种因素，确定符合系统设计目标的调度算法。

（3）为被选中的作业做好运行前的准备工作。作业调度程序在让一个作业从后备状态进入运行状态之前，必须为该作业建立相应的进程，分配其运行需要的资源，分配的资源包括内存、磁盘和外设等。

（4）在作业运行结束或运行过程中因某种原因需要撤离时，作业调度程序还要完成作业的善后处理工作。例如，作业调度程序要把相应作业的一些信息（如运行时间、作业运行情况等）进行必要的输出，然后收回该作业所占用的一切资源，撤销与该作业有关的全部进程和该作业的作业控制块 JCB。

2. 作业调度目标与性能衡量

从用户的角度出发，总希望自己的作业提交后能够尽快地被选中，并投入运行。从系统的角度出发，它既要考虑用户的需要，还要考虑系统效率的发挥。这就是说，在确定作业调度算法时，应该注意如下一些问题：

（1）公平对待后备作业队列中的每个作业，避免发生无故或无限期延迟一个作业的运行，使各类用户感到满意。

（2）使进入内存的多个作业能均衡使用系统中的资源，避免出现有的资源没有作业使用、有的资源被多个作业争抢的"忙闲"不均的情形。

（3）力争在单位时间内为尽可能多的作业提供服务，提高整个系统的吞吐能力。

由于这些目标的相互冲突，任一调度算法同时满足上述目标是不现实的。另外，如果考虑因素过多，调度算法就会变得非常复杂，导致系统开销增加，资源利用率下降。因此，大多数操作系统都根据用户需要，采用兼顾某些目标的简单调度算法。

例如，对于批处理系统，由于对作业的周转时间要求较高，因此作业的平均周转时间或平均带权周转时间被作为衡量调度算法优劣的标准。而对于分时系统和实时系统来说，会将平均响应时间作为衡量调度策略优劣的标准。

4.2.4　作业调度算法

每个计算机系统都必须选择适当的作业调度算法，既考虑用户的要求又要有利于系统效率的提高。

1. 先来先服务调度算法（FCFS）

先来先服务算法是按照作业进入系统作业后备队列的先后次序来挑选作业，先进入系统的作业优先被挑选。这就是说，哪个作业在后备作业队列中等待的时间最长，下次调度即选中它。不过要注意，这是以其资源需求能够得到满足为前提的。这是一种非剥夺式算法，容易实现，但效率不高。这种算法只顾及到作业等待时间，没考虑作业要求服务时间的长短。显然这不利于短作业而优待了长作业，会出现 I/O 型作业等待 CPU 型作业、短作业等待长作业的现象。

【例 4-1】考虑三个作业，如表 4-1 所示。

表 4-1　【例 4-1】作业情况

作　　　业	运　行　时　间
1	24
2	3
3	3

它们按照 1、2、3 的顺序同时提交给系统，采用先来先服务的作业调度算法。求每个作业的周转时间及它们的平均周转时间。（忽略系统调度所花费的时间）

分析：由于它们是按照 1、2、3 的顺序同时提交给系统，因此可以假定它们三个到达系统的时间都为 0。作业 1 第一个被作业调度程序选中，花费 24 个 CPU 运行时间运行完毕，因此其周转时间为：$T_1=24-0=24$。作业 2 在等待 24 个 CPU 时间后被调度并投入运行，它花费了三个 CPU 时间片运行，因此其周转时间是 $T_2=27-0=27$。显然，作业 3 的周转时间 $T_3=30-0=30$。于是，这三个作业的平均周转时间为 $T=(T_1+T_2+T_3)/3=27$。

【例 4-2】在多道程序设计系统中，有五个作业如表 4-2 所示。

表 4-2　【例 4-2】作业情况

作　　　业	到　达　时　间	运　行　时　间	所需内存量
1	10.1	0.7	15 KB
2	10.3	0.5	70 KB
3	10.5	0.4	50 KB
4	10.6	0.4	20 KB
5	10.7	0.2	10 KB

设系统采用先来先服务的作业调度算法，内存中可供五个作业使用的空间为 100 KB，在需要时按顺序进行分配，作业进入内存后，不能在内存中移动。试求每个作业的周转时间和它们的平均周转时间。

分析：由于是多道程序设计系统，按照先来先服务的调度算法，作业 1 在 10.1 时被装入内存并立即运行。作业 2 在 10.3 时被装入内存，等待作业 1 运行完毕后可投入运行。这时作

业3和作业4依次到达，但它们所需的内存容量分别为50 KB和20 KB，都大于剩余内存容量15 KB。作业5只需10 KB内存空间，所以到达后马上装入内存等待运行。在作业1运行完毕撤离系统时，归还其所占用15 KB内存，此时内存中有两个空闲分区分别为15 KB和5 KB。到作业2运行完毕归还70 KB内存空间，并与前面相连的15 KB空闲区合并而成为85 KB的空闲区后，作业3和作业4才得以依次装入内存。但由于作业5先于它们装入内存，按照先来先服务的作业调度算法，这时的调度顺序应该是5、3、4。表4-3所示为各作业的周转时间。

表4-3　作业周转时间

作　　业	到达时间	运行时间	装入时间	开始时间	完成时间	周转时间
1	10.1	0.7	10.1	10.1	10.8	0.7
2	10.3	0.5	10.3	10.8	11.3	1.0
3	10.5	0.4	11.3	11.5	11.9	1.4
4	10.6	0.4	11.3	11.9	12.3	1.7
5	10.7	0.2	10.7	11.3	11.5	0.8

此时，系统的平均周转时间为：$(0.7+1.0+1.4+1.7+0.8)/5=1.12$。可以算出，如果不考虑系统资源，即所有作业所需资源在提交后都能立即得到满足时，这五个作业的平均周转时间为1.2。

2. 短作业优先调度算法（SF）

短作业优先调度算法是以进入系统的作业所要求的运行时间长短为依据，总是选取估计计算时间最短的作业投入运行。这是一种非剥夺方式调度算法，它克服了FCFS算法中优待长作业的缺点，易于实现，但效率也不高。它的主要缺点有两个，一是需要预先知道作业所需的运行时间，这个估计很难精确；二是忽视了作业等待时间，会使长作业较长时间处于等待状态下，特别是在剥夺式调度方式下，可能会导致长作业被无限延迟。

【例4-3】如前例【4-1】中所示三个作业，它们按照1、2、3的顺序同时提交给系统，采用短作业优先的调度算法。求每个作业的周转时间及它们的平均周转时间。

分析：由于三个作业同时到达，因此调度顺序应该是2、3、1。于是，作业2的周转时间$T_2=3$；作业3的周转时间$T_3=6$；作业1的周转时间$T_1=30$。这三个作业的平均周转时间为$T=(3+6+30)/3=13$。

对比例【4-1】可以看出，按照短作业优先的调度算法，获得了比先来先服务作业调度算法好一些的调度效果。

【例4-4】如前【例4-2】中所示五个作业，不考虑内存空间，采用短作业优先的作业调度算法，求每个作业的周转时间及它们的平均周转时间。

分析：按照短作业优先的作业调度算法，因为作业1首先到达，最先应该调度作业1进入内存运行，它的周转时间$T_1=0.7$。在它于10.8完成时，作业2、3、4、5都已到达后备作业队列中等候，因此此时的调度顺序应该是5、3、4、2。每个作业的周转时间如表4-4所示。

不难算出，系统的平均周转时间为：$(0.7+2.0+0.9+1.2+0.3)/5=1.02$。

要注意，如果所有作业同时到达后备作业队列，那么采取短作业优先的作业调度算法总会获得最小的平均周转时间。这是因为作业周转时间等于等待时间加上运行时间，无论采取什么作业调度算法，一个作业的运行时间不变，变的因素是等待时间。若让短作业优先运行，就会减少长作业的等待时间，从而使整个作业流的等待时间下降，于是平均周转时间也就下降。

表 4-4 【例 4-4】作业情况

作　业	到 达 时 间	运 行 时 间	开 始 时 间	完 成 时 间	周 转 时 间
1	10.1	0.7	10.1	10.8	0.7
2	10.3	0.5	11.8	12.3	2.0
3	10.5	0.4	11.0	11.4	0.9
4	10.6	0.4	11.4	11.8	1.2
5	10.7	0.2	10.8	11.0	0.3

3. 响应比最高者优先调度算法（HRN）

先来先服务的作业调度算法，重点考虑的是作业在后备作业队列中的等待时间，因此对短作业不利；短作业优先的作业调度算法，重点考虑的是作业所需的运行时间，因此对长作业不利。而响应比最高者优先调度算法是介于这两种算法之间的一种折中的策略，既考虑作业等待时间，又考虑作业的运行时间。这样，既照顾了短作业又不使长作业的等待时间过长，改进了调度性能。缺点是每次计算各道作业的响应比会有一定的时间开销，需要估计期待的服务时间，性能要比短作业优先略差。

这里把作业进入系统后的等待时间与估计运行时间之和称为作业的响应时间，作业的响应时间除以作业估计运行时间称为响应比。即定义如下：

响应比 R=作业响应时间/作业运行时间=1+作业等待时间/作业运行时间

R 与作业所需运行时间成反比，故短作业可获得较高的响应比；又因 R 与等待时间成正比，故长作业随着等待时间的增长，也可获得较高的响应比。所以，HRN 算法既优待了短作业，又照顾了先来者。

【例 4-5】分析表 4-5 所示的五道作业的周转时间与系统的平均周转时间。

分析：初启时，后备作业队列中只有作业 1，系统只能调度作业 1 投入运行，它于 10.8 完成。系统重新开始调度时，作业 2、3、4、5 都已到达后备作业队列。计算此时各作业的响应比 R：$R_2=1+0.5/0.5=2$；$R_3=1+0.3/0.4=1.75$；$R_4=1+0.2/0.4=1.5$；$R_5=1+0.1/0.2=1.5$。显然应该调度作业 2 投入运行。作业 2 于 11.3 运行完毕时再计算作业 3、4、5 的响应比：$R_3=1+0.8/0.4=3$；$R_4=1+0.7/0.4=2.75$；$R_5=1+0.6/0.2=4$。选择响应比高者作业 5 投入运行。作业 5 于 11.5 运行结束，再计算作业 3、4 的响应比：$R_3=1+1.0/0.4=3.5$；$R_4=1+0.9/0.4=3.25$。选择作业 3 投入运行。

表 4-5 【例 4-5】作业情况

作　业	到 达 时 间	运 行 时 间	开 始 时 间	完 成 时 间	周 转 时 间
1	10.1	0.7	10.1	10.8	0.7
2	10.3	0.5	10.8	11.3	1.0
3	10.5	0.4	11.5	11.9	1.4
4	10.6	0.4	11.9	12.3	1.7
5	10.7	0.2	11.3	11.5	0.8

第 4 章　处理机调度与死锁

这五个作业的平均周转时间 $T=1.12$。可见，响应比最高者优先调度算法的性能介于先来先服务调度算法与短作业优先调度算法之间。

4. 优先数调度算法

这种算法是根据确定的优先数来选取作业，每次总是选择优先数高的作业投入运行。规定用户作业优先数的方法多种多样。一种是由用户自己提出作业的优先数，称为外部优先数法；另一种是由系统综合考虑有关因素来确定用户作业的优先数，称为内部优先数法，例如，根据作业的缓急程度、作业的类型、作业计算时间的长短、I/O 量的多少、资源申请情况等来确定优先数。

5. 分类调度算法

分类调度算法预先按一定的原则把作业划分成若干类，以达到均衡使用操作系统资源和兼顾作业大小的目的。分类原则包括：作业计算时间、对内存的需求、对外围设备的需求等。作业调度时还可以为每类作业设置优先级，从而照顾到同类作业中的优先级较高的作业。

4.3 进程调度

在多道程序系统中，用户进程数目往往多于处理机的个数，这使进程为了运行而相互争夺处理机。此外，系统进程也同样需要使用处理机。因此，操作系统需要按一定的策略动态地把处理机分配给就绪队列中的某个进程，以便让它执行。处理机的分配任务由进程调度程序完成。

4.3.1 进程调度的功能

进程调度程序主要完成以下三种功能。

1. 记录系统中所有进程的执行情况

作为进程调度的准备，进程调度程序必须把系统中各进程的执行情况和状态特征记录在各进程的 PCB 中，同时还应根据各进程的状态特征和资源需求等信息将进程的 PCB 组织成相应的队列，并依据情况将进程的 PCB 在不同状态队列之间转换。进程调度程序通过 PCB 的变化来掌握系统中所有进程的执行情况和状态特征。

2. 选择获得处理机的进程

根据选定的进程调度算法，确定哪一个就绪进程能获得 CPU 和获得多长时间。根据不同的系统设计目标，有各种各样的选择策略，如先来先服务调度算法、时间片轮转调度算法等，这些选择策略决定了调度算法的性能。

3. 处理机分配

当正在执行的进程由于某种原因要放弃处理机时，进程调度程序应保护当前执行进程的 CPU 现场，将其状态由执行态变成就绪态或阻塞态，并插入到相应队列中；同时调度程序还应根据一定的原则从就绪队列中挑选出一个进程，将该进程从就绪队列中移出，恢复其 CPU 现场并转入执行态。

4.3.2 进程调度的时机

进程调度发生的时机，与引起进程调度的原因和进程调度的方式有关。如前所述，进程调度的方式分为抢占式和非抢占式，而引起进程调度的原因有以下几类：

（1）正在执行的进程结束。因任务完成正常结束或因出现错误而异常结束。这时，如果不选择新的就绪进程执行，将浪费处理机资源。

（2）执行中进程被阻塞。正在执行中的进程自己调用阻塞原语将自己阻塞起来；或正在执行中进程调用了 P 操作，从而因资源不足而被阻塞，或调用了 V 操作激活了等待资源的进程队列；执行中进程提出 I/O 请求后被阻塞等。

（3）在分时系统中时间片已经用完。

（4）执行完系统调用，在系统程序返回用户进程时，可认为系统进程执行完毕，从而可调度选择一新的用户进程执行。

（5）在可剥夺方式下，就绪队列中的某进程的优先级变得高于当前执行进程的优先级，也将引起进程调度。

4.3.3　进程调度性能评价

进程调度虽然是系统内部的低级调度，但进程调度的优劣直接影响作业调度的性能。反映作业调度优劣的周转时间和平均周转时间只在某种程度上反映了进程调度的性能。例如，执行时间部分中实际上包含有进程等待时间，而进程等待时间的多少是要依靠进程调度策略和等待事件何时发生来决定的。因此，进程调度性能的衡量是操作系统设计的一个重要指标。

进程调度性能的衡量方法可分为定性和定量两种。在定性方面，可从调度的可靠性、简洁性等方面来衡量。定量评价包括处理器利用率、作业吞吐量、进程在就绪队列中的等待时间、系统的响应时间等。

4.3.4　进程调度算法

通常系统的设计目标不同，所采用的调度算法也不同。如前所述，进程调度算法应当解决两个问题，一是当 CPU 空闲时选择哪个就绪态进程分配给它的处理机；二是进程占用处理机后，它能占用处理机多长时间。在操作系统中存在多种调度算法，下面介绍几种常用的调度算法。

1. 先来先服务（FIFO）调度算法

先来先服务调度算法以到达就绪队列的先后顺序为标准来选择占用处理机的进程。一个进程一旦占用处理机，就一直使用下去，直至正常结束或因等待某事件的发生而主动让出处理机，因此，这是一种不可抢占式的算法。这时每次到达的进程的 PCB 总是排在就绪队列末尾，调度程序总是把处理机分配给就绪队列中的第一个进程使用。

先来先服务是最简单的一种调度算法。从顺序的角度看，它对就绪队列中的任何进程都不偏不倚，因此是公平的。但从周转的角度看，对要求处理机时间短的进程或 I/O 请求频繁的进程是不公平的。例如，现在就绪队列中依次到达三个进程 A、B、C，三个进程依次所需要的运行时间分别为 24 ms、3 ms、3 ms。按照先来先服务的顺序，三个进程的执行顺序依次为 A、B、C，则三个进程的平均等待时间为(0+24+27)/3=17 ms。假定换一种调度顺序，比如是 B、C、A，那么三个进程的平均等待时间则为(0+3+6)/3=3 ms。

另外，这种调度算法不能为一个优先级高的紧急进程优先分配处理机，因此，该算法很少单独使用，特别是不能直接用于实时和交互式分时系统中。该算法一般与其他调度策略结合使用，例如，在优先级调度算法中，对相同优先级的进程之间采用先来先服务原则。

第 4 章　处理机调度与死锁

2. 短进程优先调度算法

在进程调度中，短进程优先调度算法每次从就绪队列中选择估计运行时间最短的进程，将处理机分配给它，使其投入运行，该进程一直运行下去，直到完成或因某种原因而阻塞时才释放处理机。

3. 优先级调度算法

优先级调度算法又称优先权调度算法。在进程调度中，优先级调度算法每次从就绪队列中选择优先级最高的进程，将处理机分配给它，使其投入运行。此时，就绪队列应该按照进程的优先级大小来排列。根据进程调度方式不同，又可以将该调度算法分为非抢占方式优先级调度算法和抢占方式优先级调度算法。

非抢占式优先级调度算法的实现思想是系统一旦将处理机分配给就绪队列中优先级最高的进程后，该进程便一直运行下去，直到由于其自身的原因（任务完成或等待事件）主动让处理机时，才将处理机分配给另一个优先级最高的进程使用。

抢占式优先级调度算法的实现思想是将处理机分配给优先级最高的进程，使其投入运行。在进程运行过程中，一旦出现了另一个优先级更高的进程，进程调度程序就停止当前进程的运行，而将处理机分配给新出现的高优先级进程。

进程的优先级用于表示进程的重要性及运行的优先性，一般用优先数来衡量优先级。在有些系统中，优先数越大优先级越高；而在另一些系统中，优先数越小优先级越高，如 UNIX。根据进程创建后其优先级是否可以改变，可以将进程优先级分为静态优先级和动态优先级两种。

静态优先级是在创建进程时确定的，确定之后在整个进程运行期间不再改变。确定进程的静态优先级的主要依据有以下几种：

（1）进程类型。通常系统中有两类进程，分别为系统进程和用户进程。由于系统中各进程运行速度和系统资源的利用率在很大程度上依赖于系统进程，所以系统进程的优先级高于用户进程。

（2）进程对资源的要求。根据作业要求系统提供的处理机时间、内存大小、I/O 设备的类型及数量等来确定作业的优先级。进程所申请的资源越多，估计的运行时间越长，进程的优先级就越低。

（3）用户要求。系统可以按用户提出的要求设置进程优先级。

动态优先级是指在创建进程时，根据进程的特点及相关情况确定一个优先级，在进程运行过程中再根据情况的变化调整优先级。确定进程的动态优先级的主要依据有以下几种：

（1）进程占用处理机时间的长短。一个进程的优先级随着其占用处理机的时间增长而降低，进而获得调度的可能性也就降低。

（2）就绪进程等待处理时间的长短。一个就绪态进程的优先级随着其等待处理机的时间增长而提高，进而获得调度的可能性就提高。

例如，UNIX 进程优先数 p-pri 的计算公式为：p-pri=min{127,100+p-nice+p-cpu/16}。其中 p-nice 由系统调用 nice 来设置，一般用户 0～20，超级用户 0～-20，反映了不同级别用户进程的相对优先程度。p-cpu 是一个和进程占用 CPU 的时间或等待 CPU 的时间有关的参数。对于占用 CPU 的进程，每隔 20 ms，p-cpu 加 1，直到 255 为止；对于等待 CPU 的进程，每隔 1 s，p-cpu 减 10，直到小于 10 为止。这样，连续占用 CPU 较长的进程，其优先级相应降低；较长时间未占用 CPU 的进程，或虽频繁占用 CPU 但每次占用时间很短的进程，其优先级相应提高。所以，UNIX 是一个不采用时间片轮转算法的分时系统，它以动态优先数算法和可剥夺方式使系统中各进程的响应时间比较均匀。

4. 时间片轮转调度算法

时间片轮转调度算法主要用于分时系统中的进程调度。在时间片轮转调度算法中，系统中将所有就绪进程按其到达时间的先后次序排成一个队列，进程调度程序总是选择就绪队列中的第一个进程执行，并规定一定的执行时间，如 100 ms，该时间称为时间片。当该进程用完这一时间片时，系统将它送至就绪队列末尾，再把处理机分配给就绪队列的队首进程。这样，处于就绪队列中的进程，就可以依次轮流地获得一个时间片的处理时间，然后回到队列尾部，如此不断循环，直至完成为止。

显然，时间片轮转法是剥夺式调度算法，所以系统需要花费额外开销用于各个就绪进程间的切换。因此，在时间片轮转调度算法中，时间片的大小对系统性能的影响很大。如果时间片太大，以致所有进程都能在一个时间片内执行完毕，则时间片轮转调度算法就退化成先来先服务调度算法。如果时间片太小，那么处理机将在进程之间频繁切换，处理机真正用于运行用户进程的时间很少。因此，时间片的大小应选择适当。一般在大型分时系统中，处理机速度快、用户多，时间片可取小些；而在小型、用户少的分时系统中，时间片可取大些。

通常系统响应时间与时间片的关系可以表示为 $T=Nq$，其中 T 为系统的响应时间，q 为时间片的大小，N 为就绪队列中的进程数。因此，若系统中的进程数目一定，时间片的大小与系统响应时间成正比。另外，我们通常要求用户输入的常用命令能够在一个时间片内处理完毕。因此，计算机的速度越高，时间片就越短。

为适应不同进程的运行特点，在系统中可设置时间片大小不同的 n 个队列，如时间长度可分别为 10 ms、50 ms 和 200 ms 等。调度程序可将运行时间短、交互性强或 I/O 繁忙的进程安排在时间片小的队列，这样可以提高系统的响应速度和减少周转时间；而对于需要连续占用处理机的进程可安排在时间片长的队列中，这样可减少进程切换的开销。

5. 多级反馈队列调度算法

多级反馈队列调度算法是时间片轮转调度算法和优先级调度算法的综合和发展。通过动态调整进程优先级和时间片大小，多级反馈队列调度算法可以兼顾多方面的系统目标。例如，为提高系统吞吐量和缩短平均周转时间而照顾短进程；为获得较好的 I/O 设备利用率和缩短响应时间而照顾 I/O 型进程；同时，也不必事先估计进程的执行时间。

实现这种调度算法时，系统中将维持多个就绪队列，每个就绪队列具有不同的调度级别，可以获得不同长度的时间片，如图 4-5 所示。第 1 级就绪队列中进程的调度级别最高，可获得的时间片最短。第 n 级就绪队列中进程的调度级别最低，可获得的时间片最长。

具体的调度方法是：创建一个新进程，它的 PCB 将进入第 1 级就绪队列的末尾。对于在第 1 级到第 $n-1$ 级队列中的进程，如果在分配给它的时间片内完成了全部工作，则撤离系统；如果在时间片内提出 I/O 请求而被阻塞，等待的事件发生后仍回到原队列末尾参与下一轮调度；如果时间片用完而没有完成工作，则放弃 CPU 降到低一级队列的末尾参与调度。对于最低级别的队列里的进程，实行时间片轮转调度算法。整个系统最先调度 1 级就绪队列。只有上级就绪队列为空时，才去下一级队列调度。

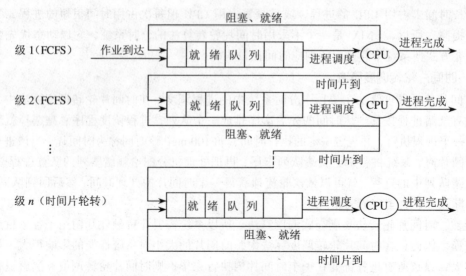

图 4-5　多级反馈队列调度算法示意图

可以看出，多级队列调度算法优先照顾 I/O 繁忙的进程。I/O 繁忙的进程在获得一点 CPU 时间后就会提出 I/O 请求。因此，它们总是保持在级别比较靠前的队列中，总能获得较多的调度机会。对于 CPU 繁忙的进程，它们需要较长的 CPU 时间，因此会逐渐由级别高的队列往下降，以获得更多的 CPU 时间，它们"下沉"得越深，被调度到的机会就越少，但一旦被调度到，就会获得更多的 CPU 时间。所以，多级反馈调度算法采用的是"要得越多，就必须等待越久"的原则来分配 CPU 的。

6. 实时系统调度算法

在实时系统中，时间扮演了主角。例如，计算机读入了音乐光盘中经过压缩的数据信息后，必须在很短的时间内将这种信息解压缩，并转换为音乐信息加以播放。如果计算时间花费过长，音乐听起来就会很怪异。再如，医院里的重症病人监护系统、飞行器的自动导航、核反应堆的安全控制等。在这些系统中，即使计算机发出了正确的控制应答信息，如果时间有延迟，其作用就等于零。

在实时系统中，计算机必须实时响应和控制的事件可分为周期事件和非周期事件，系统可能需要处理多种周期事件流。计算机能否及时处理所有事件，取决于事件的到达周期和需要处理的时间。例如，对于 m 个周期事件，如事件 i 的到达周期为 P_i，所需 CPU 的处理时间为 $C_i s$，那么只有满足：

$$\sum C_i / P_i \leqslant 1 (i = 1, 2, \cdots, m)$$

时才是可以调度的。

实时调度算法可分为静态算法和动态算法。前者是在系统开始运行之前就决定了；后者是在运行期间才做出调度决定。几种常见动态实时调度算法如下：

（1）速率单调算法（Rate Monotonic Algorithm）。该算法分配给各个进程的优先级正比于要处理触发事件的发生频率。例如，每隔 20 ms 运行一次的进程优先级为 50，每隔 100 ms 运行一次的进程的优先级为 10。运行时调度程序总是运行优先级最高的就绪进程，如果需要，就抢占当前运行进程的 CPU。

（2）最早截止时间优先算法（Earliest Deadline First）。该算法是广泛使用的调度算法。当检测到一个事件时，对应的处理进程就加入就绪进程表中，该表以截止时间排序，调度程序总是使表中最早截止时间的那个进程获得运行权。也就是说，使处理最紧迫事件的进程优先占用CPU。

（3）最小松弛时间优先算法（Least Laxity）。该算法要计算每一个进程的宽余（又称松弛）时间，如果一个进程需要运行200 ms，并且须在250 ms内结束，它的松弛时间就是50 ms。此算法选择最小宽余时间的进程，使其占用CPU。换句话说，该算法使处理最不能拖延事件的进程优先占用CPU。

尽管理论上使用上述调度算法可以将一个通用的操作系统改造成一个实时操作系统。但实际上，通用操作系统有关进程上下文环境切换的代价如此之大，以致这样的实时特性只能适合于对时间的限制要求不十分严格的场合。因此，大部分的实时系统通常会采用特定的实时操作系统，如系统较小、中断响应速度快、上下文切换快等。

4.4 死 锁

在多道程序系统中，虽可借助多个进程的并发执行来改善系统的资源利用率和提高系统的吞吐量，但可能发生死锁。所谓死锁（Deadlock），是指多个进程在运行过程中因争夺资源而造成的一种僵局（Deadly-Embrace）。当进程处于这种僵持状态时，若无外力作用，它们都将无法再向前推进。

4.4.1 产生死锁的原因

在操作系统中，若干进程在系统中并发运行，它们不断地申请和释放系统的硬件和软件资源。一般来说，进程同步机构可以使它们协调地向前推进。但有时系统也会出现这样一种情况：n 个进程均"无知"地相互等待对方释放所占的资源而谁也不能解除阻塞状态，即系统僵死。这种两个或两个以上进程都无限地等待永远不会出现的事件而发生的状态称为死锁。陷入死锁的进程称为死锁进程。实时控制系统一旦发生死锁将导致灾难性后果。

产生死锁的原因可归结为以下两点。

1. 竞争资源

当系统中供多个进程共享的资源如打印机、公用队列等，其数目不足以满足进程的需求时，会引起进程对资源的竞争而产生死锁。

可把系统中的资源分成两类，一类是可剥夺资源，是指某进程在获得这类资源后，该资源可以再被其他进程或系统剥夺，如CPU、主存等；另一类资源是不可剥夺资源，当系统把这类资源分配给某进程后，不能强行收回，只能在进程用完后自行释放，如磁带机、打印机等。

在系统中所配置的非剥夺资源，由于它们的数量不能满足进程运行的需要，会使进程在运行过程中，因争夺这些资源而陷入死锁。

2. 进程间推进顺序不当

进程在运行过程中，请求和释放资源的顺序不当，也同样会导致产生进程死锁。例如，系统中只有一台打印机 R_1 和一台磁带机 R_2，可供进程 P_1 和 P_2 共享。如图4-6所示，当进程 P_1 占用了资源 R_1 又提出申请使用资源 R_2，而进程 P_2 占用了资源 R_2 后又提出申请使用资源 R_1 时，在 P_1 和 P_2 之间便产生了死锁，两个进程都在等待对方释放出自己所需的资源，但它们又都因不能继续获得自己所需要的资源而无法推进。如果两个进程资源请求的顺序变为进程 P_1 申请 R_1 和 R_2 之后，进程 P_2 再申请使用 R_2 和 R_1，两进程就可顺利完成。

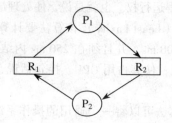

图 4-6　资源共享时的死锁

4.4.2　产生死锁的必要条件

虽然进程在运行过程中，可能发生死锁，但死锁的发生也必须具备一定的条件。综上所述，死锁的发生必须具备下列四个必要条件：

（1）互斥条件：指进程对所分配到的资源进行排他性控制。即在一段时间内某资源只由一个进程占用。如果此时还有其他进程请求该资源，则请求者只能等待，直至占有该资源的进程用完释放该资源，如对打印机的使用。

（2）部分分配条件：又称请求和保持条件。指进程已经保持了至少一个资源，又提出了新的资源请求，而该资源又已被其他进程占用，即所谓占用并等待。此时，请求进程被阻塞，但又不放弃已获得资源，如哲学家进餐中的"拿着一只筷子等另一只筷子"现象。

（3）非剥夺条件：指进程已获得的资源，在未使用完之前不能被剥夺，只能在使用完后自己释放。即哲学家进餐中的"拿不到另一只筷子也绝不肯放下手中的一只筷子"现象。

（4）循环等待条件：又称环路等待条件。指在发生死锁时，必然存在一个进程与资源的环状链，如图 4-6 所示情况。

以上给出了导致死锁的四个必要条件。只要系统发生死锁，则以上四个条件一定成立。事实上，第四个条件的成立蕴含了前三个条件的成立，似乎没有必要全部列出。然而，分别考虑这些条件对于死锁的预防是有利的，因为可以通过破坏这四个条件中的任何一个来预防死锁的发生，这就为死锁预防提供了多种途径。

4.4.3　处理死锁的基本方法

目前，用于解决死锁的方法有两类，一类是不让死锁发生；另一类是让死锁发生，再加以解决。具体为以下四种方法：

（1）忽略死锁：这种处理方式又称鸵鸟政策，指像鸵鸟一样对死锁这种危险视而不见、不予理睬。

每个人对死锁的看法不同。数学家认为要彻底防止死锁的产生，不论代价多大；工程师们想要了解死锁发生的频率、系统因各种原因崩溃的频率及死锁的严重程度，如果系统每天都会因硬件故障、编译器出错或操作系统故障而崩溃一次，那么大多数工程师们都会不惜代价地去消除死锁。相反，UNIX 的工程师认为，UNIX 潜在地受到了一些死锁的威胁，但是这些死锁从来没有发生，甚至没有被检测到，因而不愿意花费高昂的代价来消除死锁。所以，他们认为完全可以忽略它。

（2）预防死锁：采用某种策略，限制并发进程对资源的请求。

这是一种较简单和直观的事先预防的方法。该方法从四个死锁必要条件出发，通过设置一些限制来破坏其中的至少一个条件，从而预防死锁的发生。这个方法较易实现，但由于所施加的限制条件往往太严格，而导致系统资源利用率和系统吞吐量降低。

（3）避免死锁：该方法同样属于事先预防的策略，但这种方法不是预先加上各种限制条件以预防产生死锁，而是允许有逼近死锁的可能性，但当接近死锁状态时，采取一些有效的措施加以避免，防止死锁的发生。

这种方法只需事先加以较弱的限制条件，便可获得较高的资源利用率及系统吞吐量，但在实现上有一定的难度。目前在较完善的系统中常采用此方法来避免死锁。

（4）检测死锁并恢复：这种方法允许在系统运行过程中发生死锁，但可通过系统设置的检测机构，及时检测出死锁的发生，并确定与死锁有关的进程和资源，然后采取适当的措施解除死锁。

4.4.4 预防死锁

所谓预防死锁，是指采用某种策略限制并发进程对资源的请求，从而使得死锁的必要条件在系统执行的任何时间都得不到满足。

1. 破坏"互斥条件"

为了破坏互斥条件，可利用 Spooling 技术实现多个进程对资源的同时访问，但是这会受到资源本身固有特性的限制。因为有些资源根本不能同时访问，如打印机。相反，对这类资源希望能够正确地实现互斥使用。

由此看来，企图通过破坏互斥条件防止死锁的发生是不大可能的。

2. 破坏"部分分配条件"

系统要求任一进程必须预先申请它所需要的全部资源，而且仅当该进程的全部资源要求都能得到满足时，系统才给予一次性分配，然后启动该进程运行。进程在整个生存期内，不再请求新的资源。因此，"请求和保持"不会出现，死锁也就不可能发生。如哲学家进餐中的"两只筷子都有才给，否则一个也不给"现象。

该方法实际上采用的是"资源的静态预分配策略"，其优点是简单安全，易于实施。但是该方法太保守，资源利用率低。

3. 破坏"非剥夺条件"

为了提高资源的利用率，在允许进程动态申请资源的前提下，规定一个进程在请求新资源不能立即得到满足而变为阻塞态之前，必须释放已占有的全部资源。若需要，再重新申请新资源和已释放的资源。换言之，一个进程在使用某资源过程中可以暂时放弃该资源，即允许其他进程剥夺使用该资源，从而破坏了非剥夺条件。如哲学家进餐中的"不能拿着一只筷子等另一只筷子，得放下手中的一只筷子给别人用"现象。

该策略实现起来相当困难。为了保护现象信息及恢复现场，需要付出很高的代价。特别是可能出现进程反复申请和释放资源而被无限延迟的现象。

4. 破坏"循环等待条件"

采用资源顺序使用法，把系统中所有资源按类型线性排队，并按递增规则为每类资源唯一的编号。进程申请资源时，必须严格按资源编号的递增顺序申请，否则系统不予分配。这样就使进程在申请资源时不会形成环路。如哲学家进餐中的"先申请左边的筷子再申请右边的筷子"现象。

这种策略的优点是，资源的申请与分配是逐步进行的，与预分配策略相比显著提高了资源利用率。但是，实际上有些进程使用资源的顺序往往与系统规定不一致，于是，某些暂时不用的资源要先申请，先占住又不使用，降低了资源利用率。另外，严格地限制进程对资源的请求顺序，就限制了用户简单、自主地编程，给程序设计带来了不便。同时，对资源的分类编序也花费一定的系统开销，并限制了新设备类型的增加。

4.5 资源分配图与死锁定理

图论是一种能够用于许多领域并能解决实际问题的强有力的数学工具。操作系统同样能够利用图论的方法来研究死锁问题。

4.5.1 资源分配图

首先，我们引入用来表示资源使用状态的资源分配图 RAG。一个 RAG 可定义为一个二元组。即 RAG=(N, E)，其中 N 是结点集合（Nodes）；E 是有向边集合（Edges）。结点集合 N 又分为两个子集合 $N=(P, R)$。其中 P 是进程集合，每个元素 P_i 表示一个进程，用矩形框表示；R 是资源集合，每个元素 r_i 表示一类资源，用圆圈表示。某类资源可能有多个分配单位，可用圆圈中的小圆圈表示。有向边集合又分为请求边（$P_i \rightarrow r_i$）和分配边（$r_i \rightarrow P_i$）。请求边表示进程申请使用资源而未得，分配边表示资源已分配给某进程。

图 4-7 是一个 RAG 图形示例。其中：集合 $P=\{P_1, P_2, P_3\}$；$R=\{r_1, r_2, r_3, r_4\}$；$E=\{P_1 \rightarrow r_1, P_2 \rightarrow r_3, r_1 \rightarrow P_2, r_2 \rightarrow P_1, r_2 \rightarrow P_2, r_3 \rightarrow P_3\}$。各资源单位数为 $|r_1|=1$, $|r_2|=2$, $|r_3|=1$, $|r_4|=3$；r_1 为单单位资源，即只有一个同类资源，r_2、r_3、r_4 为多单位资源。此时进程 P_1 已占用了 r_2 类资源的一个单位，正在等待再获得 r_1 类资源；进程 P_2 已占用了 r_1 类资源和一个单位的 r_2 类资源，且正在等待获得 r_3 类资源；进程 P_3 已占用了 r_3 类资源。

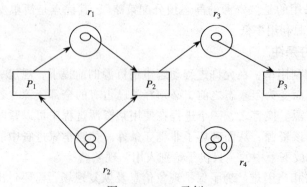

图 4-7 RAG 示例

4.5.2 死锁定理

死锁定理是判定死锁的基本法则。假定在某个时刻系统中有一组进程使用一组资源的状态为 S，而 RAG 是状态 S 所对应的图。于是，若 RAG 中未出现任何环路，则 S 为非死锁状态，或称安全状态。若 RAG 中出现了环路，且该环路中的各资源均为单单位资源，则 S 为死锁状态。即：由若干单单位资源构成的环路，是 S 为死锁状态的充分必要条件。若 RAG 中出现了环路，但该环路中的各资源不全为单单位资源，则 S 不一定是死锁状态。即：由若干不全为单单位资源构成的环路，是 S 的死锁状态的必要条件，但非充分条件。

根据该法则，RAG 中的环路是产生死锁的必要条件，因此，可以通过化简 RAG 来检测 S 是否为死锁。化简方法如下：① 找一非孤立结点 P_i，它只有分配边，或其请求边可立即转换为分配边。消去 P_i 的有向边，即释放其占用资源，使其成为孤立结点。② 转换请求边为分配边。重复以上操作。③ 如果可消去 RAG 中的全部有向边，则 P_i 都成为孤立结点。此时称该图是可完全化简的，否则称该图是不可完全化简的。显然，不可完全化简 RAG 中必定存在环路。

因此，死锁定理又可描述如下：状态 S 为死锁状态的充分必要条件是当且仅当状态 S 的 RAG 是不可完全化简的。

相关链接：饥饿与死锁

在多道程序系统中，同时有多个进程并发运行，共享系统资源，从而提高了系统资源利用率，提高了系统的处理能力。但是，若对资源的管理、分配和使用不当，则会产生死锁或是饥饿。所谓死锁，是指在多道程序系统中，一组进程中的每一个进程军无限期等待被该组进程中的另一个进程所占有且永远不会释放的资源；所谓饥饿，则是指系统不能保证某个进程的等待时间上界，从而使该进程长时间等待，当等待时间明显影响进程推进和响应时，称发生了进程饥饿。当饥饿到一定程度的进程即使完成所赋予的任务也不再具有实际意义时，称该进程被饿死。饥饿没有产生的必要条件，随机性很强，并且饥饿可以被消除，因此也将忙式等待条件发生的饥饿称为活锁。

死锁与饿死有一些相同点，二者都是由于竞争资源而引起的。但又存在明显差别：①从进程状态考虑，死锁进程都处于等待状态，忙式等待（处于运行或就绪状态）的进程并非处于等待状态，但却可能被饿死。②死锁进程等待永远不会被释放的资源，而饿死进程等待会被释放但却不会分配给自己的资源，表现为等待时限没有上界（排队等待或忙式等待）。③死锁一定发生了循环等待，而饿死则不然。这也表明通过资源分配图可以检测死锁是否存在，但却不能检测是否有进程饿死。④死锁一定涉及多个进程，而饥饿或被饿死的进程可能只有一个。⑤在饥饿的情形下，系统中至少有一个进程能正常运行，只是饥饿进程得不到执行机会，而死锁则可能会最终使整个系统陷入死锁并崩溃。

4.6　避　免　死　锁

死锁的避免可被称为动态预防。因为这是系统采用动态分配资源在分配过程中预测出死锁发生的可能性并加以避免的方法。死锁避免的基本思想是系统对进程发出的每一个合法的资源申请进行动态检查，并根据检查结果决定是否分配资源；如果分配后系统可能发生死锁，则不予分配，否则予以分配。这是一种保证系统不进入死锁状态的动态策略。

避免死锁与预防死锁的区别是，预防死锁设法至少破坏产生死锁的必要条件之一，严格地防止死锁的出现。而避免死锁不那么严格地限制产生死锁的必要条件的存在（因为即便死

锁的必要条件成立，也未必一定发生死锁），一旦有可能出现死锁时，就尽量避免死锁的最终发生，即避免系统进入不安全状态。

Dijkstra 的银行家算法是最著名的避免死锁算法。这一名称的来历是基于该算法把操作系统比作一个银行家，操作系统管理的各种资源比作银行的可周转的借贷资金，而申请资源的进程则比作借贷的客户。如果每个客户的借贷总额不超过银行的借贷资金总数，而且在有限的期限内银行可收回借出的全部贷款，那么银行就可以满足借贷要求，同客户进行借贷交易，否则银行将拒绝借贷客户。

4.6.1　系统资源的分配状态

由于在避免死锁的策略中允许进程动态地申请资源，因而系统需提供某种方法，在进行资源分配之前，先分析资源分配的安全性。当估计到可能有死锁发生时就应设法避免去死锁的发生。

如果操作系统能保证所有进程在有限的时间内得到自己需要的全部资源，就称系统是安全的，否则就是不安全的。所谓安全状态，是指系统能按某种进程顺序来为每个进程分配其所需资源，直至满足每个进程对资源的最大需求，使每个进程都可顺利完成。如果系统无法找到这样一个安全序列，则称系统处于不安全状态。

虽然并非所有的不安全状态都是死锁状态，但当系统进入不安全状态后，便可能接着进入死锁状态；反之，只要系统处于安全状态，系统便可避免进入死锁状态。因此，避免死锁的实质是系统在进行资源分配时，如何使系统不进入不安全状态。

因此，只要能使系统总是处于安全状态就可避免死锁的发生。每当有进程提出资源申请时，系统可以通过各个进程已占有的资源数目、尚需资源的数目及系统中可以分配的剩余资源数目，来决定是否为当前提出申请的进程分配资源。如果能使系统处于安全状态，则可为进程分配资源，否则暂不为提出申请的进程分配资源。

4.6.2　单种资源的银行家算法

操作系统的资源分配问题就如同银行家利用其资金贷款的问题，一方面银行家能贷款给若干顾客，满足顾客对资金的需求；另一方面，银行家可以安全地回收其全部贷款而不至于破产。就像操作系统能满足每个进程对资源的请求，同时整个系统不会产生死锁。

银行家算法有单种资源和多种资源之分。单种资源银行家算法只针对一种资源的情况，多种资源银行家算法针对多种资源情况。下面我们分析单种资源的银行家算法。

此时，为保证资金的安全，银行家算法对系统中的每个进程提出如下要求：

（1）进程必须预先说明对资源的最大需求量。

（2）进程必须一次一个地申请资源。

（3）要求进程在一定时间内完成，并及时将资源归还。

只要每个进程能遵守上述约束，那么系统承诺如下：

（1）符合要求必须接纳。如果一个进程对资源的最大需求量没有超过该资源的总量，则必须接纳这个进程，不得拒绝它。

（2）有权暂时拒绝。系统在接到一个进程对资源的请求时，有权根据当前资源的使用情况暂时加以拒绝（即阻塞该进程），但保证在有限的时间内让它得到所需要的资源。

单种资源银行家算法的基本思想如图 4-8 所示。

【例 4-6】系统中有一种资源总量为 10。现有三个进程，A 的最大资源需求量为 9，B 的最大资源需求量为 4，C 的最大资源需求量为 7，如表 4-6 中（a）所示。通过若干次请求后，资源的使用情况发生改变，如表 4-6 中（b）所示，此时 A 已获得 3 个资源，B 已获得 2 个资源，C 已获得 2 个资源，系统剩余资源数为 3。如果现在进程 B 提出一个资源请求，系统应该接受这一请求吗？用银行家算法来测试一下。

分析：假定接受进程 B 的请求，则如表 4-6 中（c）所示，进程 B 已有资源为 3。这时，进程 A 还需资源 6 个，进程 B 还需资源 1 个，进程 C 还需资源 5 个，当前系统剩余资源 2 个。

此时可以找到进程 B，其还需资源个数 1 小于系统剩余资源 2，所以可以将资源分配给它并使其执行完成，如表 4-6 中（d）所示。假定它已完成，收回它使用的资源，把它的能执行完标志置为 1，这时系统的剩余资源数变为 5，如表 4-6 中（e）所示。再用当前系统资源的剩余数 5 与进程 A 的还需资源数 6 及进程 C 的还需资源数 5 进行比较，可知现在系统能够满足进程 C 的所有需求，满足它，如表 4-6 中（f）所示。这样，进程 C 也能最终完成，收回其所占用资源，把其能执行完标志置为 1，这时系统剩余资源数变为 7，如表 4-6 中（g）所示。显然，这时进程 A 的还需资源数 6 小于系统剩余资源数 7，所以进程 A 最终也可以执行完毕。

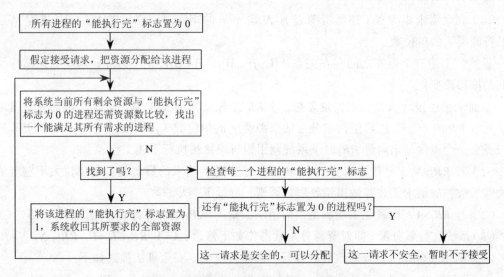

图 4-8 单种资源银行家算法的基本思想

表 4-6 单种资源银行家算法示例

进　程	最大需求	已有量	最大需求	已有量	最大需求	已有量	最大需求	已有量
A	9	0	9	3	9	3	9	3
B	4	0	4	2	4	3	4	4
C	7	0	7	2	7	2	7	2
系统剩余量	（a）10		（b）3		（c）2		（d）1	
A	9	3	9	3	9	3	–	0
B	–	0	–	0	–	0	–	0
C	7	2	7	7	–	0	–	0
系统剩余量	（e）5		（f）0		（g）7		（h）10	

可见，如果接受进程 B 的请求，所产生的系统状态是安全的，系统可以放心地去进行资源分配。现在再请用银行家算法检测一下，如果在表 4-6 中（b）的情况下，进程 A 提出一个资源请求，系统是否应该接受它呢？经过银行家算法测试可知，如果接受进程 A 的资源请求，系统就会进入不安全状态，所以系统暂时不进行此次资源分配。

4.6.3　多种资源的银行家算法

银行家算法可以推广用于处理多种资源。令 n 是系统中的进程数（客户）；m 是系统中的资源类数（资金）。此时，为实现多种资源的银行家算法，系统要设置若干数据结构。

（1）可用资源向量 A（剩余资源数向量）：长度为 m，向量元素 $A[j]$ 为系统中资源类 r_j 的当前可用数。

（2）最大需求矩阵 M（$M=U+N$）：M 是 $n×m$ 的矩阵。矩阵元素 $M[i, j]$ 为进程 P_i 关于资源类 r_j 的最大需求数。每个进程必须预先申报其最大需求矩阵 M。

（3）资源占用矩阵 U（已分配资源表）：U 是 $n×m$ 的矩阵。矩阵元素 $U[i, j]$ 是进程 P_i 关于资源类 r_j 的当前占用数。

（4）剩余需求矩阵 N（还需资源表）：N 是 $n×m$ 的矩阵。矩阵元素 $N[i, j]$ 是进程 P_i 还需要的资源类 r_j 的单位数。

显然，上述三个矩阵之间存在关系 $N[i, j]= M[i, j]- U[i, j]$。另外，这些数据结构均随时间的推移而变化。

下面来描述银行家算法的实现思想：令 RR_i 是长度为 m 的向量，是进程 P_i 的资源请求向量。元素 $RR_i[j]$ 是进程 P_i 希望请求分配的资源类 r_j 的单位数（$j=1$，2，$…$，m）。当进程 P_i 向系统提交一个资源请求向量 RR_i 时，系统调用银行家算法执行下述工作：

（1）若 $RR_i>N_i$，则有（RR_i+U_i）$>M_i$。此时进程 P_i 请求的资源类 r_j 的单位大于它申请的最大需求数，故请求无效并做出错处理。否则，继续下一步。

（2）若 $RR_i>A$，即系统不能满足当前请求，则进程 P_i 必须等待。否则进行下一步。

（3）系统进行假分配，即对资源分配状态作如下修改：$A=A-RR_i$；$U_i=U_i+RR_i$；$N_i=N_i-RR_i$。

（4）调用安全算法检查修改后的现行状态是否安全。安全算法描述如下：

① 设向量 W 和 F。W 长度为 m，F 长度为 n。并作如下初始化：$W=A$；$F[i]=false$（$i=1$，2，$…$，n）。

② 找到一个 i（$1≤i≤n$），有 $F[i]=fales$，且 $N_i≤W$。如果没有这样的 i，则转去执行步骤④。

③ 执行 $W=W+U_i$（意为当前进程拿到资源并执行后，释放其所有资源）；$F[i]=true$；并转去执行步骤②。

④ 对任意的 i，若 $F[i]=true$，则现行状态是安全的，否则是不安全的。

（5）如果假分配后资源分配状态仍是安全的，就实施分配以满足进程 P_i 的当前资源请求。否则系统拒绝分配，恢复假分配前的资源分配状态，并令进程 P_i 等待。

【例 4-7】设有五个进程 P_1，P_2，$…$，P_5 共享三类资源 r_1、r_2 和 r_3。且 $|r_1|=10$；$|r_2|=5$；$|r_3|=7$。若在时刻 t_0 关于它们的状态 $S(t_0)$ 如下所示。显然，A 为可用资源向量；U 为资源占用矩阵；

N 为剩余需求矩阵。

$$A=(3,3,2) \quad U[5\times3]=\begin{bmatrix}010\\200\\302\\211\\002\end{bmatrix} \quad N[5\times3]=\begin{bmatrix}743\\122\\600\\011\\431\end{bmatrix}$$

现假定进程 P_2 的当前请求向量为 $RR_2=(1,0,2)$，即请求分配资源 r_1 的一个单位和资源 r_3 的两个单位。对此，银行家算法的执行过程如下：

（1）有 $RR_2 \leq N_2$，即（1，0，2）≤（1，2，2），继续下一步。

（2）有 $RR_2 \leq A$，即（1，0，2）≤（3，3，2），继续下一步。

（3）进行假分配：$A=A-RR_2=(2,3,0)$；

$\qquad\qquad\qquad U_2=U_2+RR_2=(3,0,2)$；

$\qquad\qquad\qquad N_2=N_2-RR_2=(0,2,0)$；

得到新状态如下所示：

$$A=(2,3,0) \quad U[5\times3]=\begin{bmatrix}010\\302\\302\\211\\002\end{bmatrix} \quad N[5\times3]=\begin{bmatrix}743\\020\\600\\011\\431\end{bmatrix}$$

（4）执行安全算法：

① 初始化工作 $W=A=(2,3,0)$；$F[i]$=false；

② 有 $F[2]$=false 且 $N_2 \leq W$，即（0，2，0）≤（2，3，0）。故 $W=W+U_2=(5,3,2)$；$F[2]$=ture；

③ 有 $F[4]$=false 且 $N_4 \leq W$，即（0，1，1）≤（5，3，2）。故 $W=W+U_4=(7,4,3)$；$F[4]$=true；

④ 有 $F[5]$=false 且 $N_5 \leq W$，即（4，3，1）≤（7，4，3）。故 $W=W+U_5=(7,4,5)$；$F[5]$=true；

⑤ 有 $F[1]$=false 且 $N_1 \leq W$，即（7，4，3）≤（7，4，5）。故 $W=W+U_1=(7,5,5)$；$F[1]$=true；

⑥ 有 $F[3]$=false 且 $N_3 \leq W$，即（6，0，0）≤（7，5，5）。故 $W=W+U_3=(10,5,7)$；$F[3]$=true；

得到安全序列<P_2，P_4，P_5，P_1，P_3>。故状态是安全的。

（5）于是进程 P_2 的当前请求可满足，系统实施真分配。

此例中，如果假定有 P_1 的请求向量 $RR_1=(0,2,0)$，仍可用银行家算法分析此请求可否满足。

4.7 死锁的检测与恢复

预防死锁与避免死锁都是不让系统发生死锁，这是以通过对资源的使用设置一些限制和增加额外的 CPU 开销为代价的，因而降低了资源利用率，而且给用户的使用带来了不便。

在一些实际系统中，为提高资源利用率及方便用户使用，采用检测与解除死锁方案，即

允许系统中存在死锁，但在适当时刻进行死锁检测，一旦发现死锁现象便立即设法解除死锁，使系统继续正常运行。

检测死锁的实质是确定是否存在环路等待现象，一旦发现这种环路便认定死锁存在，并识别出该环路所涉及的有关进程，以供系统采取适当的措施来解除死锁。

4.7.1 死锁的检测时机

系统如果频繁检测，会造成过多的 CPU 额外开销，降低 CPU 利用率。如果两次检测的时间间隔过长，有可能已经发生了死锁且越来越多的进程陷入死锁，同样会降低系统效率。因此死锁的检测时机通常为：

（1）当一个进程关于某个资源的请求不能立即得到满足时检测。

（2）系统规定比较合理的两次检测之间的时间间隔，如每小时一次。

（3）当 CPU 利用率一旦下降到 40%以下时便进行检测。

4.7.2 死锁的检测方法

常用的死锁的检测方法有资源分配图法、资源分配表和进程等待表法、有限状态转移图法等。

下面介绍资源分配图法，这种方法的实质是对 RAG 图加以化简来检测系统所处状态是否为死锁状态。死锁检测中的数据结构，类似于银行家算法中用到的数据结构。

（1）可用资源向量 A_m：长度 m 为系统中的资源类数，向量元素 $A[j]$ 表示 RAG 中资源结点 r_j 的当前空闲单位数。

（2）资源分配矩阵 $U_{n \times m}$：元素 $U[i, j]$ 表示 RAG 中资源结点 r_j 指向进程结点 P_i 的分配边 $r_j \rightarrow P_i$。如果 $U[i, j]=k$，则表示有 k 条这种分配边。

（3）资源请求矩阵 $R_{n \times m}$：元素 $R[i, j]$ 表示 RAG 中进程结点 P_i 指向资源结点 r_j 的请求边 $P_i \rightarrow r_j$。如果 $R[i, j]=k$，则表示有 k 条这样的请求边。

检测方法描述如下：

（1）设置向量 W 和 F。W 长度为 m；F 长度为 n，并对其初始化，使 $W=A$。对任意的 i，若 $U_i \neq 0$，则 $F[i]=false$；否则 $F[i]=true$。$U_i \neq 0$ 说明进程还可以请求，没把边全部删掉；否则说明无分配边，即全部为孤立结点。

（2）找到这样一个进程结点号 i（$1 \leq i \leq n$），有 $F[i]=fales$ 且 $R_i \leq W$。即：在 RAG 中存在这样的进程结点 P_i，它有分配边但无请求边，或有请求边但它的请求边立即转换成分配边。换言之，进程 P_i 的资源请求可立即得到满足。

如果不存在这样的 i，则转去执行步骤（4）。

（3）令 $W=W+U_i$ 和 $F[i]=true$。即消去进程结点 P_i 的所有分配边，使其成为孤立结点，转去执行步骤（2）。

（4）对于所有的 i，若 $F[i]=true$，即 RAG 中所有的进程结点 P_i 都是孤立结点，不存在任一环路。因此，RAG 是可完全化简的。根据死锁定理表示系统中不存在死锁。否则，RAG 是不可完全化简的，因而存在死锁。

【例 4-8】设系统中有四个进程共享三类资源，在某个时刻 t 的资源分配状态 $S(t)$ 如下所示：$|r_1|=3$，$|r_2|=2$，$|r_3|=2$

$$A=(0,0,0) \qquad U[4\times3]=\begin{bmatrix}110\\100\\011\\101\end{bmatrix} \qquad R[4\times3]=\begin{bmatrix}010\\011\\101\\000\end{bmatrix}$$

图 4-9 所示为其相应的 RAG。下面是检测死锁算法关于该例的检测过程：

① 设置向量 W 和 F。令 $W=A=(0,0,0)$。因对于任意的 i，有 $U_i\neq0$，故令 $F[i]$=false（i=1，2，3，4）；

② 有 $R_4\leqslant W$ 且 $F[4]$=fales，执行 $W=W+U_4=(1,0,1)$；$F[4]$=true；

③ 有 $R_3\leqslant W$ 且 $F[3]$=fales，执行 $W=W+U_3=(1,1,2)$；$F[3]$=true；

④ 有 $R_2\leqslant W$ 且 $F[2]$=fales，执行 $W=W+U_2=(2,1,2)$；$F[2]$=true；

⑤ 有 $R_1\leqslant W$ 且 $F[1]$=fales，执行 $W=W+U_1=(3,2,2)$；$F[1]$=true；

⑥ 对于所有的 i，有 $F[i]$=true，这表明 RAG 是可完全化简的，故状态 $S(t)$ 为非死锁状态。

那么，如图 4-10 所示，如果加入虚线所示请求，请利用检测死锁算法检测是否为安全状态。

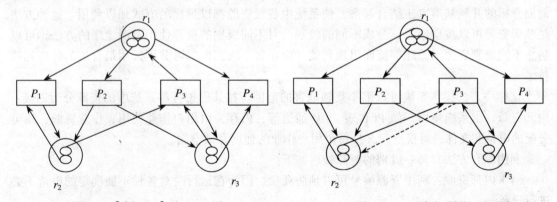

图 4-9 【例 4-8】的 RAG 图　　　　图 4-10　思考问题的 RAG 图

4.7.3　死锁的解除

当发现有进程死锁时，应立即把它们从死锁状态中解脱出来。常用的方法是剥夺资源法与撤销进程法。

1. 剥夺资源法

这种方法是从其他进程剥夺足够数量的资源给死锁进程，以解除死锁状态。如 IBM4300 系列机的挂起进程法，其使用挂起/激活机构挂起进程，剥夺其占用的资源以解除死锁。待条件满足时，再激活被挂起进程。

这时需解决的问题是：

（1）剥夺哪些进程的资源。要尽量付出最小代价来剥夺进程资源，可根据进程占有的资源数和进程已经执行的时间来决定。

（2）被挂起进程的恢复。一是在挂起点激活比较困难；二是退到挂起点之前某个状态才能重新执行，这需保留多个现场，增加了系统开销。

（3）进程的"饿死"现象。某进程可能会因经常被剥夺资源，总是处于资源不足而不能完成的状态。可考虑从执行时间短的进程中剥夺资源来解决这个问题。目前，挂起进程法较受重视。

2. 撤销进程法

这种方法是撤销死锁进程，将它们占有的资源分配给另一些死锁进程，直到解除死锁为止。可以撤销所有死锁进程，或者逐个撤销死锁进程，每撤销一个进程就检测死锁是否继续存在，若不再存在，就停止撤销。如果按照某种顺序逐步撤销已死锁的进程，直到解除死锁为止，那么在极端的情况下，这种方法可能造成除一个死锁进程外，其余的死锁进程全部被撤销的局面。所以，要按照一定的原则撤销进程。较实用而又简便的方法是撤销那些代价最小的进程，或者使撤销进程的数目最少。

撤销进程法的优点是简单明了，但有时可能不分清红皂白地撤销一些甚至不影响死锁的进程。

4.7.4 处理死锁的综合方法

对死锁的处理始终缺少令人满意的完善的解决办法。因此，Howard 在 1973 年提出，把前面介绍的几种基本方法结合起来，使系统中各级资源都以最优的方式加以利用。这种方法是基于资源可以按层编号，分成不同的级别。对不同级别的资源使用资源定序的方法，可以防止不同级别资源因循环等待而出现死锁。而在每一级别内部可分别采用最合适的处理死锁技术。

这样一来，操作系统可以缩小死锁危害的范围。按其思想可将系统中的资源分为四级：内部资源，由系统使用，如 PCB 表、I/O 通道等；内存，由用户作业使用；作业资源，指可分配的设备和文件；对换空间，指每个用户作业的辅助存储空间。

利用综合方法对每一级别的资源处理如下：

（1）内部资源：利用资源编号可以预防死锁，因为在运行时对各种不能确定的申请不必进行选择。

（2）内存：可用剥夺方式进行预防，因为作业始终是可换出内存的，而内存是可剥夺的。

（3）作业资源：可采用死锁避免措施，因为有关资源申请的信息可从作业说明书或作业控制说明中得到。通过资源编号来预防死锁也是一个可行的方法。

（4）对换空间：采用预先分配方式，因为通常最大存储需求量是知道的。

这一思想说明了可以借助不同的基本技术来综合处理死锁。

4.8 UNIX 的进程调度

UNIX 操作系统是单纯的分时系统，未设置作业调度，只设置了进程对换和进程调度。进程调度采用多级反馈队列调度算法。系统为就绪进程设置了多个就绪队列，每个优先级队列内采用时间片轮转方法。

1. 引起进程调度的原因

首先，由于 UNIX 操作系统是分时系统，因而其时钟中断处理程序须每隔一定时间就对要求进程调度程序进行调度的标志予以置位，以引起调度程序重新调度。其次，当进程执行了 wait、exit 及 sleep 等系统调用后要放弃处理机时，也会引起调度程序重新进行调度。此外，当进程执行完系统调用功能而从核心态返回到用户态时，如果系统中又出现了更高优先级的进程在等待处理机，内核应抢占当前进程的处理机，这也会引起调度。

2. 调度算法

UNIX 采用动态优先数轮转调度算法。调度程序在进行调度时，首先从处于"内存就绪"或"被抢占"状态的进程中，选择一个优先数最小（优先级最高）的进程。若此时系统中同时有多个进程都具有最高优先级，则内核将选择其中处于就绪态或被抢占状态最久的进程，将它从其所在队列中移出，并进行进程上下文的切换，恢复其运行。

3. 进程优先级的分类

UNIX 把进程的优先级分成两类，第一类是核心优先级，又可进一步把它分成可中断和不可中断两种。当一个软中断信号到达时，若有进程正在可中断优先级上睡眠，该进程将立即被唤醒；若有进程处于不可中断优先级上，则该进程继续睡眠。对诸如"对换"、"等待磁盘 I/O"、"等待缓冲区"等几个优先级，都属于不可中断优先级；而"等待输入"、"等待终端输出"、"等待子进程退出"等几个优先级，都是可中断优先级。另一类是用户优先级，它又被分成 $n+1$ 级，其中第 0 级为最高优先级，第 n 级的优先级最低。

4. 进程优先数的计算

在进程调度算法中，非常重要的部分是如何计算进程的优先数。对用户态进程，内核程序在适当时机用下列公式计算进程的优先数：

$$p\_pri = p\_cpu / 2 + p\_nice + PUSER + NZERO$$

其中，p_cpu 是进程占用 CPU 的量度。内核程序在每次时钟中断（每秒 50 次或 100 次）中，使当前执行进程的 p_cpu 加 1，但最多加到 80；每一秒使所有就绪态进程的 p_cpu 衰减一半，即 $p\_cpu = p\_cpu / 2$。这样，一个进程在一段时间内如占用 CPU 时间较多，则其 p_cpu 值就上升，优先数 p_pri 变大，优先权就下降，其被调度机会就减少；而处于就绪状态的进程，其 p_cpu 值会逐步下降，p_pri 也随之变小，优先权上升，使其调度时机增加，形成了一个负反馈过程，使用户态的各个进程能够比较均衡地使用 CPU。

p_nice 是用户可以通过系统调用 nice（int priority）设置的进程优先数偏置值。用户可设置的偏置范围为 0～20（有的系统为 0～39），只有超级用户能将 p_nice 置为负值，以提高进程的优先权。

PUSER 和 NZERO 是两个常量，用于分界不同类型的优先数。

5. 进程切换

在操作系统中，凡要进行中断处理和执行系统调用时，都涉及进程上下文的保存和恢复问题，此时，系统所保存或恢复的上下文都是属于同一个进程的。而在进程调度之后，内核所应执行的是进程上下文的切换，即内核是把当前进程的上下文保存起来，而所恢复的则是进程调度程序所选中的进程的上下文，以使该进程能恢复执行。

UNIX 实施进程切换调度的程序是 swtch，其主要任务是：保存运行进程的现场信息；在就绪队列中选择一个在内存且优先数 p_pri 最小的进程，以使其占用 CPU，如果找不到这样的进程，计算机就空转等待；为新选中的进程恢复现场。

第 4 章 处理机调度与死锁

小　结

处理机调度分为三个级别：作业调度、交换调度、进程调度。作业调度决定哪些作业可参与竞争 CPU 和其他资源，即决定给哪个作业分配一台虚拟处理机，它是处理机的宏观调度。交换调度决定哪些进程可参与竞争 CPU，用以实现进程的活动状态与静止的挂起态之间的转换。进程调度决定哪个进程可获得物理 CPU，它是处理机的终结调度，即微观调度。

进程调度方式分为剥夺式和非剥夺式两种。系统调度原则是尽量提高系统吞吐量，均衡利用资源，对所有作业公平服务，对高优先级作业或进程给予优先服务。对调度算法进行评价的常用度量标准是平均周转时间、平均带权周转时间和平均等待时间。

常用的调度算法有：先来先服务调度算法，可用于作业调度和进程调度；短作业（进程）优先调度算法；高优先权优先调度算法，适用于作业调度和进程调度；时间片轮转调度算法，适用于进程调度；多级反馈队列调度算法，适用于进程调度；最高响应比优先调度算法，适用于作业调度。

死锁问题是操作系统中需要考虑的重要问题。死锁是两个或两个以上的进程都无知地等待永远不会出现的事件而发生的僵死现象。产生死锁的根本原因是共享资源。死锁存在的四个必要条件是互斥条件、部分分配条件、不剥夺条件和循环等待条件。

资源分配图 RAG 是研究死锁的一种有效工具。死锁定理指出：状态 S 为死锁状态的充要条件是当且仅当 S 相应的 RAG 是不可完全化简的。

解决死锁的方法包括忽略死锁、预防死锁、避免死锁、检测及解除死锁。

本章习题

一、选择题

1. 由各作业 JCB 形成的队列称为（　　　）。

    A．就绪作业队列　　B．阻塞作业队列　　　C．后备作业队列　　　D．运行作业队列

2. 既考虑作业等待时间，又考虑作业执行时间的作业调度算法是（　　　）。

    A．响应比高者优先　　　　　　　　　　B．短作业优先

    C．优先级调度　　　　　　　　　　　　D．先来先服务

3. 作业调度程序从处于（　　　）状态的队列中选取合适的作业投入运行。

    A．就绪　　　　　　　B．提交　　　　　　　C．等待　　　　　　　D．后备

4. （　　　）指从作业提交系统到作业完成的时间间隔。

    A．周转时间　　　　　B．响应时间　　　　　C．等待时间　　　　　D．运行时间

5. 在系统中采用按序分配资源的策略，将破坏发生死锁的（　　　）。

    A．互斥　　　　　　　B．占用并等待　　　　C．不可剥夺　　　　　D．循环等待

6. 某系统中有三个并发进程，都需要四个同类资源。试问该系统不会发生死锁的最少资源总数应该是（　　　）。

    A．9　　　　　　　　　B．10　　　　　　　　C．11　　　　　　　　D．12

7. 发生死锁的必要条件有四个，要防止死锁的发生，可以通过破坏这四个必要条件之一来实现，但破坏（　　　）条件是不太实际的。

A．互斥　　　　　　B．不可抢占　　　　　C．部分分配　　　　D．循环等待

8．为多道程序提供的可共享资源不足时，可能出现死锁。但是，不适当的（　　　）也可能产生死锁。

　　A．进程优先权　　　　　　　　　　　　B．资源的线性分配

　　C．进程推进顺序　　　　　　　　　　　D．分配队列优先权

9．采用资源剥夺法可以解除死锁，还可以采用（　　　）方法解除死锁。

　　A．执行并行操作　　　　　　　　　　　B．撤销进程

　　C．拒绝分配新资源　　　　　　　　　　　　　　　　D．修改信号量

10．在分时操作系统中，进程调度经常采用（　　　）算法。

　　A．先来先服务　　B．最高优先权　　　C．时间片轮转　　　D．随机

11．资源的按序分配策略可以破坏（　　　）条件。

　　A．互斥使用资源　　　　　　　　　　　B．占有且等待资源

　　C．非抢夺资源　　　　　　　　　　　　D．循环等待资源

12．在（　　　）情况下，系统出现死锁。

　　A．计算机系统发生了重大故障

　　B．有多个封锁的进程同时存在

　　C．若干进程因竞争资源而无休止地相互等待他方释放已占有的资源

　　D．资源数远远小于进程数或进程同时申请的资源数远远超过资源总数

13．银行家算法在解决死锁问题中是用于（　　　）的。

　　A．预防死锁　　B．避免死锁　　　C．检测死锁　　　　D．解除死锁

14．（　　　）优先权是在创建进程时确定的，确定之后在整个进程运行期间不再改变。

　　A．先来先服务　　B．静态　　　　C．动态　　　　　　D．短作业

15．在下列解决死锁的方法中，属于死锁预防策略的是（　　　）。

　　A．银行家算法　　　　　　　　　　　　B．资源有序分配法

　　C．死锁检测法　　　　　　　　　　　　D．资源分配图化简法

二、填空题

1．作业被系统接纳后到运行完毕，一般还需要经历_____、_____和_____三个阶段。

2．假定一个系统中的所有作业同时到达，那么使作业平均周转时间为最小的作业调度算法是_____调度算法。

3．死锁是指系统中多个_____无休止地等待永远不会发生的事件出现。

4．在银行家算法中，当一个进程提出的资源请求将会导致系统从_____状态进入_____状态时，就暂时拒绝这一请求。

5．进程的调度方式有两种，分别是_____和_____。

6．在有 m 个进程的系统中出现死锁时，死锁进程的个数 k 应该满足的条件是_____。

7．进程调度算法采用等时间片轮转法时，时间片过大，就会使轮转法转化为_____调度算法。

三、简答题

1．为什么说分时系统没有作业的概念？

2．试述作业调度和进程调度的功能。

3. 进程调度的时机有哪些？

4. 解释下列概念：周转时间、响应时间、截止时间。

四、计算题

1. 单道批处理系统中，下列三个作业采用先来先服务调度算法、短作业优先调度算法进行调度，哪一种算法性能较好？请完成表 4-7。

表 4-7　习题四 1

作　业	提 交 时 间	运 行 时 间	开 始 时 间	完 成 时 间	周 转 时 间
1	10:00	2:00			
2	10:10	1:00			
3	10:25	0:25			

平均作业周转时间=

2. 针对死锁发生的必要条件，找出防止死锁的方法并填入表 4-8 中。

表 4-8　习题四 2

死锁发生的必要条件	防 止 方 法
互斥	
占有并等待	
不可剥夺	
循环等待	

3. 设当前的系统状态如表 4-9 所示，系统此时可用资源向量 $A=(1，1，2)$。

表 4-9　习题四 3

进　程	最大需求（M）			已占用资源（U）		
	R_1	R_2	R_3	R_1	R_2	R_3
P_1	3	2	2	1	0	0
P_2	6	1	3	5	1	1
P_3	3	1	4	2	1	1
P_4	4	2	2	0	0	2

（1）计算各个进程还需资源数 N。

（2）此时系统是否处于安全状态，为什么？

（3）P_2 发出请求向量 $RR_2=(1，0，1)$，系统能将资源分配给它吗？

（4）若在 P_2 申请资源后，P_1 又发出资源请求 $RR_1=(1，0，1)$，系统能分配资源给它吗？

第 5 章

➡ 存储器管理

引子："围魏救赵"

《史记·孙子吴起列传》记曰："治兵如治水：锐者避其锋，如导疏；弱者塞其虚，如筑堰。故当齐救赵时，孙膑谓田忌曰：'**夫解杂乱纠纷者不控拳，救斗者，不搏击，批亢捣虚，形格势禁，则自为解耳。**'"

"围魏救赵"是我国古代三十六计中相当精彩的一计。其精彩之处在于，以逆向思维的方式、表面看来舍近求远的方法，绕开问题的表面现象，从事物的本源上去解决问题，从而取得一招致胜的神奇效果。正所谓共敌不如分敌，敌阳不如敌阴，战术奇才孙膑之"围魏救赵"充分体现了通过合理筹划兵力，正确选择最佳时间、地点，趋利避害，集中优势兵力，以弱克强的运筹思想。

存储器是计算机系统的重要组成部分，计算机系统中的存储器可以分为内存储器和辅助存储器（即外存）。随着计算机技术的发展，存储器容量仍然不能满足现代软件发展的需要。因此，存储器的好坏对系统性能有重大影响。在存储器中，能被 CPU 直接访问的是内存储器。

本章要点：

- 存储器管理的基本概念。
- 分区存储管理方式。
- 分页存储管理方式。
- 分段存储管理方式。
- 虚拟存储器概念及其实现。

5.1 存储器管理概述

存储器是计算机系统的重要硬件资源，任何程序和数据都必须占有一定的存储空间后才能执行存取操作。因此，存储管理的优劣直接影响着系统的性能。尤其是在多道程序系统中，存储器是用户作业要求共享的主要资源，故存储管理是操作系统的重要组成部分。

在现代计算机系统中，存储器一般分为内存和外存两级。CPU 可直接对内存中的指令和数据进行存取，内存的访问速度快，但容量小、价格贵；外存不与 CPU 直接交互，用来存放暂时不执行的程序和数据，但可以通过启动相应的 I/O 设备进行内外存信息的交换。外存访问速度慢，但容量大大超过内存的容量，且价格便宜。从存储内存的性质来分，内存又分为两部分，一部分是系统区，用于存储操作系统核心程序及标准子程序、例行程序等；另一部分是用户区，用于存储用户的程序和数据等，供当前正在执行的应用程序使用。存储管理主要是对内存中的用户区进行管理。

5.1.1 存储器的层次

目前，计算机系统均采用层次结构的存储子系统，以便在容量大小、速度快慢、价格高低等因素中取得平衡点，获得较好的性能价格比。计算机系统的存储器可以分为寄存器、高速缓存、主存储器、磁盘缓存、固定磁盘、可移动存储介质等六层来组成层次结构。如图 5-1 所示，越往上，存储介质的访问速度越快，价格也越高。

图 5-1　计算机系统存储器层次

其中，寄存器、高速缓存、主存储器和磁盘缓存均属于操作系统存储管理的管辖范围，断电后它们存储的信息不再存在。寄存器是访问速度最快但最昂贵的存储器，它的容量小，一般以字（Word）为单位。一个计算机系统可能包括几十个甚至上百个寄存器，用于加速存储访问速度，如用寄存器存放操作数，或用做地址寄存器加快地址转换速度。高速缓存（Cache）是现代计算机结构中的一个重要部件，用来解决主存速度与 CPU 速度不匹配的问题。高速缓存的存取速度小于 25 ns，容量有 128 KB 和 256 KB 等。

固定磁盘和可移动存储介质属于设备管理的管辖范围，它们存储的信息将被长期保存。而磁盘缓存本身并不是一种实际存在的存储介质，它依托于固定磁盘，可以对主存储器存储空间的扩充。

5.1.2 存储管理的目的

存储管理有两个基本目的：

（1）为用户使用存储器提供方便，这包含两个含义。一是每个用户都以独立的方式编程，即用户只需在各自的逻辑空间内编程，而不必关心其程序在内存空间上的物理位置；二是为用户提供充分大的存储空间，使用户程序的大小不受实际内存容量的限制，即用户不必关心内存空间的物理分配。

（2）充分发挥内存的利用率。既要为每个用户程序提供足够大的内存空间，使它们得以有效运行，又要不浪费内存空间，在合理的前提下，让尽可能多的用户程序进驻内存运行。

5.1.3 存储管理的功能

存储管理的主要任务是为多道程序的运行提供良好的环境，方便用户使用存储器，提高存储器的利用率及从逻辑上扩充存储器。为此，存储管理应解决以下问题。

1. 内存的分配与回收

由操作系统完成内存空间的分配和管理，使程序设计人员摆脱存储空间分配的麻烦，提高编程效率。为此系统应能记住内存空间的使用情况，实施内存的分配，回收系统或用户释放的内存空间。内存的分配主要解决多道作业之间划分内存空间的问题。内存的分配方式有三种，分别是直接分配、静态分配和动态分配。

直接分配指程序员在编写程序或编译程序对源程序编译时采用内存物理地址。采用这种方式，必须事先指定作业使用的内存空间。因此，这种直接指定方式的存储分配，存储空间的利用率不高，对用户也不方便。

静态分配（Static Assignment）指在将作业装入内存时确定其在内存中的位置，即存储分配是在作业装入内存时一次性完成的。采用这种分配方式，在一个作业装入内存时必须分配它要求的全部内存空间；如果没有足够的空闲内存空间，就不能装入该作业。此外，作业一旦进入内存后，在整个运行过程中不能在内存中移动，也不能再申请内存空间。

动态分配（Dynamic Assignment）指作业的内存分配工作可以在作业运行前及运行过程中逐步完成。当一个作业已占用的内存区域不再需要时，可以归还给系统。同时，在作业运行过程中允许它在内存空间中移动。

2. 地址映射

地址映射又称地址转换或地址重定位工作。用户在逻辑空间进行编程，产生、使用的是从"0"开始的相对地址，称为逻辑地址。作业的逻辑地址可以是一维的，也可以是二维的（如段、段内地址）。而内存空间的地址是一维的物理地址，又称绝对地址。在多道程序环境下，程序中的逻辑地址不可能与内存中的物理地址一致。因此，存储管理必须提供地址变换功能，将逻辑地址转换为物理地址。逻辑地址变换成物理地址的过程称为地址映射。根据地址映射进行的时间及采用技术手段的不同，可以将地址映射分为两类，分别是静态映射和动态映射。

静态映射是在程序运行之前，由重定位装入程序进行的地址变换。也就是说，在程序装入内存的同时，就将程序中的逻辑地址转换成物理地址。静态映射的实现很简单，当操作系统为程序分配了一片连续内存区域后，重定位装入程序只需将程序中的逻辑地址加上该内存区的起始地址就得到物理地址。例如，作业被装入到从 1 000 号单元开始的内存区域中，则该作业的物理地址为逻辑地址值加上 1 000。

静态映射的特点是容易实现，无需增加硬件地址变换机构。早期的计算机系统大多采用这种方案。但它要求为每个程序分配一片连续的存储区，程序执行期间不能移动，并且难以做到程序和数据的共享，也无法实现虚拟存储。

动态映射是在程序执行过程中，每当访问指令或数据时，将要访问程序或数据的逻辑地址转换成物理地址。因此，重定位过程是在程序执行期间随着指令的执行逐步完成的。动态映射的实现要依靠硬件地址变换机构，最简单的实现方法是利用一个重定位寄存器。当某个作业开始执行时，操作系统负责把该作业在内存中的起始地址送入重定位寄存器中，之后，在作业的整个执行过程中，每当访问内存时，系统自动将重定位寄存器的内容加到逻辑地址上，从而得到该逻辑地址对应的物理地址。

动态映射的特点是可以将程序分配到不连续的存储区中；在程序运行之前只需装入程序的部分代码即可投入运行，然后在程序运行期间，根据需要动态申请分配内存；便于程序段的共享；可以向用户提供一个比内存的存储空间大得多的地址空间。但动态映射需要附加硬件支持，且实现存储管理的软件算法比较复杂。

第 5 章 存储器管理

3. 内存保护

在多道程序设计环境下，内存中的许多用户或系统程序和数据可供不同的用户进程共享。这种资源共享将会提高内存的利用率。但是，要保证进入内存的各道作业都在自己的存储空间内运行，互不干扰。这既要防止一道作业由于发生错误而破坏其他作业，又要防止破坏系统程序。存储保护的内容包括防止地址越界和防止操作越权。常用的存储保护方法有硬件法、软件法和软硬结合三种。

上下界保护法是一种常用的硬件保护法。上下界保护技术要求为每个进程设置一对上下界寄存器。上下界寄存器中装有被保护程序和数据的起始地址和终止地址。在程序执行过程中，在对内存进行访问操作时首先进行访址合法性检查，即检查经过地址映射后的内存地址是否在界限寄存器所规定的范围内。若在规定范围内则访问合法；否则是非法的，会产生访址越界中断。

保护键法也是一种常用的存储保护法。保护键法为每一个被保护存储块分配一个单独的保护键。在程序状态字中则设置相应的保护键开关字段，对不同进程赋予不同的开关代码和与被保护的存储块中的保护键匹配。保护键可设置成对读写同时保护的或只对读写进行单项保护的，如果开关字与保护键匹配或存储块未受到保护，则访问该存储块是允许的，否则将产生访问出错中断。

另一种常用的内存保护方式是界限寄存器与 CPU 的用户态或核心态工作方式相结合的保护方式（Protected Mode）。在这种保护模式下，用户态进程只能访问那些在界限寄存器所规定范围内的内存部分，而核心态进程则可访问整个内存地址空间。UNIX 操作系统就是采用这种内存保护方式的。

4. 内存扩充

用户在编制程序时，不应该受内存容量限制，所以要采用一定技术来"扩充"内存的容量，使用户得到比实际内存容量大得多的内存空间。

具体实现是在硬件支持下，软硬件相互协作，将内存和外存结合起来使用。通过这种方法扩充内存，使用户在编制程序时不受内存限制。借助虚拟存储技术或其他交换技术，达到在逻辑上扩充内存容量的目的，也就是为用户提供比内存物理空间大得多的地址空间，使用户感觉作业是在这样一个大的存储器中运行。

相关链接：云计算与云存储

在 IT 界，云计算产业被认为是继大型计算机、个人计算机、互联网之后的第四次 IT 产业革命。IT 行业进入云时代。在某种意义上，云计算并不是一项全新的技术，是在信息化积累到一定的程度需要对于 IT 资源进行有效整合的客观需求催生的。简单理解，云计算就是将大量用网络连接的计算资源统一管理和调度，构成一个计算资源池向用户按需服务。提供资源的网络被称为"云"。这种"云"服务可以随时享用，只是这种服务有偿的。

云存储是在云计算（Cloud Computing）概念上延伸和发展出来的一个新的概念，是指通过集群应用、网格技术或分布式文件系统等功能，将网络中大量各种不同类型的存储设备通过应用软件集合起来协同工作，共同对外提供数据存储和业务访问功能的一个系统。当云计算系统运算和处理的核心是大量数据的存储和管理时，云计算系统中就需要配置大量的存储设备，那么云计算系统就转变成为一个云存储系统，所以云存储是一个以数据存储和管理为核心的云计算系统。

5.2 分区存储管理

分区存储管理，又称为连续分配（Continous Allocation）方式，是指为一个用户程序分配一个连续的内存空间。这种分配方式曾被广泛应用于 20 世纪 60～70 年代的操作系统中，至今仍在内存分配方式中占有一席之地。这种存储管理方式可以进一步分为单一连续分区存储管理、固定分区存储管理和可变分区存储管理。

5.2.1 单一连续分区存储管理

单一连续分区存储管理又称单道程序的连续分配，是最简单的一种存储管理方式，但只能用于单用户、单任务的操作系统中。这种存储管理方式可把内存分为系统区和用户区两部分，如图 5-2 所示。系统区仅提供给操作系统使用，通常是放在内存的低址部分；用户区是指除系统区以外的全部内存空间，提供给用户使用。

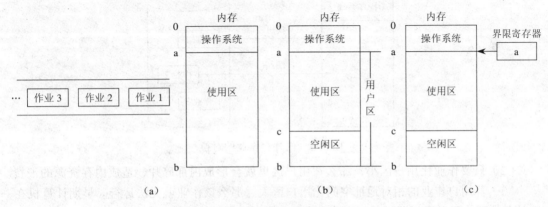

图 5-2　单一连续分区存储管理示意图

可以看出，采用单一连续分区存储管理方案的系统有如下特点：

（1）系统总是把整个用户区分配给一个用户使用，而整个用户区中只有一个作业运行，因此这种系统只适用于单用户（或单道）的情况。此时，进入内存的作业独享系统中所有资源。

（2）内存用户区又被分成使用区和空闲区两部分。使用区是用户作业真正占用的那个连续存储区域，而空闲区是分配给了用户而用户未使用的区域，称它为"内部碎片"。显然，内部碎片的存在是对内存资源的一种浪费。

（3）由于整个用户区都给了一个用户使用，作业程序进入用户区后，没有移动的必要，因此，对用户程序实行静态地址重定位。

（4）实行静态映射并不能阻止用户有意无意地通过不恰当的指令闯入操作系统区。为了有效阻止这一问题的发生，在 CPU 中设置一个用于存储保护的专用寄存器——界限寄存器，如图 5-2（c）所示，在界限寄存器中，总是存放着内存用户区的起始地址，确保用户指令不会产生地址越界。

虽然在早期的单用户、单任务操作系统中，有不少都配置了存储器保护机构，用于防止用户程序对操作系统的破坏，但近年来常见的单用户操作系统中，都未采取存储器保护措施。这是因为，一方面可以节省硬件成本，另一方面这是可行的。在单用户环境下，计算机由一用户独占，不可能存在其他用户干扰的问题。这时可能出现的破坏行为，也只是用户程序自己去破坏操作系统，其后果并不严重，只是会影响该用户程序的运行，且操作系统也很容易通过系统的再启动而重新装入内存。

显然，单一连续分区存储管理有如下缺点：

（1）由于每次只能有一个作业进入内存，故它不适用于多道程序设计，整个系统的工作效率不高，资源利用率低下。

为了让单一连续分区存储管理能具有"多道"效果，在一定条件下，可以采用所谓的"对换"技术来实现。"对换"的基本思想是：将作业信息都存放在外存上，根据单一连续分区存储管理的分配策略，每次只让其中的一个进入内存投入运行。当作业在运行中提出 I/O 请求或分配给其进程的时间片用完时，就把这个程序从内存"换出"到外存，把外存上的另一个作业"换入"内存运行，如图 5-3 所示。这样，从宏观上看，系统中同时就有几个作业处于运行之中。

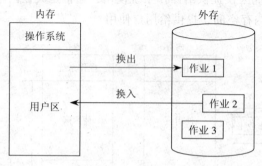

图 5-3　内外存作业的对换

（2）只要作业比用户区小，那么在用户区里就会形成内部碎片，造成内存资源的浪费。

（3）若用户作业的相对地址空间比用户区大，那么该作业就无法运行。早期计算机在一定的条件下，可以采用所谓的"覆盖"技术，使大作业在小内存上得以运行。如图 5-4 所示，某用户作业程序由主程序和另外五个子程序构成。通过连接装配的处理，该作业将形成一个需要存储量为 180 KB 的相对地址空间，即只有系统分配给它 180 KB 的绝对地址空间时，它才能够全部装入内存并运行。

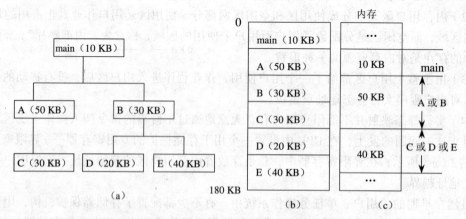

图 5-4　程序的结构与相对地址空间

经过分析可以看出，该程序中的子程序 A 和 B 不可能同时被调用，子程序 C、D 和 E 也不可能同时被调用。所以，除了主程序必须占用的 10 KB 应该常驻内存外，A 和 B 可共用一个存储量为 50 KB 的存储区，C、D、E 可以共用一个存储量为 40 KB 的存储区。这样，只要分配给该程序 100 KB 的存储量，它就能够运行。我们称 A、B 共用的 50 KB 和 C、D、E 共用的 40 KB 为覆盖区。因此，"覆盖"是早期为程序设计人员提供的一种扩充内存的技术。

5.2.2　固定分区存储管理

固定分区存储管理方式是最简单的一种可运行多道程序的存储管理方式。这是将内存用户空间划分为若干固定大小的区域，划分后，分区的尺寸和个数保持不变，在每个分区中只装入一道作业。这样，把用户空间划分为几个分区，便允许有几道作业并发运行；当有一空闲分区时，便可以再从外存的后备作业队列中，选择一个适当大小的作业装入该分区；当该作业结束时，又可再从后备作业队列中找出另一作业换入该分区。

1. 划分分区的方法

可用下述两种方法将内存的用户空间划分为若干个固定大小的分区：

（1）分区大小相等。其缺点是缺乏灵活性，当程序太小时，会造成内存空间的浪费；当程序太大时，一个分区又不足以装入该程序，致使该程序无法运行。尽管如此，这种划分方式仍被用于利用一台计算机去控制多个相同对象的场合，因为这些对象所需的内存空间是大小相等的。例如，炉温群控系统，就是利用一台计算机去控制多台相同的冶炼炉的。

（2）分区大小不等。为了克服分区大小相等而缺乏灵活性的这个缺点，可把内存划分成含有多个较小的分区、适量的中等分区及少量的大分区。这样，便可根据程序的大小为之分配适当的分区。

2. 分区的组织方法

系统对内存的管理和控制通过分区说明表进行。分区说明表说明各分区号、分区大小、起始地址和是否是空闲区（分区状态）。内存的分配释放、存储保护及地址变换等都通过分区说明表进行。图 5-5 所示为固定分区时分区说明表和对应内存状态的例子。图 5-5 中，操作系统占有低地址部分的 20 KB，其余空间被划分为四个分区，其中 1，2，3 号分区已分配，4 号分区未分配。

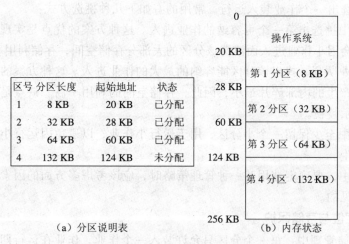

区号	分区长度	起始地址	状态
1	8 KB	20 KB	已分配
2	32 KB	28 KB	已分配
3	64 KB	60 KB	已分配
4	132 KB	124 KB	未分配

（a）分区说明表　　　　（b）内存状态

图 5-5　固定分区法示例

第5章　存储器管理

3. 对作业的组织方式

因为分区在划分后数目和尺寸保持不变，所以系统可以为每一个分区设置一个后备作业队列，形成多队列的管理方式，如图 5-6（a）所示。此时，作业 A、B、C 对内存的需求都不超过 8 KB，作业 D 对内存的需求大于 8 KB 而小于 32 KB，作业 E、F 对内存的需求介于 64 KB 和 132 KB 之间。在这种组织方式下，一个作业到达时，总是进入到"能容纳该作业的最小分区"的那个后备作业队列去排队。显然，此时可能会产生有的分区队列忙碌、有的分区队列闲置的情形。作为一种改进，可以采用多个分区只设置一个后备作业队列的办法，如图 5-6（b）所示，当某个分区空闲时，统一都到这一个队列里去挑选作业，装入运行。

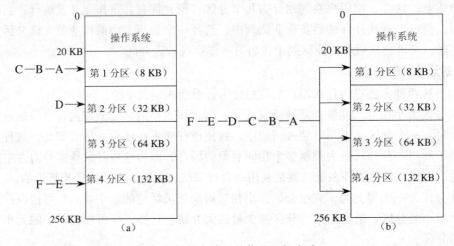

图 5-6 固定分区的作业组织方式

4. 分区的分配与释放

如果采用的是多个队列的管理方式，那么任何一个分区空闲时，只要关于它的队列非空，那么就把该分区分配给队列的第一个作业使用；一旦作业运行完毕，就收回该分区，进入下一次分配。这时，分区的分配和释放是很容易完成的事件。

如果采用的是一个队列的管理方式，那么在任何一个分区被释放时，就要根据某种策略从作业队列中挑选出一个作业装入运行。常用的有如下几种挑选方式：

（1）在队列中挑选出第一个可容纳的作业进入。这种方案的优点是实现简单，选择效率高。缺点是可能会因小作业进入而浪费该分区的大部分存储空间，存储利用率不高。

（2）搜索作业队列，找出该分区能容纳的最大的作业进入。这种方案的优点是在每个分配出去的分区中产生的内部碎片最小，因此，存储空间的利用率高。缺点是选择效率低，且对小作业明显表示歧视。

（3）在系统中至少保留一个小分区，用于运行小作业，以避免因运行小作业而被迫分配大分区的情况发生。

在操作系统中，要确定选用某一种管理策略时，应该考虑多方面的因素，权衡利弊，绝对好的方案是少见的。

5. 地址重定位与存储保护

固定分区存储管理中，每一个分区只允许装入一个作业，作业在运行期间没有必要移动自己的位置，因此，在采用这种存储管理方式时，应该对程序实行静态重定位。具体地，当决定将某一个分区分配给一个作业时，重定位装入程序就把该作业程序指令中的相对地址与该分区的起始地址相加，得到相应的绝对地址，完成对指令地址的重定位及对程序的装入。

在固定分区存储管理中，不仅要防止用户程序对操作系统形成的侵扰，也要防止用户程序与用户程序之间形成的侵扰。因此，必须在 CPU 中设置一对专用的界限寄存器，用于存储保护，如图 5-7 所示，将两个专用寄存器分别命名为低界限寄存器与高界限寄存器，分别装入了作业在内存的起始地址和结束地址。这样，作业执行时硬件会自动检测指令中的地址，如果超出界限则会产生越界中断，从而限定了作业只在自己的区域里运行。

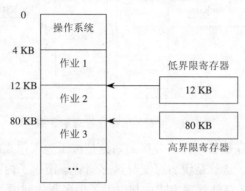

图 5-7 固定存储管理中的存储保护

6. 固定分区存储管理的特点

（1）它是最简单的、具有"多道"色彩的存储管理方案。对比单一连续分区，它提高了内存的利用率；另外，由于多道作业共享系统内的其他资源，因此，也提高了其他资源的利用率。

（2）当把一个分区分配给某个作业时，该作业的程序将一次性全部装入分配给它的内存分区里。因此，进入分区的作业尺寸如果小于分配给它的分区，势必产生内部碎片，引起内存资源的浪费。如果到达的作业尺寸比任何一个分区的长度都大，那么它就无法运行。

（3）对进入分区的作业程序，实行的是静态地址重定位。在分区内的程序不能随意移动，否则运行就会出错。

5.2.3 可变分区存储管理

1. 可变分区存储管理的基本思想

固定分区存储管理中的"固定"有两层含义，一是分区数目固定，一是每个分区的尺寸固定。采用这种内存管理技术时，分配出去的分区总可能会有一部分成为内部碎片而浪费掉。那么如果能不事先划分分区，而是按照进入作业的相对地址空间的大小来分配存储，就能避免固定分区方式所产生的存储浪费。这就是可变分区存储管理考虑问题的出发点。

因此，可变分区存储管理的基本思想是在作业要求装入内存时，如果当时内存中有足够的存储空间满足该作业的需求，那么就划分出一个与作业相对地址空间同样大小的分区分配给它。如图 5-8 所示为可变分区存储管理思想的示意图。图 5-8（a）是系统维持的后备作业队列；图 5-8（b）表示系统初启时内存的情形，整个系统里没有作业运行，因此用户区是一个空闲分区；图 5-8（c）表示将作业 A 装入内存的情形，为它划分了一个尺寸为 16 KB 的分区；图 5-8（d）表示将作业 B 装入内存；图 5-8（e）表示将作业 C 装入内存，此时的

用户区被分民四个分区。由此可见，可变分区存储管理中的"可变"也有两层含义：一是分区的数目随着进入作业的多少可变，一是分区的边界划分随着作业的需求可变。

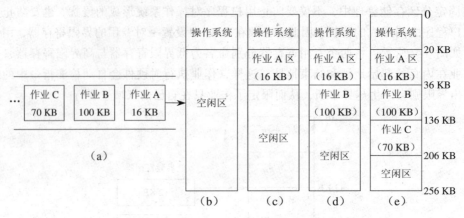

图 5-8　可变分区存储管理示意图

　　显然，实施可变分区存储管理时，分区的划分是按照进入作业的尺寸进行，因此，这个分区里不会出现内部碎片。这就是说，可变分区存储管理消灭了内部碎片。但是，为了克服内部碎片而提出的可变分区存储管理方式，却引发了很多新的问题。

　　在上例中，如果内存空间为 256 KB，其中操作系统占用 20 KB，这样用户区总计 236 KB。经过上述分配后，空闲区是 50 KB。假如此时作业 D 到达，而作业 D 需占用 75 KB。显然，作业 D 无法进入内存。经过一定时间后，作业 B 运行完毕，释放其占用的 100 KB 存储量，这时系统中虽然仍保持为四个分区，但是有两个已分配区，两个空闲区。作业 B 释放的 100 KB 可以满足作业 D 的需要，因此系统在 36 KB～136 KB 的空闲区中划分出一个 75 KB 的分区给作业 D 使用。这样，原来的第二个分区就被分为两部分，36 KB～111 KB 为已分配区，而111 KB～136 KB 为空闲区。

　　可以看到，随着作业对存储区的不断申请与释放，分区的数目在逐渐增加，每个分区的尺寸在逐渐减小，这将导致空闲分区能够满足作业存储要求的可能性在下降。这些无法满足作业存储请求的空闲区被称为"外部碎片"。内部碎片是分配给用户而用户未用的存储区；而外部碎片则是无法分配给用户使用的存储区。

　　假如现在又到达一个作业 E，其存储要求是 20 KB。此时，系统里有两个空闲分区，一个是 25 KB，一个是 50 KB，都能够满足作业 E 的存储要求。那么如何感知这两个空闲区，又把哪一个空闲分区分配给作业 E 呢？

　　又比如说，作业 E 的存储要求不是 20 KB，而是 55 KB。此时，系统里的两个空闲分区，一个是 25 KB，一个是 50 KB，虽然它们的和 75 KB 大于作业 E 所要求的 55 KB，但是却无法满足作业 E 的存储要求，因为这两个空闲区是不连续的。那么很容易想到的办法是将两个空闲区进行合并，这样势必要移动作业 C。作业进入内存后需要移动，就带了地址的重定位问题。

　　从上面的分析得出，要实施可变分区存储管理，必须解决如下四个问题：

　　（1）空闲区的组织问题。记住系统中各个分区的使用情况。当一个分区被释放时，要能够判定其前后分区是否为空闲分区。

　　（2）空闲区的分配问题。即分区的分配算法，以便在有多个空闲区都能满足作业提出的存储请求时，能决定分配哪个分区。

（3）空闲区的合并问题。即如何进行空闲区的合并及合并时机是什么。

（4）地址重定位问题。既然作业必须在内存中移动来合并空闲分区，那么必须采取地址的动态重定位方式，为空闲区的合并提供保证。

2. 空闲区的分配算法

当系统中有多个空闲分区能够满足作业提出的存储要求时，究竟将哪一个分配出去，这属于分配算法问题。在可变分区存储管理中，常用的分区分配算法有：最先适应算法、下次适应算法、最优适应算法、最坏适应算法、快速适应算法等。下面分别介绍它们的含义。

（1）最先适应算法，又称首次适应算法。找到第一个能满足长度要求的空闲区就分配给作业。优点是查找时间短，查找方法简单；高地址部分的大空闲区可保留。缺点是低地址部分的大空闲分区被分割成许多小的分区，因此对大作业不利；而每次查找又都是从低址部分开始，这无疑会增加查找时间。

（2）下次适应算法，又称循环首次适应算法。每次从上次扫描结束处顺序查找，找到第一个能满足作业长度要求的空闲区就分配。这是最先适应算法的变种，能使得存储空间的利用率更加均衡，不会导致小的空闲区集中在存储器的一端。

（3）最优适应算法，又称最佳适应算法。找一个能满足作业要求的最小分区分配出去。优点是尽可能不把大的空闲分区分割成为小的分区，以保证大作业的需要，可通过把空闲分区按长度递增的顺序排列来提高扫描效率；缺点是费时、麻烦。宏观上看每次分配所切割下来的剩余部分总是最小的，显然这些"外部碎片"难以利用。

（4）最坏适应算法，又称最差适应算法。从当前所有的空闲分区中挑一个最大的空闲分区分配出去。优点是算法的分配速度最快，对中小作业有利。为提高扫描效率，可把空闲分区按长度递减的顺序排列。一般应用于对实时性要求高的应用领域。

（5）快速适应算法，为经常用到的长度的空闲分区设立单独的空闲区链表。例如，有一个 n 项的表，其第一项是指向长度为 2 KB 的空闲区链表表头的指针，其第二项是指向长度为 4 KB 的空闲区链表表头的指针，第三项是指向长度为 8 KB 的空闲区链表表头的指针，依此类推。如果空闲分区为 9 KB，可放入 8 KB 的链表，或另建立链表存放。该算法十分快速，只要按用户程序长度找到能容纳它的最小空闲区链表并取下第一块分配即可。其缺点与其他分配算法相似，归还分区时与相邻空闲区的合并既复杂又费时。

3. 分区的管理与组织方式

采用可变分区方式管理内存时，内存中有两类性质的分区：一类是已经分配给用户使用的"已分配区"，另一类是可以分配给用户使用的"空闲区"。随着时间的推移，它们的数目在不断变化着。如何知道哪个分区是已分配的，哪个分区是空闲的，如何知道各分区的尺寸是多少，这就是分区管理所要解决的问题。

对分区的管理，常用的方式有三种：表格法、单链表法和双链表法。下面逐一介绍它们各自的实现技术。

1）表格法

为了记录内存中现有的分区以及各分区的类型，操作系统设置两张表格，一张为"已分配表"，另一张为"空闲区表"，如图 5-9 所示。表格中的"序号"是表目项的顺序号，"起

第 5 章 存储器管理

始地址"、"尺寸"和"状态"都是该分区的相应属性。由于系统中分区的数目是变化的，因此每张表格中的表目项数要足够的多，暂时不用的表目项的状态被设为"空"。

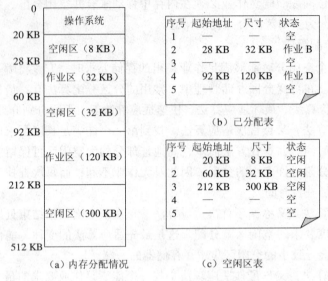

序号	起始地址	尺寸	状态
1	—	—	空
2	28 KB	32 KB	作业 B
3	—	—	空
4	92 KB	120 KB	作业 D
5	—	—	空

（b）已分配表

序号	起始地址	尺寸	状态
1	20 KB	8 KB	空闲
2	60 KB	32 KB	空闲
3	212 KB	300 KB	空闲
4	—	—	空
5	—	—	空

（a）内存分配情况　　　（c）空闲区表

图 5-9　内存分区的管理表格

2）单链表法

把内存中的每个空闲分区视为一个整体，在它的里面开辟出两个单元，一个用于存放该分区的长度（size），一个用于存放它的下一个空闲分区的起始地址（next），如图 5-10 所示。操作系统开辟一个单元，存放第一个空闲分区的起始地址，这个单元被称为"头指针"，图 5-10 中头指针的值为 20 KB。最后一个空闲分区的 next 中存放标志"NULL"表示它是最后一个。这样，系统里所有空闲分区就被连接成为一个链表。从头指针出发，顺着各个空闲分区的 next 往下走，就能到达每一个空闲分区。

用空闲区链表管理空闲分区时，对于用户提出的存储要求，系统顺着空闲区链表头指针开始查找一个个的空闲分区，直到找到满足条件的分区或找到 NULL 为止。因此，在用这种方法管理内存分区时，无论分配分区还是释放分区，都涉及 next 的调整。

3）双链表法

如前所述，当一个已分配区被释放时，有可能和与它相邻接的分区进行合并。为了寻找释放区的前后空闲分区以利于判别它们是否与释放区直接邻接，可把空闲区的单链表调整为双链表。如图 5-11 所示，每个空闲区开辟三个单元，除了存放其长度 size 和下一空闲分区的地址 next 外，还存放它的上一空闲分区的地址 prior。这样，通过空闲分区的双链表，就可以方便的由 next 找到其下一空闲分区，由 prior 找到其上一空闲分区。

前面给出的空闲区的单链表和双链表，都是按照空闲区的地址来组织的。也就是说，每个空闲分区是按照其起始地址由小到大排列在链表中。当有一个释放区要进入链表时，依据其起始地址，找到它在链表中的位置，然后调整链表指针插入。可以把这种组织方式称为"地址法"。还有一种组织空闲分区的方法，即按照每个空闲分区的长度由小到大排列在链表中。于是，当有一个释放区要进入链表时，要依据其尺寸，在链表中找到它的合适位置调整指针进行插入。把这种方法称为"尺寸法"。

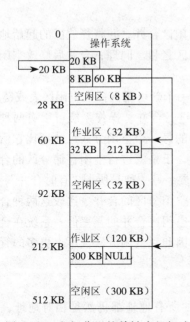

图 5-10　空闲分区的单链表组织法　　　图 5-11　空闲分区的双向链表组织法

4. 空闲区的合并

在可变分区存储管理中实行地址的动态重定位后，用户程序就不会被"钉死"在分配给自己的存储分区中。必要时可以在内存中移动，为空闲区的合并带来了便利。

内存区域中的一个分区被释放时，与它前后相邻接的分区可能会有四种关系出现。如图 5-12 所示，该被释放分区和上下相邻区的关系有四种：图 5-12（a）该释放分区的上下两相邻分区都是空闲区；图 5-12（b）该释放分区的上相邻分区是空闲区；图 5-12（c）该释放分区的下相邻分区是空闲区；图 5-12（d）该释放分区的两个相邻分区都不是空闲区。

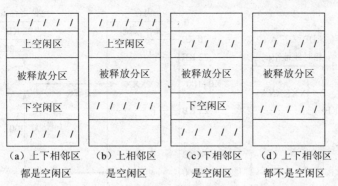

（a）上下相邻区　　（b）上相邻区　　（c)下相邻区　　（d）上下相邻区
　都是空闲区　　　　是空闲区　　　　是空闲区　　　　都不是空闲区

图 5-12　空闲区的合并

对于上述四种情况，如果释放区与上下两空闲区相邻，则将三个空闲区合并为一个空闲区。新空闲区的起始地址为上空闲区的起始地址，大小为三个空闲区之和。空闲区合并后，取消空闲区表或链表中下空闲区的表目项或链指针，修改上空闲区的对应项。

如果释放区只与上空闲区相邻，则将释放区与上空闲区合并为一个空闲区，其起始地址为上空闲区的起始地址，大小为上空闲区与释放区之和。合并后，修改上空闲区对应的空闲区表的表目项或链指针。

如果释放区与下空闲区相邻，则将释放区与下空闲区合并，并将释放区的起始地址作为合并区的起始地址。合并区的长度为释放区与下空闲区之和。同理，合并后修改空闲区表或链表中相应的表目项或链指针。

如果释放区不与任何空闲区相邻，则释放区作为一个新可用区插入空闲区表或链表。

空闲分区的合并，有时又称"存储紧凑"。何时进行合并，操作系统可以有两种选择。一是所谓"用时合并"，在调度到某个作业时，系统中的每一个空闲分区尺寸都比它所需要的存储量小，但空闲区的总存储量却大于它的存储请求，于是就进行空闲存储分区的合并，以便能够得到一个大的空闲分区，满足该作业的存储需要；另一种是所谓"有时合并"，只要有作业运行完毕归还它所占用的存储分区，系统就进行空闲分区的合并。比较这两种合并时机可以看出，前者要花费较多的精力去管理空闲区，但空闲区合并的频率低，系统在合并上的开销少；后者总是在系统里保持一个大的空闲分区，因此对空闲分区谈不上更多的管理，但是空闲区合并的频率高，系统在这上面的开销大。

124

5. 地址转换与存储保护

在动态运行时装入的方式中，作业装入内存后的所有地址都仍然是相对地址，将相对地址转换为物理地址的工作，被推迟到程序指令要真正执行时进行。为使地址的转换不会影响到指令的执行速度，必须有硬件地址变换机构的支持，即须在系统中增设一个重定位寄存器，用来存放程序（数据）在内存中的起始地址。程序在执行时，真正访问的内存地址是相对地址与重定位寄存器中的地址相加而形成的。图 5-13 所示为动态地址重定位的实现原理。此时，地址变换过程是在程序执行期间，随着对每条指令或数据的访问自动进行的，故称为动态重定位。当系统对内存进行了"紧凑"而使若干程序从内存的某处移至另一处时，不需对程序做任何修改，只要用该程序在内存的新起始地址去置换原来的起始地址即可。

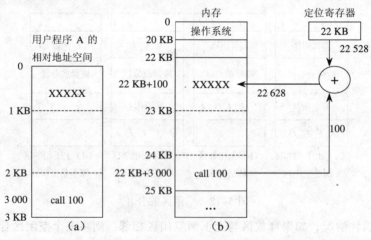

图 5-13　动态重定位的过程

此时的存储保护通常有两种方法。一种是系统设置界限寄存器，这可以是上、下界寄存器或基址、限长寄存器，可在每个分区设置一对界限寄存器。但通常系统只设置一对界限寄存器，用来存放现行进程的存储界限。硬件自动将进程执行过程产生的每一个访问内存的地址与界限寄存器的值进行比较，若发生地址越界，便产生保护性地址越界中断。另一种是保护键方法，即为每个分区分配一个保护键，相当于一把锁。同时为每个进程分配一个相应的保护键，相当于一把钥匙，存放在程序状态字中。每当访问内存时，都要检查钥匙和锁是否匹配，若不匹配，将发出保护性中断。

6. 可变分区存储管理的特点

可变分区存储管理的特点是：

（1）作业一次性全部装入到一个连续的存储分区中。

（2）分区是按照作业对存储的需求划分的，因此不会出现内部碎片这样的存储浪费。

（3）为了确保作业能够在内存中移动，要由硬件支持，实行指令地址的动态重定位。

可变分区存储管理的优点是：

（1）分区管理是实现多道程序设计的一种简单易行的存储管理技术，内存成为共享资源，有效地利用了处理机和 I/O 设备，从而提高了系统的吞吐量和减少了周转时间。

（2）分区存储管理算法比较简单，实现分区分配采用的表格不多，实现起来比较容易，内存额外开销较少。

（3）存储保护措施也很简单。

可变分区存储管理的缺点是：

（1）仍然没有解决小内存运行大作业的问题，只要作业的存储需求大于系统提供的整个用户区，该作业就无法投入运行。

（2）虽然避免了"内部碎片"造成的存储浪费，但有可能出现极小的分区暂时分配不出去的情形，引起"外部碎片"。

（3）为了形成大的分区，可变分区存储管理通过移动程序来达到分区合并的目的，然而程序的移动是很花费时间的，增加了系统在这方面的投入与开销。

总之，可变分区存储管理解决了"内部碎片"，但又产生了"外部碎片"。"外部碎片"可以通过移动作业对空闲分区进行合并来消除，因为此时用户作业必须装入一个连续的分区中才能正确运行，这很不方便并且增加了系统的开销。如果作业可以装入不连续的分区就能运行，一切问题就解决了。

5.3　分页式存储管理

在分区存储管理中，要求将作业存放在一片连续的内存区域中，因而会产生碎片问题。尽管通过空闲区合并技术可以解决碎片问题，但空闲区合并非常耗时，这种解决方案的代价较高。如果能将一个作业存放到多个不相邻的内存区域中，就可以避免空闲区合并，并有效地解决碎片问题。基于这一思想引入了分页存储管理。

5.3.1　分页式存储管理的基本思想

分页存储管理是将固定分区方法与动态重定位技术结合在一起提出的一种存储管理方

125

案，它需要硬件支持，其基本思想如下。

1. 内存空间划分

把整个内存划分成等长的若干区域，每个区域称为一个物理页面，有时又称内存块或块。所有内存块从 0 开始编号，称为物理页号或内存块号，是存储分配的单位。每个内存块内亦从 0 开始依次编址，称为页内地址，如图 5-14（a）所示。

2. 逻辑地址空间划分

用户作业仍然相对于"0"进行编址，形成一个连续的相对地址空间，又称逻辑地址空间。系统将用户作业的逻辑地址空间按照物理页面大小划分为若干页面，称为逻辑页面，简称为页。用户作业的各个逻辑页面也是从 0 开始编号，称为逻辑页号或相对页号。每个逻辑页面内也从 0 开始编址，称为页内地址。因此，用户作业的逻辑地址由逻辑页号和页内地址两部分组成，即：逻辑地址=（逻辑页号，页内地址），如图 5-14（b）所示。

3. 地址重定位以使作业正常运行

有了以上的准备，如果能够解决作业原封不动地进入不连续存储块后也能正常运行的问题，那么分配存储块是很容易的事情，因为只要内存中有足够多的空闲块，那么作业中的某一页进入哪一块都是可以的。比如图 5-14 中，就把作业 A 装入到了第 6 块、第 8 块和第 11 块这样三个不连续的内存块中。为了确保原封不动放在不连续块中的用户作业 A 能够正常运行，可以采用如下方法：

（1）记录作业 A 的页、块对应关系，如图 5-14（c），即建立一张作业的页块关系对应表，简称为页表。

（2）当运行到指令"call 5188"时，把它里面的逻辑地址 5188 转换成数对（1，1 092），表示该地址在作业相对地址空间里位于第 1 页，距该页起始位置的位移是 1 092。具体的计算公式是：页号=相对地址/块尺寸，页内位移=相对地址%块尺寸。

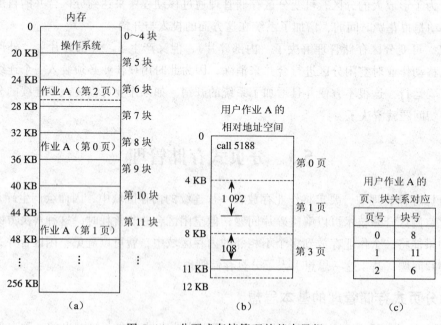

图 5-14　分页式存储管理的基本思想

（3）用数对中的"页号"去查作业 A 的页块对应关系表，得知相对地址空间的第 1 页内容，在内存的第 11 块中。

（4）把内存第 11 块的起始地址与页内位移相加，得到 5188 的绝对地址，即 44KB+1092=46148。

至此，系统就去做指令"call 46148"，从而得到了正确的执行。

从上述分析可以看出，在分页式存储管理中，用户程序是原封不动地进入各个内存块的。指令中相对地址的重定位工作，是在指令执行过程中进行的，因此属于动态重定位。

5.3.2 地址转换与存储保护

1. 页表与快表

在分页式存储管理中，系统按照内存块的尺寸，把每一个用户作业的相对地址空间划分成若干页，然后把这些页装入到内存的空闲块中投入运行。系统为了知道一个作业的某一页存放在内存的哪一块中，就需要建立起它的页块关系对应表，简称为页表。因此，在分页式存储管理中，每一作业都有自己的页表。用户作业相对地址空间划分成多少页，其页表就有多少个表项（即页表长度），表项按页号顺序排列。

1）页表的构成

一种方法是利用内存。这时只需要设置一个专用寄存器称为"页表控制寄存器"。页表控制寄存器由页表起始地址、页表长度组成。页表起始地址指页表在内存中的起始地址。页表长度即页表表项的数目，起到存储保护的作用。每一个相对地址中的页号都不能大于该长度，否则出错。

由于页表存放在内存，因此，这不仅增加了系统在存储上的开销，还降低了 CPU 的访问速度。这是因为每次对某一地址的访问，首先要访问内存中的页表，以确定所取数据或指令的物理地址，才能根据地址取数据或指令进行所需要的真正访问。也就是说，访问一个地址必须访问两次内存才能实现。

为了提高地址的转换速度，另一种实现页表的方法是用一组快速的硬件寄存器构成公用的页表。调度到的作业就把其页表内容装入到该组寄存器中。这样，系统无须访问内存，而是通过访问快速寄存器组确定物理地址，直接完成地址的变换，然后访问内存中的数据或指令，因此速度极快。

但是，由于快速寄存器价格昂贵，因此完全由它来组成页表的方案是不可取的。比如，当地址结构为 32 个二进制位、块尺寸为 4 KB 时，地址空间最多可有 100 万个页面，这样就要有 100 万个快速寄存器组构成页表。

考虑到程序的"局部性"原理，因此，实际系统中的做法是采用内存页表与快速寄存器组结合的解决方案，只用极少数几个（一般是 8～16 个）快速寄存器来构成寄存器组高速、容量小且可并行查找，因此把快速寄存器组命名为"相联寄存器"，或简称为"快表"。

快表的内容为：页号、块号、访问值（表示该页被访问过否，"0"未访问，"1"表示已访问过）、状态（该表目是否为空表目）。快表只是描述了页表的一个活跃子集，即快表中保存的是进程当前经常要访问的那些页。利用快表访问地址的过程是：系统先查寻所访问页是否在快表，若在则立即进行地址转换；否则在页表中找到该页并在快表中为该页建立一个新

第5章 存储器管理

表目，然后进行地址转换。

2）页面尺寸

由于任何一个作业的长度不可能总是页面尺寸的整数倍，因此平均来说，分配给作业的所有内存块的最后一块里会有一半浪费掉了，成为内部碎片。不难算出，如果现在内存中共有 n 个作业，页面尺寸为 p 个字节，那么会有 $(n \times p)/2$ 被浪费掉。从这个角度出发，应该把页面尺寸定得小一些。

但是，页面尺寸小了，用户作业相对空间的页面数势必增加，每个作业的页表会随之加大。比如，若页面尺寸定为 8 KB，则 32 KB 的用户作业只有四页。但如果把页面尺寸定为512 字节，则同一作业就会被划出 64 个页面。于是，从减少页表所需的内存开销看，页面尺寸应该定大一些。

由上面的分析，选择最佳的页面尺寸，可能需要在几个相互矛盾的因素之间折中求得。通常，页面尺寸大多选在 512 B～64 KB 之间。

2. 地址结构与数对的形成

如上所述，在分页式存储管理的地址变换中，首先遇到的是系统要把指令中的相对地址转换成它所对应的数对，并且也给出了进行这种变换时使用的计算公式。但是，如果每次地址变换都要做这种映射计算，不仅费时，而且麻烦。

如果把块的尺寸限定只能是 2 的幂，那么利用计算机系统设定的地址结构，就很容易得到一个相对地址所对应的数对，根本不用进行上面的复杂计算。例如，某系统的地址结构为16 个二进制位，如图 5-15（a）所示，它表示该地址空间有 $2^{16}=64$ KB，即 0～65 535。假定此时系统的块尺寸是 2^{10} B=1 024 B=1 KB。如果按前述公式可算出：3 000/1 024=2，3 000%1 024=952，即 3 000 对应的数对为（2，952）。其实分析一下就可以知道，现在一页的尺寸为 1 KB，表明每一页中有 1 024 B，它需要用 10 个二进制位来表示。因此，我们在第 10 个二进制位处画一条粗线，如图 5-15（b）所示。这样，第 0 位到第 9 位这 10 个二进制位就可以表示一页中 0～1 023 这 1 024 B。如果超过 1 024 B，就往前进位。于是，前面的第 10 位到第 15 位就表示第几页。根据这个分析，图 5-15（b）中高 6 位的二进制数对应的十进制数是 2，正是 3 000 对应的页号；低 10 位的二进制数对应的十进制数是 952，正是 3 000对应的页内位移。

再假定系统的块尺寸是 $2^8=256$ B。显然，如前所述应用 3 000/256=11，3 000%256=184，所以此时 3 000 对应的数对应该是（11，184）。此时，如图 5-15（c）所示，应在第 7 位和第 8 位之间画一条粗线，则高 8 位相应的十进制数是 11；低 8 位对应的十进制数是 184。

3. 地址变换机构与存储保护

为了能将用户地址空间中的逻辑地址，变换为内存空间中的物理地址，在系统中必须设置地址变换机构。该机构的基本任务是实现从逻辑地址到物理地址的变换。由于页内地址和物理块内地址是一一对应的，因此地址变换机构的任务，实际上是将逻辑地址中的页号，转换为内存中的物理块号。

1）基本的地址变换机构

当进程要访问某个逻辑地址中的数据时，分页地址变换机构会自动地将有效地址分为页号和页内地址两部分，再以页号为索引去检索页表。查找操作由硬件执行。在执行检索之前，先将页号与页表长度进行比较，如果页号大于或等于页表长度，则表示本次所访问的地址已超过进程的地址空间范围，产生越界中断。如果未出现越界错误，则将页表始址与页号和页表项长度的乘积相加，便得到该表项在页表中的位置，于是可从中得到该页的物理块号，将其装入物理地址寄存器中。与此同时，再将有效地址寄存器中的页内地址送入物理地址寄存器的块内地址字段中。这样便完成了从逻辑地址到物理地址的变换，图 5-16 所示为分页系统的地址变换机构。

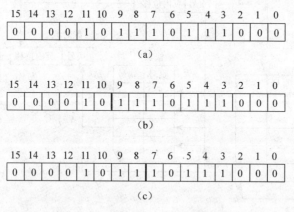

图 5-15　地址结构与数对的形成

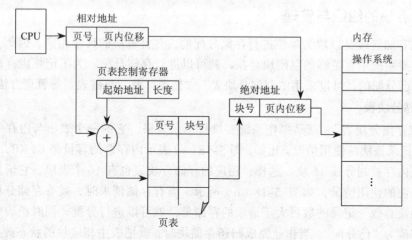

图 5-16　分页存储管理的地址变换机构

2）具有快表的地址变换机构

如前所述，为了提高地址变换速度，可在地址变换机构中，增设一个具有并行查寻能力的特殊高速缓冲寄存器（又称"联想寄存器"或"快表"），用以存放当前访问的那些页表项。此时的地址变换过程是在 CPU 给出有效地址后，由地址变换机构自动地将页号送入快表，并将此页号与快表中的所有页号进行比较，若其中有与此匹配的页号，则可直接从快表中读出该页所对应的物理块号，并送到物理地址寄存器中。如在快表中未找到对应的页表项，则还须再访问内存中的页表，找到该页后，把从页表项中读出的物理块号送地址寄存器；同时，再将此页表项存入快表的一个寄存器单元中，即重新修改快表。如果快表已满，则操作系统必须找到一个老的且已被认为不再需要的页表项并将它换出。具有快表的地址变换机构如图 5-17 所示。

由于成本的关系，快表不可能做得很大，通常只存放 16～512 个页表项，这对中、小型作业来说，有可能把全部页表放在快表中，但对大型作业，则只能将其一部分页表项放入其中。由于对程序和数据的访问往往带有局限性，因此，从快表中能找到所需页表项的几率，即所谓"命中率"，可达 90%以上。

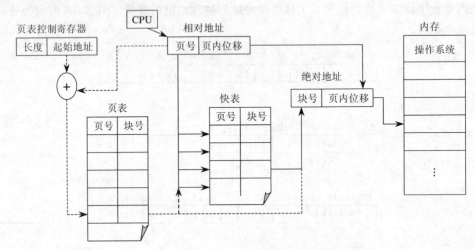

图 5-17　页表/快表式地址变换机构

5.3.3　内存块的组织与管理

分页式存储管理是以块为单位进行存储分配的，并且每块的尺寸相同。因此，在有存储请求时，只要系统中有足够的空闲块存在，就可以进行存储分配。为了记住内存块哪个是空闲的，哪个已分配的，可以采用"存储分块表"、"位图"及"单链表"等管理方法。

1. 存储分块表

所谓"存储分块表"，就是操作系统要维持一张表格，它的一个表项与内存中的一块相对应，用来记录该块的使用情况。比如，图 5-18（a）表示内存总的容量是 64 KB，每块 4 KB。于是，系统内存被划分成 16 块。这样，相应的存储分块表也有 16 个表项，它恰好记录了每一内存块当前的使用情况，如图 5-18（b）所示。当有存储请求时，就查存储分块表，只要表中"空闲块总数"记录的数目大于请求的存储量，就可以进行分配，同时把表中分配出去的块的状态改为"已分配"。当作业完成归还存储块时，就把表中相应块的状态改为"空闲"。

2. 位图

当内存容量很大时，存储分块表也就会很大，这要花费掉相当多的内存量，于是出现了用位图记录每一内存块状态的方法。所谓"位图"，就是用二进制位与内存块的使用状态建立起关系，该位为"0"表示对应的块空闲；该位为"1"表示对应的块已分配。这些二进制位的整体就称为"位图"。如图 5-18（c）就是由三个字节组成的位图，前两个字节是真正的位图（共 16 个二进制位，即内存被分为 16 块），第三个字节用来记录当前的空闲块数。

此时进行块分配时，首先查看当前空闲块数能否满足作业提出的存储需求。若不能满足则该作业不能装入内存。如果能够满足，则一方面根据需求的块数，在位图中找出一个个当前取值为"0"的位，把它们改为"1"，修改"空闲块总数"。另一方面，按照所找到的位的位号及字节号，计算出该位所对应的绝对块号。如图 5-18（c）所示，当地址结构为 8 时，计算公式为"块号=字节号×8+位号"。把作业相对地址空间里的页面装入这些块，并在页表里记录页号与块号的这些对应关系，形成作业的页表。

在作业完成运行归还存储分块时，应根据归还的块号计算出该块在位图中对应的是哪个字节的哪一位，把该位置"0"，实现块的回收。计算公式为"字节号=块号/8；位号=块号%8"。

3. 单链表

如同可变分区管理内存时采用的单链表法一样，这里也可以把空闲块连接成一个单链表加以管理，如图 5-18（a）所示。当然，系统必须设置一个链表的起始地址指针，以便进行存储分配时能够找到空闲的内存块。

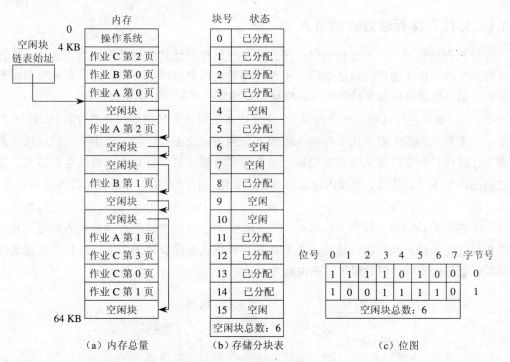

图 5-18　内存块的各种管理方法

5.3.4　分页式存储管理的特点与缺点

综上所述，分页式存储管理的特点如下：

（1）内存事先被划分为尺寸相等的块，它是进行存储分配的单位。

（2）用户作业的相对地址空间按照块的尺寸划分成页。要注意的是，这种划分是在系统内部进行的，用户感觉不到这种划分。

（3）由于相对地址空间中的页可以进入内存中的任何一个空闲块，并且分页式存储管理实行的是动态重定位，因此，分页式存储管理打破了一个作业必须占据连续存储空间的限制，作业在不连续的存储区里，也能够得到正确的运行。

分页存储管理的缺点如下：

（1）平均每一个作业要浪费半页大小的存储块，即内部碎片仍旧存在。

（2）作业虽然可以不占据连续的存储区，但仍然要求一次全部进入内存。因此，如果作业很大，其存储需求大于内存，那么仍然存在小内存不能运行大作业的问题。

5.4 分段式存储管理

如果说推动存储管理方式从固定分区到动态分区分配，进而又发展到分页式存储管理的主要动力是提高内存利用率，那么，引入分段存储管理方式的目的，则主要是为了满足用户（程序员）编程和使用上的要求。这些要求是其他各种存储管理方式所难以满足的。因此，这种存储管理方式已成为当今所有存储管理方式的基础。

5.4.1 分段存储管理方式的引入

在分页存储管理中，经连接编译处理得到了一维地址结构的可装配模块，这是从 0 开始编址的一个单一连续的逻辑地址空间。虽然操作系统可把程序划分成页面，但页面与源程序无逻辑关系，也就难以实现对源程序以模块为单位进行分配、共享和保护。

事实上，程序还可以有一种分段结构，而现代高级语言常采用模块化程序设计。如图 5-19 所示，一个程序由若干程序段（模块）组成，分别为一个主程序段、若干个子程序段、数组段和工作区段，每个段都从 0 开始编址，每个段都有模块名，且具有完整的逻辑意义。段与段之间的地址不一定连续，而段内地址是连续的。用户程序可用符号形式（指出段名和入口）调用某段的功能，在编译或汇编时给每个段再定义一个段号。由此用户作业的逻辑地址空间成为一个二维地址结构，即为（段号 s，段内地址 d）。分段方式的程序被装入物理地址空间后，仍应保持二维地址结构，这样才能满足用户模块化程序设计的需要。这种二维地址结构需要编译程序的支持，但对程序员来说通常是透明的。

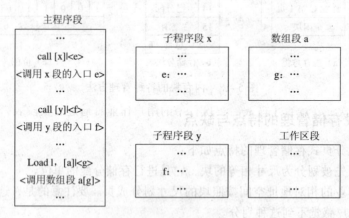

图 5-19 程序的分段结构

因此，引入分段存储管理方式，主要是为了满足用户和程序员的下述一系列需要：

（1）方便编程。通常，用户把自己的作业按照逻辑关系划分为若干个段，每个段都是从 0 开始编址，并有自己的名字和长度。因此，希望要访问的逻辑地址是由段名（段号 s）和段内偏移量（段内地址 d）决定的。

（2）信息共享。实现对程序和数据的共享是以信息的逻辑单位为基础的，如共享某个例程和函数。分页系统中的"页"只是存放信息的物理单位（块），并无完整的意义，不便于实现共享；然而段却是信息的逻辑单位。由此可知，为了实现段的共享，希望存储管理能与用户程序分段的组织方式相适应。

（3）信息保护。信息保护同样是对信息的逻辑单位进行保护，因此，分段管理方式能更有效和方便地实现信息保护功能。

（4）动态增长。在实际应用中，往往有些段，特别是数据段，在使用过程中会不断地增长，而事先又无法确切地知道数据段会增长到多大。前述的其他几种存储管理方式，都难以应付这种动态增长的情况，而分段存储管理方式却能较好地解决这一问题。

（5）动态链接。动态链接是指在作业运行之前，并不把几个目标程序段连接起来。要运行时，先将主程序所对应的目标程序装入内存并启动运行，当运行过程中又需要调用某段时，才将该段（目标程序）调入内存并进行连接。可见，动态链接也要求以段作为管理的单位。

5.4.2 分段存储管理的基本思想

分段式存储管理的实现，是基于可变分区存储管理的原理。可变分区存储管理以整个作业为单位划分和连续存放，也就是说，在一个分区内作业是连续存放的，但独立的作业之间不一定连续存放。而分段方法是以段为单位划分和连续存放，为作业的每一段分配一个连续的内存空间，而各段之间不一定连续。

1. 段表机制

在前面所介绍的动态分区分配方式中，系统为整个用户作业分配一个连续的内存空间。而在分段式存储管理中，则是为每个分段分配一个连续的分区，而用户作业的各个段可以离散地移入内存不同的分区中。为使程序能正常运行，则要从物理内存中找出每个逻辑段所对应的位置，像分页系统那样在系统中为每个用户程序建立一张映射表，简称"段表"。每个段在表中占有一个表项，其中记录了该段在内存中的起始地址（又称"基址"）和段的长度。段表可以存放在一组寄存器中，这样有利于提高地址转换速度；但更常见的是将段表放在内存中。前者即所谓"快表"机制，可减少访问内存的次数，提高存取速度，而后者访问一个数据需访问内存两次。在配置了段表后，执行中的用户作业可通过查找段表，找到每个段所对应的内存区。可见，段表是用于实现从逻辑段到物理内存区的映射。

2. 地址转换与存储保护

为了实现从用户作业的逻辑地址到物理地址的变换功能，在系统中设置了段表寄存器，用于存放段表始址和段表长度。在进行地址变换时，系统将逻辑地址中的段号 s 与段表长度进行比较，如果段号大于段表长度，则产生越界中断；否则根据段表的始址和该段的段号计算出该段对应段表项的位置，从中读出该段在内存的起始地址，然后再检查段内地址是否超过该段的段长。如果超过则同样发出越界中断信号；若未超过，则将该段的基址与段内地址相加，即可得到要访问的内存物理地址。地址转换过程与存储保护如图 5-20 所示。

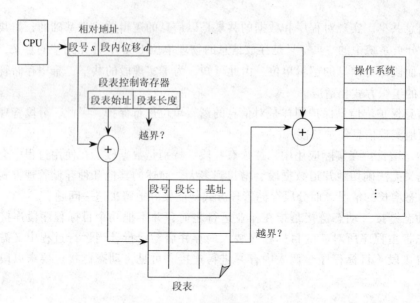

图 5-20　分段系统的地址变换过程与存储保护

5.4.3　段的共享

在可变分区存储管理中，每个作业只能占用一个分区，那么，就不允许各道作业有公共的区域。这样，几道作业都要用到的某个例行程序就只好在各自的区域内各放一套，显然这降低了内存的使用效率。

在分段式存储管理中，段是按逻辑意义来划分的，可以按段名访问各段，因此，容易实现段的共享。

所谓段的共享，是指两个及两个以上的作业使用某个子程序或数据段，而在内存中只保留该信息的一个副本。具体来说，只需在每个用户程序的段表中，用相应的表项来指向共享段在内存的起始地址即可。如图 5-21 所示。如果用户作业需要共享内存中的某段数据或程序，则只要用户使用相同的段名，就可在新的段表中填入已在内存中段的起始地址，并设置一定的访问权限，从而实现段的共享。为此，系统应建立一张登记共享信息的表，该表中有共享段段名、装入标志位、内存始址和当前使用该共享段的作业等信息。在作业需要共享段时，系统首先按段名查找共享段信息表，若该段已装入内存，则将内存始址填入该作业的段表中，实现段的共享。当共享此段的某用户作业不再需要它时，应将该段释放，取消在该进程表中共享段所对应的表项。

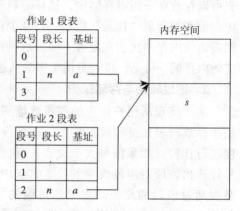

图 5-21　段的共享

5.4.4　分页与分段的比较

由上面分析不难看出，分页和分段系统有许多相似之处。比如，两者都采用离散分配方式，且都要通过地址映射机构来实现地址变换。但在概念上两者完全不同，主要表现在下述三个方面：

（1）页是信息的物理单位，分页是为实现离散分配方式，以消减内存碎片，提高内存利用率。或者说，分页仅仅是由于系统管理的需要而不是用户的需要。段则是信息的逻辑单位，它含有一组意义相对完整的信息。分段的目的是为了能更好地满足用户需要。

（2）分页的作业地址空间是一维的，即单一的线性地址空间，程序员只需利用一个记忆符，即可表示一个地址；而分段的地址空间是二维的，程序员在标识一个地址时，既需给出段名，又需给出段内地址。

（3）页的长度固定且由系统决定，由系统把逻辑地址划分为页号和页内地址两部分。这个划分是由计算机硬件实现的，因而在系统中只能有一种尺寸的页面。而段的长度却不固定，它取决于用户所编写的程序，通常由编译程序在对源程序进行编译时，根据信息的性质来划分。

5.4.5　段页式存储管理方式

分页存储管理能有效地提高内存的利用率，而分段存储管理能很好地满足用户的需要，段页式存储管理则是分页和分段两种存储管理方式的结合，它同时具备了两者的优点。

1. 基本思想

段页式存储管理既方便使用又提高了内存利用率，是目前用得较多的一种存储管理方式，它主要涉及以下基本概念。

（1）内存分块。用分页式存储管理方法来分配和管理内存，把整个内存分成大小相等的内存块。

（2）作业分段。用分段式存储管理方法对用户作业按照其内在的逻辑关系划分成若干段，每一段有一个段名。因此用户作业地址空间成为二维地址，记为（段号 s，段内位移 d）。

（3）段内分页。按照内存块的大小，把每一段划分成若干大小相等的页面。因此逻辑地址结构由三部分组成，记为（段号 s，段内页号 p，页内位移 w）。

（4）内存分配。内存以块为单位分配给用户作业。系统设置一个内存分块表，用于组织管理内存中各物理块。

（5）数据结构。段页式存储管理的数据结构有段表、页表与段表地址寄存器。为了实现从逻辑地址到物理地址的转换，系统要为每个作业建立一个段表，还要为该作业段表中的每一段建立一个页表。这样，作业段表的内容是页表长度和页表地址。为了指出运行作业的段表地址，系统设置了一个段表地址寄存器，它指出作业的段表长度和段表起始地址，如图5-22所示。

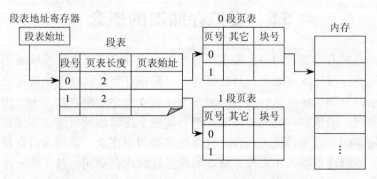

图 5-22　段表、页表与内存的关系

在段页式存储管理系统中，物理地址空间是以块为单位进行划分的，而用户作业的地址空间是以段为单位划分的。也就是说，用户作业被逻辑划分为若干段，每段又分成若干页，而内存划分成对应大小的块，内存分配是以页为单位进行的，从而使逻辑上连续的段存入在分散内存块中。

2. 地址转换

段页式系统中的地址转换过程如图 5–23 所示。

由图 5–23 可以看出，在段页式系统中，为了获得一条指令或数据，需要三次访问内存。第一次是访问内存中的段表，取得页表始址；第二次是访问内存中的页表，获得物理地址；第三次才是取出指令或数据。显然，这使访问内存的次数增加了近两倍。为了提高访问速度，在地址变换机构中增设快表。每次访问数据时，首先利用段号和页号去检索快表，若找到匹配的表项，便可从中得到相应页的物理块号，用该物理块号与页内地址一起形成物理地址；若未找到匹配表项，则仍须再通过三次访问内存实现地址转换。其基本原理与分页式存储管理和分段式存储管理的情况相似。

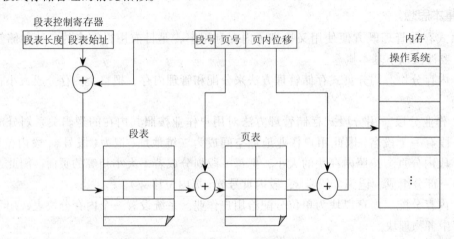

图 5–23　段页式存储管理的地址变换过程

3. 特点分析

段页式存储管理方式是分页技术和分段技术的结合，是一种理想的存储管理方案，既方便了用户又有效地利用了内存。缺点是增加了软、硬件的开销，也使操作系统更为复杂。

5.5　虚拟存储器的概念

前面论述的各种存储管理方案，要求用户作业一次性全部装入到连续或不连续的内存空间才能运行。这些存储管理方案至少具有整体性、驻留性与连续性三个特征之一。整体性是指一个用户作业的全部实体在执行之前必须被整体装入内存。换言之，一个用户作业一旦获得物理的内存空间，则该内存空间必须能容纳它的整个逻辑地址空间。如果该作业的地址空间大于内存可用空间，则不得进入内存。驻留性是指用户作业一旦进入内存便一直驻留其中直到运行结束。连续性是指为用户作业分配的是连续的内存空间。整体性使用户作业的地址空间受到了限制，它不得大于内存的用户区。整体性与驻留性又使内存中经常有暂时不用的甚至已经不再需要的信息却占据着大量空间的现象，从而影响了系统的多道性和及时响应。连续性使得内存中可能存在许多碎片，消除碎片需要花费大量的 CPU 时间。可见，整体性、驻留性及连续性不利于内存资源的有效利用。一般把具有这三种特性的存储管理称为实存管理。

5.5.1　虚拟存储器的引入

1.　程序的局部性原理

早在 1968 年，P.Denning 就曾指出：程序在执行时将呈现出局部性规律，即在一较短的时间内，程序的执行仅局限于某个部分。相应的，它所访问的存储空间也局限于某个区域。他提出了下述几个论点：

（1）程序执行时，除了少部分的转移和过程调用指令外，在大多数情况下仍是顺序执行的。该论点也在后来许多学者对高级程序设计语言（如 FORTRAN 语言、PASCAL 语言）及 C 语言规律的研究中被证实。

（2）过程调用将会使程序的执行轨迹由一部分区域转至另一部分区域，但经研究看出，过程调用的深度在大多数情况下都不超过 5。这就是说，程序将会在一段时间内局限在这些过程的范围内运行。

（3）程序中存在许多循环结构，这些虽然只由少数指令构成，但是它们将多次执行。

（4）程序中还包括许多对数据结构的处理，在对数组进行操作时，数组往往都局限于很小的范围内。

通过以上分析可以看出，程序的局限性表现在以下两个方面：

（1）时间局限性。如果程序中的某条指令一旦执行，则不久以后该指令可能再次执行；如果某数据被访问过，则不久以后该数据可能再次访问。产生时间局限性的典型原因，是由于在程序中存在着大量的循环操作。

（2）空间局限性。一旦程序访问了某个存储单元，在不久之后，其附近的存储单元也将被访问，即程序在一段时间内所访问的地址，可能集中在一定的范围内，其典型情况便是程序的顺序执行。

2.　虚拟存储器的概念

基于程序的局部性原理，用户程序在运行之前，没有必要全部装入内存，仅须将那些当前要运行的部分页面或段先装入内存便可，其余部分暂留在外存上。程序在运行时，如果它所要访问的页或段已调入内存，便可继续执行下去；如果程序所要访问的页或段尚未调入内存（称为缺页或缺段），此时程序应利用操作系统提供的功能，将它们调入内存，以使用户作业能继续执行下去。如果内存已满，无法再装入新的页或段，则还须将暂时不用的页或段调出内存，腾出空间给用户作业需要的页或段调入内存。这样，便可使一个大的用户作业能够在较小的内存空间中运行；也可在内存中同时装入更多的用户作业使它们并发执行。从用户角度看，该系统所具有的内存容量，将比实际内存容量大得多。但需要说明，用户所看到的大容量只是一种感觉，是虚的，因此人们把这样的存储器称为虚拟存储器。

由上所述，所谓虚拟存储器（Virtual Storage），是利用大容量的外存空间来逻辑扩充内存，以产生一种不受实际内存大小限制的逻辑的虚拟存储器。通过对这种虚拟存储器的管理，可以提高内存资源利用率，使系统能够有效的支持多道程序的并发运行及解除对用户作业大小的限制，从而增强系统的处理能力。虚拟存储器具体包括以下两方面的含义：

（1）一级存储器概念。虚拟存储系统把大容量的外存作为内存的直接延伸，对内存和外存实施统一管理，使这两级存储器变成面向用户的、逻辑上可统一编址的虚拟内存空间。因此，用户作业的大小可不受实际内存容量的严格限制。从用户角度，系统提供了一个使用方便的、海量的一级存储器。

（2）作业地址空间概念。一个作业的地址空间就是一个虚拟存储器，每个作业都处于各自的虚存中，虚存中统一编址。一个虚地址可能被映射成内存地址，也可能被映射成外存地址，即一个作业虚存可能被装配成内存空间和外存空间两部分。但这对用户是透明的，用户也不必关心虚、实地址之间的实际映射。

由以上分析可知，虚拟存储器的容量与内存大小无直接关系，而受限于计算机的地址结构及可用的外存容量。例如，某计算机的地址结构长度为 16 位，则虚存空间中可寻址的范围为 2^{16} B=64 KB，即从 0～65 535 B。如果计算机的地址结构长度为 32 位，则虚存最大容量为 2^{32} B=4 GB。当然，虚存是不能大于外存容量的。

3. 虚拟存储器的特征

根据程序的局部性原理和上述事实，可以分析得出虚存管理的如下特征：

（1）局部性。一个用户作业在某段时间内只需把当前需要的局部实体进入内存便可执行。也就是说，一个作业可被分成多次调入内存运行。

（2）交换性。允许在作业的运行过程中进行换入换出，也就是说，用户作业运行过程中，允许将那些当前暂不使用的程序和数据，从内存调至外存的对换区（换出），待以后需要时再将它们从外存调至内存（换进）。换进和换出能有效地提高内存利用率。

（3）虚拟性。虚拟性是指能够从逻辑上扩充内存容量，使用户所看到的内存容量远大于实际内存容量。这是虚拟存储器所表现出来的最重要的特征，也是实现虚拟存储器的最重要的目标。

值得说明的是，虚拟性是以局部性和交换性为基础的，或者说，仅当系统允许将作业分多次调入内存，并能将内存中暂时不运行的程序和数据换至外存时，才有可能实现虚拟存储器；而局部性和交换性，又必须建立在离散分配的基础上。

5.5.2　虚拟存储器的实现

1. 需要解决的问题

既然装入一个作业的部分信息后，作业就可以开始运行，那么肯定有这样几个问题需要解决：

（1）内存外存统一管理问题。即前面所述的一级存储器概念。

（2）虚地址与实地址的转换问题。它由硬件动态地址重定位机构实现。

（3）何时以及如何进行内外存的对换。程序运行时，如何发现需要的信息不在内存，且只有能够发现不在内存中时，才有可能将其调入内存。如果需要调入信息时内存没有空闲存储区，应该如何处理。

因此，实现虚拟存储器需要有一定的物质基础。其一要有相当数量的外存，足以存放多个用户的程序；其二要有一定容量的内存，因为在处理机上运行的程序必须有一部分信息存放在内存中；其三是地址变换机构，以动态实现逻辑地址到物理地址的变换。

2. 虚存管理策略

（1）调入策略。涉及的是在什么时候把所需要的那部分实体从外存调入内存。请求调入算法仅当需要用到某部分实体时，才进行调入。这是比较容易实现且被广泛采用的一种策略。而先行调入算法则试图预测用户作业在最近将来需要访问的部分实体，将它们在实际被使用之前就换进内存。

（2）分配策略。又称放置策略，涉及的是决定把调入的信息放置在内存的何处。在页式虚存管理系统中，分配算法比较简单，被调入的页面可以放置在任一空闲内存块中；而在段式虚存管理系统中，需使用首次适应或最佳适应或最坏适应算法来分配。

（3）淘汰策略。又称置换策略，涉及的是当内存空间已经满了或当前内存可用空间不能装下需要调入的信息时，决定换出占据内存空间的哪些信息，以腾出空间完成必需的调入。

3. 几种实现方法

虚拟存储器的思想早在 20 世纪 60 年代初期就已在英国的 Atlas 计算机上出现，到 20 世纪 60 年代中期，较完整的虚拟存储器在分时系统 MULTICS 和 IBM 系列操作系统中得到实现。20 世纪 70 年代初期开始推广应用，逐步为广大计算机研制者和用户接受。要实现虚拟存储器系统就要付出一定的开销，其中包括管理地址转换各种数据结构所用的存储开销、执行地址转换的指令花费的时间开销和内存外存交换页信息的 I/O 开销等。目前，虚拟存储管理主要采用请求分页式、请求分段式和请求段页式虚拟存储管理等技术实现。

5.6　请求分页式存储管理

请求分页系统又称动态分页系统，是建立在静态分页基础上的，为了能支持虚拟存储器功能而增加了请求调页功能和页面置换功能的一种虚拟存储管理方法。

5.6.1　请求分页式存储管理的基本思想

请求分页存储管理是基于分页式存储管理的一种虚拟存储器。它与分页式存储管理相同的是先把内存空间划分成尺寸相同、位置固定的块，然后按照内存块的大小，把作业的虚拟地址空间划分成页。它与分页式管理不同的是作业要全部进入外存，运行时，只装入目前要用的若干页，其他页仍然保存在外存里。运行过程中用到的某一页如果在内存中，则继续运行；如果用到的某一页不在内存中，表示发生了"缺页"，运行无法继续。此时应当在外存找到所需页并调入内存。图 5-24 所示为请求分页式存储管理的运作过程。

此时，我们把虚拟存储器中的页称为"虚页"，虚页中的地址称为虚地址。相应的内存块称为"实页"，实页中的地址称为实地址。从请求分页存储管理的运作过程可以看出，这里面有两个问题需要解决：一是产生缺页时用户作业暂时无法执行，引起"缺页中断"；二是如果内存没有空闲，要换一页出去以腾出内存空间，即"页面淘汰算法"。

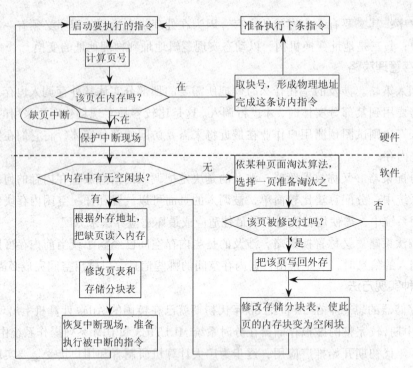

图 5-24　请求分页存储管理运作过程

5.6.2　缺页中断与地址变换

为了实现请求分页，系统必须提供一定的硬件支持。除了需要一台具有一定容量的内存及外存的计算机系统外，还需要有页表机制、缺页中断机构及地址变换机构等。

1.　页表机制

在请求分页式存储管理中所需要的主要数据结构是页表。页表基本作用仍然是将用户地址空间中的逻辑地址变换为内存空间中的物理地址。由于只将用户作业的一部分调入内存，还有一部分仍在外存上，故须在页表中再增加若干项，供数据在换进换出时参考使用。这时页表表项内容大致为：页号，物理块号，状态位，访问字段，修改位，外存地址。其中各字段说明如下：

页号：虚拟地址空间中的页号。

物理块号：该页所占用内存中的物理块号。

状态位：又称缺页中断位，用于指示该页是否已调入内存。如果值为 1，则表示此页已在内存；如果值为 0 则表示产生了缺页。

访问字段：又称引用位或访问位，用于记录该页在一段时间内被访问的次数，或记录该页最近已有多长时间未被访问，供选择换出页面时参考。

修改位：表示该页在调入内存后是否被修改过。如果值为 0 则表示未修改过；如果值为 1 则表示修改过。由于内存中的每一页都在外存上保留一份副本，因此若未被修改，在淘汰该页时就不需要将该页写回到外存上，以减少系统的开销和启动磁盘的次数；若已被修改，则必须将该页重写在外存上，以保证外存中所保留的始终是最新副本。简言之，修改位供淘汰页面时参考。

外存地址：用于指出该页内容存放在外存的地址，缺页时相应程序会根据这个地址把所需页调入内存。

2. 缺页中断机制

在请求分页系统中，每当所要访问的页面不在内存时，便产生一缺页中断，请求操作系统将所缺页调入内存。缺页中断作为中断，它们同样需要经历诸如保护 CPU 现场、分析中断原因、转入缺页中断处理程序进行处理、恢复 CPU 现场等几个步骤。但缺页中断又是一种特殊的中断，它与一般中断相比，有着明显的区别，主要表现在以下两个方面：

（1）在指令执行期间产生和处理中断信号。通常，CPU 都是在一条指令执行完后，才检查是否有中断请求到达。若有，便去响应；否则，继续执行下一条指令。然而，缺页中断是在指令执行期间，发现所要访问的指令或数据不在内存时所产生和处理的。

（2）一条指令在执行期间，可能产生多次缺页中断。例如，一条双操作数的指令，每个操作数都不在内存中，且假定两个操作数不在同一页面中，则这条指令执行时，至少将产生两次缺页中断。系统中的硬件机构应能保存多次中断时的状态，并保证最后能返回到中断前产生缺页中断的指令处，继续执行。而一般中断则返回到下一条指令去执行。

3. 地址变换机构

请求分页系统中的地址变换机构，是建立在分页系统地址变换机构的基础上，由虚拟存储器增加了某些功能而形成的，如产生和处理缺页中断，以及从内存中换出一页的功能等。在进行地址变换时，首先去检索快表，试图从中找出所要访问的页。若找到，便修改页表项中的访问位。对于写指令，还须修改位置 1，然后利用页表项中给出的物理块号和页内地址计算出物理地址。

如果快表中未找到该页的页表项，则应到内存中去查找页表，再从找到的页表项中的状态位来获知该页是否已调入内存。若该页已调入内存，则应将此页的页表项写入快表，当快表已满时，应先调出按某种算法所确定的页的页表项，然后再写入该页的页表项；若该页尚未调入内存，则应产生缺页中断，请求操作系统从外存把该页调入内存。

4. 页面走向与缺页中断率

作业运行时，程序中涉及的虚拟地址随时发生变化。由于每一个虚拟地址都与一个数对（页号，页内位移）相对应，因此这种虚地址的变化也可以用程序执行时页号的变化来描述。通常称一个程序执行过程中页号的变化序列为"页面走向"。例如，表 5-1 给出了一个用户作业运行时，其虚拟地址的变化情形。把每一个虚地址对应的数对里面的页号抽取出来，就构成了程序运行时的页面走向。它是描述程序运行轨迹和动态特征的一种方法。从该程序的页面走向序列 0、1、0、2、0、1 可以看出，它所涉及的页面总数为 6。注意页面总数的计算方法，只要从一页变成另一页，就要计数一次。

表 5-1　程序运行时的页面走向

用户作业程序	虚 拟 地 址	数对：（页号，页内位移）	页面走向
100 load 1#,1120	100	（0，100）	0
	1120	（1，96）	1
104 add 1#,2410	104	（0，104）	0
	2410	（2，354）	2
108 store 1#,1124	108	（0，108）	0
	1124	（1，100）	1

假定一个作业运行的页面走向中涉及的页面总数为 A，其中有 F 次缺页，此时必须通过缺页中断把它们调入内存。我们定义缺页中断率 $f=F/A$。

显然，缺页中断率与缺页中断的次数有密切的关系。分析起来，影响缺页中断次数的因素有以下几种：

（1）分配给作业的内存块数。对同一个用户作业，如果分配给它的内存块数多，则同时能够装入内存的作业页面数就多，缺页中断率就低。反之则发生缺页中断的次数就高。

（2）页面尺寸。页面尺寸与块尺寸相同。如果划分的页面大，在每个内存块里的信息相应增加，缺页中断率就低。反之，页面尺寸小，每块里的信息减少，缺页中断率就高。

（3）页面淘汰算法。页面淘汰算法的优劣影响缺页中断的次数。

（4）程序的实现。用户作业程序的编写方法，对缺页中断产生的次数影响很大。下面通过一个例子来说明这个问题。

【例 5-1】要把 128×128 的数组元素初始化为 0。数组中的每个元素占用一个字。假定页面尺寸为 128 个字，规定数组按行的顺序存放，系统只分配给作业 2 个内存块：一个存放程序，另一个用于数组初始化。作业开始运行时，除程序已经在内存外，数据均未进入。试问下面给出的两个程序在运行时各会发生多少次缺页中断。

程序 1：
```
main(){
int a[128][128];
 int i,j;
 for(i=0;i<128;i++)
  for(j=0;j<128;j++)
   a[i][j]=0;
}
```

程序 2：
```
main(){
int a[128][128];
 int i,j;
 for(j=0;j<128;j++)
  for(i=0;i<128;i++)
   a[i][j]=0;
}
```

分析：按题目要求，数组 a 的一行恰好能放入一个内存块；另外，作业开始运行时数组都不在内存里。因此，在开始运行时，通过缺页中断调进一页，这一页就是数组 a 的一行。程序 1 是按行来对数组 a 的元素进行初始化的。所以，通过缺页中断进来一页，就能完成对数组 a 的一行元素的初始化。由于 a 总共有 128 行，所以需要通过 128 次缺页中断将它们调入，完成对它们的初始化。程序 2 是按列来对数组 a 的元素进行初始化的。通过缺页中断进来一页，只能够完成对数组 a 的一行中的一个列元素初始化。于是，每一列元素的初始化，必须通过 128 次缺页中断才能完成。数组 a 共有 128 列，故按照程序 2 的编制方法，总共需要 128×128=16 384 次缺页中断，才能完成数组 a 的初始化工作。

5.6.3　页面淘汰算法

通常，把选择换出页面的算法称为页面置换算法（Page-Replacement Algorithms）或页面淘汰算法。淘汰算法的好坏，直接影响到系统的性能好坏。一个好的页面淘汰算法应具有较低的页面更换频率。如果一个经常要使用的页面被调出，那么由于很快又用到它，则需要把它再调入，这会引起系统频繁地反复进行页面的调入与调出，以致大部分时间 CPU 都用于处理缺页中断和页面置换，很少能顾及到用户作业的实际计算工作，这种现象称为"抖动"（Thrashing）或"颠簸"。很明显，抖动使得整个系统效率低下，甚至趋于崩溃，是应该极力避免和排除的。因此从理论上讲，应将那些以后不再会访问的页面换出，或把那些在较长时间内不会再访问的页面调出。目前有许多种页面淘汰算法，下面介绍几种常用的方法。

1. 先进先出页面淘汰算法 FIFO

最早最简单的页面淘汰算法是先进先出算法。这种算法总是选择在内存中驻留时间最长的页面淘汰，即先进入内存的页先被换出内存。该算法基于程序总是按线性顺序来访问物理空间这一假设，因此驻留时间最长的页面不再被使用的可能性较大。该算法实现简单，只需把一个作业已调入内存的页面，按先后次序连接成一个队列，并设置一个指针，使它总是指向最老页面，每次淘汰的均是这个最老的页面。

【例 5-2】一个作业运行时的页面走向为：1、2、3、4、1、2、5、1、2、3、4、5。假定只分配给该作业三个内存块使用。开始时作业全部在外存，三个内存块均为空。图 5-25 所示为该用户作业采用先进先出页面淘汰算法时的整个进展过程。

任一页面进入内存后只能在它自己的那一块里存在直到被淘汰。但为了清楚和更好的说明问题，图 5-25 中让每列中的页号随着进入内存的时间顺序由下往上排列，排在最下面的是进入内存最早的页面，也就是下一次要淘汰的页面。要注意，页面淘汰是由缺页中断引起的，但是产生缺页中断不一定肯定引起页面淘汰。只有内存中没有空闲块时，缺页中断才会引起页面淘汰。图 5-25 中打勾时说明产生了缺页中断，阴影里的页号就是要淘汰的页面。

页面走向	1	2	3	4	1	2	5	1	2	3	4	5
三个内存块	1	2	3	4	1	2	5	5	5	3	4	4
（下面的最老）		1	2	3	4	1	2	2	2	5	3	3
			1	2	3	4	1	1	1	1	2	5	5
缺页计数	√	√	√	√	√	√	√			√	√	√

图 5-25　先进先出页面淘汰算法的描述

可以计算，页面总数 A 为 12，产生缺页的次数 F 为 9，因此缺页中断率 $f=F/A=9/12=75\%$。

先进先出页面淘汰算法容易理解且系统开销小，然而它的性能并非总是很好，与用户作业实际运行的规律不一定相适应。其主要缺点有两个，下面分别分析并加以解决。

1）内存利用率不高

该算法是基于 CPU 按线性顺序访问地址空间的假设。事实上，许多时候 CPU 不是按线性顺序访问地址空间的，例如执行循环语句时。因此，那些在内存中停留时间最长的页往往也是经常被访问的页。尽管这些页变"老"了，但它们被访问的概率仍然很高。

可以对先进先出页面淘汰算法进行改进，把先进先出页面淘汰算法与页表中的"访问位"结合起来，得到新的算法称为"第二次机会页面淘汰算法"。算法可实现如下：当需要淘汰一页时，首先检查先进先出队列中的队首页面，这是进入内存最早的页面。如果它的访问位为 0，那么说明这个页面未引用过，"又老又没用"，立即淘汰；如果它的访问位是 1，说明虽然它进入内存很早，但在淘汰过页面后曾被引用过，于是置其访问位为 0，排到淘汰页面队列末尾，即再给它一个机会，暂不淘汰，如图 5-26 所示。

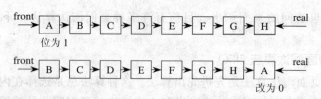

图 5-26　第二次机会页面淘汰算法

第二次机会页页淘汰算法把在内存中的页面组织成一个链表来管理，页面在链表中经常做出队入队操作，因此，这种算法实现代价较大，影响系统效率。可将其组织成循环链表的形式，如图 5-27 所示。循环链表类似于时钟，用一个指针指向当前最先进入内存的页面。当发生缺页中断并要求淘汰页面时，首先检查指针指向的页面的访问位。如果为 0，则淘汰，并把新页面进入它原来占用的内存块，把指针顺时针向前移动一个位置；如果访问位为 1，则修改为 0，把指针顺时针向前移动一个位置，重复这一过程直到找到一个访问位为 0 的页面为止。它实际是第二次机会页面淘汰算法的变形，称为"时钟页面淘汰算法"。

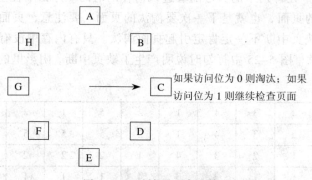

图 5-27　时钟页面淘汰算法

2）有一种陷阱现象

使用先进先出算法时，有时会出现分配的页面数增多，缺页次数反而增加的奇怪现象，称为"Belady"现象。发生这种反常现象的原因是没有考虑程序执行的动态特征。我们以例【5-2】中的页面走向为例，现在我们分配给此用户作业四个内存块，该作业采用先进先出页面淘汰算法时的整个进展过程如图 5-28 所示。

此时，缺页次数为 10，缺页中断率 $f=10/12=83\%$。

页面走向	1	2	3	4	1	2	5	1	2	3	4	5
四个内存块（下面的最老）	1	2	3	4	4	4	5	1	2	3	4	5
		1	2	3	3	3	4	5	1	2	3	4
			1	2	2	2	3	4	5	1	2	3
				1	1	1	2	3	4	5	1	2
缺页计数	√	√	√	√			√	√	√	√	√	√

图 5-28　先进先出页面淘汰算法的描述

2. 最近最久未用页面淘汰算法 LRU（Least Recently Used）

最近最久未用页面淘汰算法的着眼点是在要进行页面淘汰时，检查这些淘汰对象的被访问时间，总是把最长时间未被访问过的页面淘汰出去。这是一种基于程序的局部性原理的淘汰算法。也就是说，如果一页刚被访问过，那么不久的将来被访问的可能性就大；反之，则最近被访问的可能性极小。

【例 5-3】作业的页面走向仍旧是 1、2、3、4、1、2、5、1、2、3、4、5。假定只分配给该作业三个内存块使用。开始时作业全部在外存，三个内存块均为空。该用户作业采用最近最久未用页面淘汰算法时的整个进展过程，如图 5-29 所示。

此时缺页次数为 10，缺页中断率 $f=10/12=83\%$。显然，对于同样一个页面走向，先进先出算法比最近最久未用算法好。对于先进先出算法，关心的是这三页进入内存的先后次序；对于最近最久未用算法，关心的是这三页被访问的时间。

但是，要完全实现最近最久未用算法是一件十分困难的事情。因为要找出最近最久未被使用的页面，就必须对每一个页面都设置有关的访问记录项，而且每一次访问都必须更新这些记录，这显然要花费巨大的系统开销。因此，在实际系统中往往使用最近最久未用算法的近似算法。常用的近似算法有两种。

1）最不经常使用页面淘汰算法 LFU（Least Frequently Used）

最不经常使用页面淘汰算法又称最近最少用页面淘汰算法，其着眼点是考虑内存块中页面的使用频率，它认为在一段时间里使用得最多的页面，将来用到的可能性就大。因此，当要进行淘汰时，总是把当前使用得最少的页面淘汰出去。要实现最近最少用页面算法，应该为内存中的每个页面增加一个计数器。对某一个页面访问一次，它的计数器就加 1。经过一个时间间隔，把所有计数器清 0。产生缺页中断时，比较每个页面计数器的值，把计数器值最小的那个页面淘汰出去，并把所有计数器清 0。

页面走向	1	2	3	4	1	2	5	1	2	3	4	5
三个内存块	1	2	3	4	1	2	5	1	2	3	4	5
（下面的最		1	2	3	4	1	2	5	1	2	3	4
没用）			1	2	3	4	1	2	5	1	2	3
缺页计数	√	√	√	√	√	√	√			√	√	√

图 5-29　最近最久未用页面淘汰算法的描述

2）最近没有使用页面淘汰算法 NUR（Not Used Recently）

在页表表项中使用访问位，值为 0 表示未访问过；值为 1 表示被访问过。系统会周期性地对所有访问位清 0。当需要进行页面淘汰时，选择最近一个时钟周期内（比如 20 ms）未被访问的页中的任一页淘汰，并清 0 所有访问位。

3. 最优页面淘汰算法 OPT

最优页面淘汰算法又称最佳页面淘汰算法，这是一种理想型淘汰算法。其实质是，当调入一个新的页面必须淘汰某个老页时，所选择的老页面应是将来不再被使用，或者是在最长时间内不再被使用的页面。采用这种页面淘汰算法，理论上能保证有最少的缺页率，但遗憾的是，这种算法无法实现。因为，它要求必须预先知道作业整个运行期间的页面走向情况。因此，此算法只能作为一个评价其他算法的标杆。

第 5 章　存储器管理

例如，某用户作业的页面走向为 7、0、1、2、0、3、0、4、2、3、0、3、2、1、2、0、1、7、0、1，系统为此作业提供三个内存块。作业运行开始后，系统先将 7、0、1 三个页面装入内存。当要访问页面 2 时，将会产生缺页中断。此时，根据最优页面淘汰算法应该淘汰页面 7，因为此页面是最长时间内不再被访问的页。

5.6.4 请求分页式存储管理的优缺点

综上所述，请求分页式存储管理的特点如下：

（1）它具有分页式存储管理的所有特点。

（2）它不仅不要求作业占据连续存储区，也不要求作业全部一次性进入内存空间，从而解决了小内存大作业的问题。

请求分页式存储管理的缺点是：

（1）要求有相应的硬件支持。地址变换机构、缺页中断的产生和选择淘汰页面等都相应的有硬件支持。

（2）增加了系统开销，如缺页中断处理等。

（3）请求调页的算法如果选择不当，有可能产生"抖动"现象。

（4）平均每一个作业仍要浪费半页大小的存储块，也就是说请求分页式存储管理会产生"内部碎片"。

相关链接：Solaris 的存储管理

Solaris 既支持 Sun 公司的 Sun4x 平台，又支持 Intel 公司的 x86、x64 平台。为了让系统适应各个不同平台的底层所使用的存储管理单元（MMU），Solaris 的存储管理采用分层设计，其地址空间管理器管理进程使用虚拟地址空间，分页管理器管理物理页，硬件地址转换层（HAT）负责根据底层不同的硬件平台使用不同的物理内存管理机制，实现虚拟地址空间到物理内存空间的转换。

Solaris 虚拟存储管理主要包括虚拟内存地址空间管理、段映射管理、匿名内存及交换文件系统管理。虚拟存储管理的最主要任务是为进程建立虚拟地址空间到物理地址空间的映射，同时还要建立起进程地址空间与进程相关的文件之间的关联。Solaris 使用面向对象方法来实现存储管理，管理对象主要有段（Segment）、虚拟文件结点（Vnode）、页（Page）。Solaris 将段成不同的类型，对不同的段的操作可能是不同的。

Solaris 用 page 结构来管理物理页面。page 结构中记录了与物理页面相关的一些信息，如物理页面的页架号、空闲状态等。所有的 page 结构形成一个数组，每个页面对应的 page 结构在数组中的位置就是该页面的页架号。page 结构中有多个链接字段，连接到不同的链表中，包括全局散列表、文件 Vnode 链表和空闲链表/缓存链表。

Solaris 有两个基本的虚拟存储管理模型：按需换页（Demand Page）和交换（Swapping）。按需换页的内存管理粒度是页面，采用 LRU 淘汰算法。通常情况下使用按需换页方式，在内存严重不足时采用交换的方式。交换模型的内存管理粒度是进程，当物理内存不足时，最不活跃的进程被换出内存。Solaris 的页面扫描器采用全局页替换算法。

5.7 请求分段式存储管理

在请求分段系统中，程序运行之前，只需先调入若干分段便可启动运行。当所访问的段不在内存中时，可请求操作系统将所缺的段调入内存。如同请求分页系统一样，为实现请求分段存储管理方式，同样需要一定的硬件支持和相应的软件。

5.7.1 请求分段的实现

请求分段存储管理实现所需的硬件支持有段表机制、缺段中断机构和地址变换机构。请求分段系统中的中断处理过程如图5-30所示。下面我们分别对以上硬件支持加以分析。

1. 段表机制

在请求分段存储管理中所需的主要数据结构是段表。由于在应用程序的许多段中，只有一部分段装入内存，其余的一些段仍留在外存上，故须在段表中增加若干项，以供程序在调进、调出时参考。请求分段系统的段表项组成为：（段名，段长，段的基址，存取权限，访问字段，修改位，特征位，增补位，外存地址）。因此，在段表表项中，除了段名（段号）、段长、段的基址外，还增加了以下各项：

特征位（存在位）：指示本段是否已调入内存，供程序访问时参考。比如00表示不在内存中，01表示在内存中，11表示共享段。

访问字段：其含义与请求分页的相应字段相同，用于记录该段被访问的频繁程度。

存取权限（存取方式）：用于标识本分段的存取属性，比如00表示可执行，01表示可读，11表示可写。

增补位（扩充位）：这是请求分段式存储管理中所特有的字段，用于表示本段在运行过程中，是否做过动态增长。比如0表示固定长，1表示可扩充。

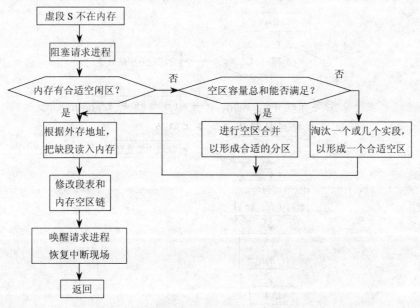

图 5-30 请求分段系统中的中断处理过程

修改位（标志位）：用于表示该页在进入内存后，是否被修改过，供淘汰页面时参考。比如 00 表示未修改，01 表示已修改，11 表示不可移动。

外存地址：指示本段在外存的起始地址，即起始盘块号。

2. 缺段中断机构

缺段中断的处理过程如图 5-30 所示。在请求分段系统中，每当发现运行作业所要访问的段尚未调入内存时，便由缺段中断机构产生一个缺段中断信号，由缺段中断处理程序将所需的段调入内存。缺段中断机构与缺页中断机构类似，它同样需要一条指令在执行期间，产生和处理中断；并且在一条指令执行期间，可能产生多次缺段中断。但是，由于分段是信息的逻辑单位，因而不可能出现一条指令或一组信息被分割在两个分段中的情况。由于段不是定长的，所以缺段中断的处理要比缺页中断的处理复杂。

3. 地址变换机构

请求分段系统中的地址变换机构是在分段系统地址变换机构的基础上形成的。因为被访问的段并非全部在内存，所以在地址变换时若发现要访问的段不在内存，则必须先将所缺的段调入内存，并修改段表，然后才能再利用段表进行地址变换。为此，在地址变换机构中又增加了某些功能，如缺段中断的请求处理等。请求分段存储管理的地址变换过程如图 5-31 所示。

【例 5-4】某作业的段表如表 5-2 所示。已知各操作数逻辑地址分别为（2，15），（0，60），（3，18）。试求各操作数物理地址。

分析如下：

（2，15）查段表：15<20，地址不越界；段 2 的首地址为 4 800 B。所以 4 800+15=4 815。

（0，60）查段表：60>40，地址越界，产生中断。

（3，18）查段表：18<20，地址不越界；段 3 的首地址为 3 700 B。所以 3 700+18=3 718。

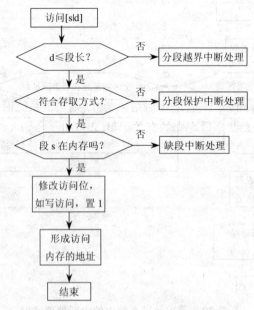

图 5-31 请求分段系统的地址变换过程

表 5-2 【例 5-4】段表

段 号	内 存 始 址	段 长
0	1 200 B	40 B
1	7 600 B	30 B
2	4 800 B	20 B
3	3 700 B	20 B

5.7.2 段的共享与保护

为了实现段的共享，除原有的用户作业段表外，还要在系统中建立一张共享段表，其中每个共享分段占一个表项。

1. 共享段表

共享段表表项中记录了共享段的段号、段长、内存始址、存在位等信息，并记录了共享此分段的每个进程的情况。共享段表有两大部分组成，其中各项说明如下：

（1）共享段名、段长、内存始址、状态位（如是否在否内存中）、外存地址、共享进程计数器 count。

（2）共享该段的所有进程的进程名、状态、段号、存取控制位等。

对于一个共享段，不同的进程可以各自不同的段号去共享该段。应给不同的进程以不同的存取权限。例如，对于文件主，通常允许读写；而对其他进程，则可能只允许读，甚至只允许执行。

2. 共享段的分配与回收

（1）共享段的分配。由于共享段是供多个进程所共享的，因此，对共享段的内存分配方法与非共享段的内存分配方法有所不同。在为共享段分配内存时，对第一个请求使用该共享段的进程，由系统为该共享段分配一物理区，再把共享段调入该区，同时将该区的始址填入请求进程的段表的相应项中，然后使 count 加 1；之后，当又有其他进程需要调用该共享段时，由于该共享段已被调入内存，故此时无须再为该段分配内存，只需在调用进程的段表中，增加表项，填写该共享段的物理地址，填写共享段段表，再使 count 加 1 即可。

（2）共享段的回收。当共享此段的某进程不再需要该段时，应将该段放弃，撤销共享段表项中相应内容，并使 count 减 1。若减 1 后结果为 0，则须由系统回收该共享段的内存区域；否则只是去除调用者进程在共享段表中的有关记录。

3. 分段保护

在分段系统中，由于每个分段在逻辑上是独立的，因而信息保护比较容易实现。目前常采用以下几种措施，来确保信息的安全。

（1）越界检查。在段表寄存器中放有段表长度信息；同样，在段表中也为每个段设置有段长字段。在进行存储访问时，首先将逻辑地址空间的段号与段表长度进行比较，如果段号不小于段表长度，将发出地址越界中断信号；其次，还要检查段内地址是否大于段长，若大于段长，将产生越界中断信号，从而保证了每个进程只能在自己的地址空间内运行。

（2）存取控制检查。在段表的每个表项中，都设置了一个"存取控制"字段，用于规定对该段的访问方式。通常的访问方式有只读、只执行、读/写三种。对于共享段而言，存取控

第 5 章 存储器管理

制显得尤为重要，因而对于不同的进程，应赋予不同的读写权限。这时，既要保证信息的安全性，又要满足运行需要。

（3）环保护机构。这是一种功能较完善的保护机制。在该机制中规定低编号的环具有高优先权。操作系统核心处于 0 环内；某些重要的实用程序和操作系统服务，位于中间环；而一般的应用程序则被安排在外环上。在环系统中，程序的访问和调用应遵循以下规则：一个程序可以访问驻留在相同环或较低特权环中的数据；一个程序可以调用驻留在相同环或较高特权环中的服务。

5.7.3 请求段页式存储管理

段式存储是基于用户程序结构的存储管理技术，有利于模块化程序设计，便于段的扩充、动态链接、共享和保护，但往往会生成段之间的碎片浪费存储空间；页式存储是基于系统存储器结构的存储管理技术，存储利用率高，便于系统管理，但不易实现存储共享、保护和动态扩充。如果把两者优点结合起来，在请求分页存储管理的基础上实现请求分段存储管理，则称为请求段页式存储管理方式。它包括以下几个方面：

（1）段式特征。作业分段，即虚地址以程序的逻辑结构划分成为段。

（2）页式特征。内存分块，即实地址划分成位置固定、大小相等的块。

（3）段页式。段内分页，将每一段的线性地址空间划分成与块大小相等的页。

（4）逻辑地址。对用户来说，段式虚拟地址由段号 s 和段内位移 d 组成；操作系统再把每一段分为页号 p 和页内位移 w 两部分。由此得到的逻辑地址就是三维的（段号 s，段内页号 p，页内位移 w）。

（5）数据结构。请求段页式存储管理的数据结构更为复杂，包括作业表、段表和页表三级结构。作业表中登记了进入系统中的所有作业及该作业段表的起始地址；段表中至少包含这个段是否在内存，以及该段页表的起始地址；页表中包含了该页是否在内存及对应的内存块号。

（6）动态地址转换。请求段页式存储管理的动态地址转换机构由段表、页表和快表组成。当前运行作业的段表起始地址已被操作系统置入段表控制寄存器，其动态地址转换过程如下：从逻辑地址 (s, p, w) 出发，先以段号 s 和页号 p 作索引去查快表，如果找到，那么立即获得该页对应的内存块号，并与页内位移 w 相加得到访问内存的实地址，从而完成地址转换。如果查找快表失败，就要通过段表和页表来做地址转换，此过程与段页式存储管理方式类似。但是，在段表中查找某一段时可能会出现缺段中断现象，这时操作系统需要找到所缺段并将其页表调入内存；在页表中查找某一页时，也可能会出现缺页中断现象，这时操作系统需要在外存找到该页并将该页调入内存。

5.8　UNIX 的存储管理

UNIX 采用了请求分页存储管理技术和交换技术，内存空间的分配和回收均以页为单位进行，每个页面的大小随版本的不同而异，大约为 512 B～4 KB。当进程运行时，不必将整个进程的映像都保留在内存中，而只需保留当前要用的页面；当进程访问到某些尚未在内存的页面时，系统把这些页面装入内存，这种策略使进程的逻辑地址空间映射到计算机的物理地址空间具有更大的灵活性。

5.8.1 交换

在 UNIX 操作系统中，内存资源十分紧张，为此引入了交换策略，将内存中处于睡眠状态的某些进程调到外存交换区，而将交换区中的就绪进程重新调入内存。这时 UNIX 的存储管理对象包括内存和外存交换区，即系统内核应具有交换空间的管理、进程换出和进程换入这三个功能。

1. 交换空间的管理

为了保证磁盘交换区的操作速度，内核为被换出进程分配连续空间，而较少考虑其碎片问题。在 UNIX 操作系统中分配交换区使用的数据结构是驻留在内存的可用存储区表swapmap[]中。每个表目由两部分内容组成：m_size，记录一个连续空闲磁盘空间里包含的磁盘块数；m_addr，记录一个空闲磁盘空间的起始地址。所以每个表目反映了磁盘对换区中一个可用区域的信息。初启时，整个磁盘对换空间都是空闲的，随着进程的换进换出，对换区不断被分配和释放，交换映射表的表目也随之增加和减少。但其表目总是按照其地址的值由小到大排列，如图 5-32 所示。

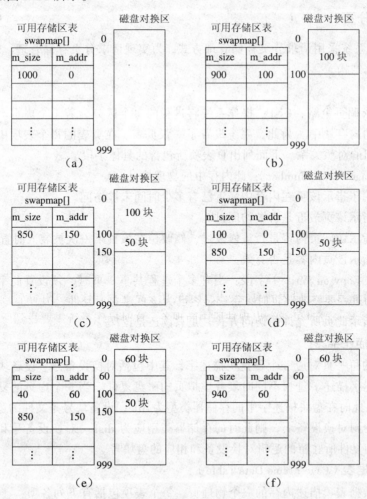

图 5-32　磁盘交换区管理示意图

2. 进程的换出

UNIX 设置有 malloc 和 mfree 来管理内存和磁盘交换空间。当内核决定换出一个进程到磁盘交换区时，调用 malloc 函数，采用最先适应算法来申请分配交换区的可用空间。分配后，对可用存储区表 swapmap[] 的表目进行调整，如果申请尺寸与 m_size 相等，则将该表目删除，后面的表目上移填补。此后便可开始用户地址空间和交换空间之间的数据传送，若传送过程中未出现错误，则调用 mfree 函数释放进程所占内存。

3. 进程的换入

当决定换入一个唤醒进程时，内核调用 malloc 为其申请内存，当申请内存成功时直接将进程换入，否则需先将内存中的某些进程换出，腾出足够的内存空间后再将进程换入。进程换入后要释放交换区所占存储空间，这时 mfree 开始工作。它先根据释放存储区的起始地址，在可用存储区表 swapmap[] 中找到它的插入位置，然后由插入位置及前一个表目中的相关信息，判断被释放的存储区能否与它们合并成为一个大的空闲存储区，最后对可用存储区表 swapmap[] 的表目进行不同的调整，从而完成释放处理。

5.8.2 请求分页

UNIX 操作系统采用请求分页存储管理方式，为实现请求分页存储管理，UNIX 操作系统配置了四种数据结构。

1. 页表

为实现请求调页策略，UNIX 操作系统将进程的每个区分为若干个虚页。这些虚页可被分配到不相邻的内存块中。为此，系统设置了一张页表。在页表的每个表项中，记录了每个虚页和内存块间的对照关系。下面列出页表项所包含的具体字段。

页框号（Page Frame Number）：此内存中的物理块号。

年龄位：用于指示该页在内存中最近已有多少时间未被访问。

访问位：指示该页最近是否被访问过。

修改位：指示访问页内容是否被修改过，修改位在该页第一次被装入时置为 0。

有效位：指示该页内容是否有效。

写时复制（Copy on Write）字段：当有多个进程共享一页时，须设置此字段，用于指示在某共享该页的进程要修改此页时，系统是否已为该页建立了复件。

保护位：指示此页所允许的访问方式，是只读还是读/写。

2. 磁盘块描述字

一个进程的每一页对应一个磁盘块描述字，其中包括对换设备号、设备块号和存储器类型。磁盘块描述字描述了进程不同时候各虚拟页的磁盘复件。当一个虚页的复件在可执行文件的盘块中时，此时在盘块描述字中的存储器类型为 file，设备块号是文件的逻辑块号。若虚页的内容已复制到对换设备上，则此时的存储器类型应为 disk。对换设备号和设备块号则用于指示该虚页的复件所驻留的逻辑对换设备和相应的盘块号。

3. 页框数据表（Page Frame Data Table）

每个页框数据表项描述内存的一个物理页。每个表项包括有下列各项：

页状态：指示该页的复件是在对换设备上，还是在可执行文件中。

内存引用计数：指出引用该页面的进程数目。

逻辑设备：指含有此复件的逻辑设备，它可以是对换设备，也可以是文件系统。

块号：当逻辑设备为对换设备时，它指盘块号；当逻辑设备为文件系统时，它指文件的逻辑块号。

指针 1：指向空闲页链表中的下一个页框数据表的指针。

指针 2：指向散列队列中下一个页框数据表的指针。

系统初启时，内核将所有的页框数据表项连接为一个空闲页链表，形成空闲页缓冲池。为给一个区分配一个物理页，内核从空闲页链表之首摘下一个空闲页表项，修改其对换设备号和块号后，将它放到相应的散列队伍中。

4. **交换使用表**（Swap-Use Table）

交换使用表描述了交换设备上每一页的使用情况，每个在交换设备上的页面在交换使用表中都占有一个表项，表项中含有一个引用计数，其数值表示有多少页表项指向该页。页表项、磁盘块描述字、页面数据表和交换用计数表之间的关系如图 5-33 所示。

其中，一个进程的虚拟地址 1 493 KB 映射到一个页表项，它指向物理页面 794；该页表项的磁盘块描述字说明该页的副本存于交换设备 1 的 2 743 块中。与物理页面 794 对应的页框数据表项也说明了该页存于交换设备 1 的 2 743 块中。该虚拟页面的交换用计数值为 1，说明只有一个页表项指向它在磁盘上的交换复件。

在 UNIX 操作系统中可出现两类缺页，分别为有效缺页与保护性缺页。保护性缺页是由于进程对有效页面存取的权限不符合规定而引起的。

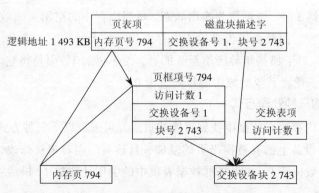

图 5-33　请求分页数据结构间的关系

对于进程虚拟地址空间之外的页面和虽在其虚拟地址空间内但当前未在内存的页面，它们的有效位是 0，表示缺页。如果一个进程试图存取这样的一个页面，则导致有效缺页，内核调用有效缺页处理程序，进行相应处理。其大致处理工作是，如果页面地址是在虚拟地址空间之外，则向被中断进程发"段越界"信号；如果访问的页面不在内存中，则按常规缺页中断处理，为该页分配内存页，把它调入内存。如何将所缺页调入内存，与所缺页面应从何处调入有关，可分为下面三种情况分析。

（1）缺页在可执行文件上。如果想要访问虚页对应的磁盘块数描述表项中的类型项是file，则表示该缺页尚未运行过，其复件在可执行文件中。于是，内核应从可执行文件中将该页调入内存。其调入的具体过程是：根据该文件所对应的系统区表项中的索引结点指针，找到该文件的索引结点，即可把从磁盘块描述表项中得到的该页的逻辑块号作为偏移量，查找索引结点中的磁盘块号表，便可找到该页的磁盘块号，再将该页调入内存。

（2）缺页在对换设备上。如果想要访问的虚页对应的磁盘块描述表项中的类型是 disk，则表示该缺页的复件是在对换设备上。因此，内核应从对换设备上将该页调入内存。其调入过程是：内核先为该缺页分配一个内存页，修改该页页表，使其指向内存页，并将页框数据表项放入相应的散列队伍中，然后把该页从对换设备上调入内存。当 I/O 完成时，内核把请求调入该页的进程唤醒。

（3）缺页在内存页面缓冲区中。在进程运行过程中，当一个页被调出后又被要求访问时，须重新将之调入。但并非每次都要从对换设备上调入，因为被换出的页可能又被其他进程调入另一个物理页上，这时就可在页面缓冲池中找到该页。此时，只须适当地修改页面表项等数据结构中的信息。

5.8.3 换页进程

在 UNIX 操作系统的内核中专门设置了一个换页进程（Page Stealer），其主要任务是：每隔一定时间，对内存中的所有有效页的年龄加 1，以及将换出的年龄达到规定值的有效页。

1. 增加有效页的年龄

一个页可计数的最大年龄，取决于它的硬件设施。对于只设置两位作为年龄域的页，其有效页的年龄只能取值为 0、1、2 和 3。当该页的年龄为 0、1、2 时，该页处于不可换出状态；而当其年龄达到 3 时，该页便为换出状态。每当内存中的空闲页面数低于某规定的值时，内核便唤醒换页进程，由换页进程去检查内存中的每一个活动的、非上锁的区，对所有有效页的年龄字段加 1。对于那些年龄已增至 3 的页，便不再加 1，而是将它们换出。每当有进程访问了某个页面时，便将其年龄域中的年龄置为 0。

2. 对换出页的几种处理方式

当换出进程从内存的有效页中找到可换的页后，可采取以下三种方式之一进行处理：

（1）若在对换设备上已有被换出页的复件，且该页的内容未被修改，此时，内核只须将该页页表项中的有效位清 0，并将页框数据表项中的引用计数减 1，最后将该页框数据表项放入空闲页链中。

（2）若在对换设备上没有被换出页的复件，则换出进程应将该页写到对换设备上。但为了提高对换效率，对换进程并不是随有随换，而是先将所有要换出的页，链入到一个要换出的页面链上。当换出页面链上的页面数达到某一规定值时（比如 64 个页）内核才真正将这些页面写到对换区。

（3）虽然在对换设备上已有换出页的复件，但该页的内容已被修改过，此时内核应将该页在对换设备上原来占有的空间释放，再重新将该页复制到对换设备上，使在对换设备上的复件内容总是最新的。

3. 将换出页面写到对换设备上

当在换出页面链表中的页面数已达到规定值时，内核将它们换出。为此，应首先为它们分配一个连续的对换空间，以便一起将它们换出；但如果在对换设备上没有足够大的连续空间，而其空闲存储空间的总和又大于 64 KB 时，内核可采取每次换出一页的方式将它们换出。每当内核向对换设备上写一个页时，须首先清除该页面表项的有效位，并将页框数据表项中的引用计数减 1。若引用计数为 0，表明已无其他进程再引用该页，内核便将其页框数据表项链入空闲页链表的尾部。若虽引用计数不为 0，表明仍有进程共享该页，但如果该页已长期未被访问过，则也须将该页换出。最后，内核将分配给该页的对换空间的地址填入相应的磁盘描述表项中，并将对换使用表中的计数加 1。

小　　结

内存管理的基本目的是提高内存利用率及方便用户使用，它涉及四个基本问题：内存分配、地址映射、内存保护及内存扩充。内存分配指划分内存空间，使多道程序在各自的内存空间里运行，分配方式包括直接分配、静态分配和动态分配。地址映射是逻辑地址到物理地址的变换，分为静态地址映射与动态地址映射。内存保护是为了保证内存中的诸程序互不干扰。为了增强系统的处理能力及方便用户，扩充内存是必要的。

本章介绍的实存管理方式有分区存储管理、分页存储管理、分段存储管理与段页式存储管理，介绍的虚存管理方式有请求分页、请求分段、请求段页式等。

实训 4　提高 Windows 7 的内存性能

（实训估计时间：2 课时）

一、实训目的

通过对 Windows 7 的"任务管理器"、"计算机管理"、桌面图标"计算机"属性、"性能监视器"等程序的应用，学习提高 Windows 7 内存的性能，加深理解 Windows 7 操作系统的内存管理功能，理解操作系统存储管理、虚拟存储管理的知识。

二、实训准备

（1）有关存储器管理的背景知识。
（2）一台运行 Windows 7 操作系统的计算机。

三、实训要求

1. 查看包含多个实例的应用程序的内存需求

（1）启动想要监视的应用程序，如 Word。
（2）启动"任务管理器"，并选定"进程"选项卡。
（3）在进程列表中查找想要监视的应用程序，并在表 5-3 中记录。

第 5 章　存储器管理

表5-3　实训记录1

映 像 名 称	用 户 名	CPU	内 存	描 述

2. 提高分页性能

在 Windows 7 的安装过程中，将使用连续的磁盘空间自动创建分页文件 pagefile.sys。虽然分页文件一般都放在系统分区的根目录下面，但这并不是该文件的最佳位置。要想从分页性能获得最佳性能，应该首先检查系统的磁盘子系统的配置，以了解它是否有多个物理硬盘驱动器。

（1）在控制面板中双击"管理工具"图标。

（2）双击"计算机管理"图标，并选择"磁盘管理"管理单元查看系统的磁盘配置，并在表 5-4 中记录。

表5-4　实训记录2

卷	布 局	类 型	文 件 系 统	容 量	状 态

本 章 习 题

一、选择题

1. 虚拟存储器的最大容量是由（　　　）决定的。

　　A. 内外存容量之和　　　　　　　　　　B. 计算机系统的地址结构

　　C. 作业的相对地址空间　　　　　　　　D. 作业的绝对地址空间

2. 系统出现"抖动"现象的主要原因是由于（　　　）引起的。

　　A. 置换算法选择不当　　　　　　　　　B. 交换的信息量太大

　　C. 内存容量不足　　　　　　　　　　　D. 采用页式存储管理策略

3. 实现虚拟存储器的目的是（　　　）。

　　A. 进行存储保护　　B. 允许程序浮动　　　C. 允许程序移动　　　D. 扩充主存容量

4. 作业在执行中发生了缺页中断，那么经中断处理后，应返回执行（　　　）命令。

　　A. 被中断的前一条　　　　　　　　　　B. 被中断的那条

　　C. 被中断的后一条　　　　　　　　　　D. 程序第一条

5. 在实行分页式存储管理系统中，分页是由（　　　）完成的。

　　A. 程序员　　　　　　B. 用户　　　　　　C. 操作员　　　　　　D. 系统

6. 下面的（　　　）页面淘汰算法有时会产生异常现象。

　　A. 先进先出　　　　B. 最近最少使用　　　C. 最不经常使用　　　D. 最佳

7. 下列所列的存储管理方案中，（　　　）实行的不是动态重定位。

　　A. 固定分区　　　　B. 可变分区　　　　　C. 分页式　　　　　　D. 请求分页式

8. 在下面所列的诸因素中，不对缺页中断次数产生影响的是（　　　　）。

    A. 内存分块的尺寸　　　　　　　　　B. 程序编制的质量

    C. 作业等待的时间　　　　　　　　　D. 分配给作业的内存块数

9. 采用（　　　　）不会产生内部碎片。

    A. 分页式存储管理　　　　　　　　　B. 分段式存储管理

    C. 固定分区式存储管理　　　　　　　D. 段页式存储管理

10. 采用分段存储管理的系统中，若地址用 24 位表示，其中 8 位表示段号，则允许每段的最大长度是（　　　　）。

    A. 2^{24}　　　　　　B. 2^{16}　　　　　　C. 2^{8}　　　　　　D. 2^{32}

11. 在请求分页存储管理中，若采用 FIFO 页面淘汰算法，则当分配的页面数增加时，缺页中断的次数（　　　　）。

    A. 减少　　　　　　　　　　　　　　B. 增加

    C. 无影响　　　　　　　　　　　　　D. 可能增加也可能减少

12. 虚拟存储管理系统的基础是程序的（　　　　）理论。

    A. 局部性　　　　B. 全局性　　　　C. 动态性　　　　D. 虚拟性

13. 在以下存储管理方案中，不适用于多道程序设计系统的是（　　　　）。

    A. 单用户连续分配　　　　　　　　　B. 固定分区分配

    C. 可变分区分配　　　　　　　　　　D. 页式存储管理

14. 下述（　　　　）页面淘汰算法会产生 Belady 现象。

    A. 先进先出　　B. 最近最少使用　　C. 最不经常使用　　D. 最佳

15. 在可变分区分配方案中，某一作业完成后，系统收回其内存空间并与相邻空闲区合并，为此需要修改空闲区表，造成空闲区数减 1 的情况是（　　　　）。

    A. 无上邻接空闲区也无下邻接空闲区　　B. 有上邻接空闲区但无下邻接空闲区

    C. 无上邻接空闲区但有下邻接空闲区　　D. 有上邻接空闲区也有下邻接空闲区

二、填空题

1. 将作业相对地址空间的相对地址转换成内存中的绝对地址的过程称为_____。

2. 使用覆盖与对换技术的主要目的是_____。

3. 存储管理中，对存储空间的浪费是以_____和_____两种形式表现出来的。

4. 地址重定位可分为_____和_____两种。

5. 在可变分区存储管理中采用最佳适应算法时，最好按_____法来组织空闲分区链表。

6. 在分页式存储管理的页表里，主要应该包含_____和_____两个信息。

7. 静态重定位是在程序_____时进行，动态重定位在程序_____时进行。

8. 在请求分页式存储管理时，页面淘汰是由于_____引起的。

9. 采用交换技术获得的好处是以牺牲_____为代价的。

10. 在采用请求分页存储管理系统中，地址变换过程中可能会因为_____、_____和_____等原因而产生中断。

三、简答题

1. 简述存储管理的基本功能。

2. 什么是逻辑地址和物理地址？

3. 试述请求分页式存储管理的实现原理。

4. 试述请求分段式存储管理的实现原理。

5. 试给出几种存储保护方法，各运用于何种场合？

6. 试述存储管理中的碎片，各种存储管理中可能产生何种碎片。

7. 试述分页式存储管理中，决定页面大小的主要因素。

8. 叙述实存管理和虚存管理的主要区别。

9. 试述缺页中断和一般中断的区别。

10. 一个虚地址结构用 24 个二进制位表示，其中 12 个二进制位表示页面尺寸。试问这种虚拟地址空间总共多少页？每页的尺寸是多少？

四、计算题

1. 在一个请求分页虚拟存储管理系统中，一个程序运行的页面走向是：1、2、3、4、2、1、5、6、2、1、2、3、7、6、3、2、1、2、3、6。分别用 FIFO、OPT 和 LRU 算法，对分配给程序四个内存块、五个内存块和六个内存块时，分别求出缺页中断次数和缺页中断率。

2. 对可变分区存储管理下，按地址排列的内存空闲区为：10 KB、4 KB、20 KB、18 KB、7 KB、9 KB、12 KB 和 15 KB。对于下列的连续存储区的请求：①12 KB、10 KB、9 KB；②12 KB、10 KB、15 KB、18 KB。试问：使用首次适应算法、最佳适应算法、最坏适应算法和下次适应算法，哪些空闲区被使用。

3. 系统内存被划分为 8 块，每块 4 KB。某作业的虚拟地址空间共划分为 16 个页面。当前在内存的页与内存块的对应关系如表 5-5 所示，未列出的页表示不在内存。

表 5-5 习题四 3

页　　号	块　　号	页　　号	块　　号
0	2	4	4
1	1	5	3
2	6	9	5
3	0	11	7

试指出对应于下列虚拟地址的绝对地址：（1）20；（2）4 100；（3）8 300。

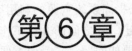

第 6 章

➡ 设 备 管 理

引子：丁渭修皇宫

宋真宗大中祥符年间（公元 1008—1017 年），开封一场大火，北宋皇城毁于一旦。右谏议大夫、权三司使丁渭受命负责限期重新修建皇宫。当时的皇宫都是砖木结构，建筑材料必须通过汴水运进。因此，修建皇宫就有三难：取土之难，运输之难，清场之难。丁渭经过深思熟虑，规划并实施了一个至今仍令人拍案叫绝的施工方案：将宫前大街开挖成河，取土烧砖，引汴水入宫，水运建材。皇宫修复后，再以废砖烂瓦填平河沟，修复宫前大街。

这样，挖河一举解决了取土之难、运输之难、清场之难，可谓"一石三鸟"，使重建皇宫事半功倍。丁渭之修复皇宫所用策略，反映了公元 11 世纪初我国统筹管理与高效利用资源的先进意识，更是思维系统性的最佳表现。

这里的"设备"泛指计算机系统中的外围设备，即除 CPU 和内存以外的所有设备。设备管理是操作系统的主要资源管理功能之一，设备管理程序是用于对设备进行控制和管理的一组程序。外围设备种类繁多、功能各异、操作方式相差甚大，使设备管理繁杂。

本章要点：

- 完成一个 I/O 请求的步骤。
- 如何管理和分配系统中的设备。
- 数据传输的各种控制方式。
- 设备管理中常用的若干技术。

6.1 概　述

在计算机系统中，除了 CPU 和内存以外的所有设备称为外围设备，简称外设。通常，把这些设备及其接口线路、控制部件和管理软件统称为 I/O 系统，它们与计算机系统和人一起协同工作，在设备、系统和用户间传送数据和信息。

目前的计算机系统中，外设种类繁多，特性各异，操作方式的差别也很大，这使操作系统的设备管理变得十分复杂，有如下三个问题需要解决：对于设备本身，如何有效利用的问题；对于设备和 CPU，如何发挥并行工作能力的问题；对于设备和用户，如何方便使用的问题。

6.1.1　设备管理的目标和功能

设备管理的目标与操作系统的目标是一致的，具体来讲，一是要提高系统资源的利用率，即合理分配外设，协调它们之间的关系，充分发挥外设之间、外设与 CPU 之间的并行工作能力，使系统中的各种设备尽可能地处于忙碌状态，这显然是一个重要的问题；二是要方便用户，提供便利、统一的使用界面。"界面"是用户与设备进行交流的手段。计算机系统配备的外设类型多样，特性不一，操作各异。操作系统必须把各种外设的物理特性、操作方式隐藏起来，实现设备无关性。

为了实现上述目标，设备管理应具备以下功能：

（1）设备分配。按照设备类型和相应的分配算法把设备分配给请求该设备的进程。如果在 I/O 设备和 CPU 之间还存在设备控制器和通道，则还需要分配相应的设备控制器和通道。凡未分配到所请求设备的进程放入等待队列。当设备使用完毕后，设备管理软件应该及时回收。如果有用户进程正在等待使用，那么马上进行再分配。为了实现设备分配，系统中设置一些数据结构，用于记录设备的状态。

（2）设备处理。设备处理程序实现 CPU 和设备控制器之间的通信。进行 I/O 操作时，由 CPU 向设备控制器发出 I/O 指令，启动设备进行实际 I/O 操作；当 I/O 操作完成时 CPU 能对设备发来的中断请求做出及时的响应和处理。

（3）缓冲管理。为解决高速 CPU 与慢速 I/O 设备之间的矛盾，在内存开辟"缓冲区"。进行缓冲区建立、分配、释放及有关的管理工作。

（4）设备独立性。设备独立性又称设备无关性，是指用户在编制应用程序时，要尽量避免直接使用实际设备名。如果程序中使用了实际设备名，则当该设备没有连接在系统中或者该设备发生故障时，用户程序无法运行。如果用户程序不涉及实际设备而使用逻辑设备，那么它所要求的输入/输出便与物理设备无关。设备独立性可以提高用户程序的可适应性，使程序不局限于某个具体的物理设备。

6.1.2　计算机设备的分类

现代计算机系统设备的发展异常迅速，早期的纸带机、穿孔机、键式打印机、磁鼓、磁带等已经被淘汰。目前的计算机系统往往配有各种各样的外围设备，其种类繁多，常见的有显示器、键盘、鼠标、打印机、磁盘机、光盘等，此外，激光打印机、绘图仪、扫描仪、图形数字化仪器、声音输入/输出设备、网络设备等也越来越普及。可以从不同角度对外围设备进行分类。

1. 按设备的从属关系分类

按设备从属关系分类，可分为系统设备与用户设备。所谓系统设备，又称标准设备，是操作系统生成时就纳入系统管理范围的设备，比如键盘、显示器、打印机、磁盘驱动器等。用户设备是指在完成任务过程中，用户特殊需要的设备。由于这些是操作系统生成时未登记的非标准设备，因此，用户需要向系统提供使用该设备的有关程序；系统需要提供接纳这些设备的手段，以便将它们纳入系统的管理。比如实时测控系统中的 A/D、D/A 转换器，图像处理系统的图像设备，网络系统中的各种网板，鼠标，扫描仪，手写板等。

2. 按设备的分配特性分类

按设备的分配特性分类，可以把设备分为独享设备、共享设备与虚拟设备三类。

1）独享设备

这是指在一段时间内只允许一个进程访问的设备，即临界资源。因此，对多个并发进程而言，应互斥地访问这类设备。系统一旦把这类设备分配给了某进程，便由该进程独占，直至用完释放。应当注意，独占设备的分配有可能引起进程死锁。打印机、用户终端等大多数低速输入/输出设备都是独享设备。

2）共享设备

这是指在一段时间内允许多个进程同时访问的设备。当然，在每一时刻，该类设备仍然只允许一个进程访问。显然，共享设备必须是可寻址的和可随机访问的设备。典型的共享设备是磁盘。对共享设备不仅可获得良好的设备利用率，而且它也是实现文件系统和数据库系统的物质基础。

3）虚拟设备

针对独享设备的利用率低、使用不方便，可以借助大容量磁盘和利用 Spooling 技术，把独享设备改造成可以共享的设备，这类设备称为虚拟设备。

3. 按设备的使用特性分类

基于设备的工作特性，可把系统中的设备分为输入/输出设备、存储设备、供电设备、网络设备等。

1）输入/输出设备

输入设备是将数据、图像、声音送入计算机的设备，如键盘、数字化仪、扫描仪等，是计算机"感知"或"接触"外部世界的设备。输出设备是将计算机处理加工后的数据显示、印制、再生出来的设备，如显示器、打印机等，是计算机"通知"或"控制"外部世界的设备。

2）存储设备

存储设备是指用于长久保存各种数据和信息，且可以随时访问这些信息的设备。磁带和磁盘是存储设备的典型代表。

磁带是一种严格按照信息存放的物理顺序进行定位与存取的存储设备。磁带机读/写一个文件时，必须从磁带的头部开始，依记录序列顺序读写，因此它是一种适于顺序存取的存储设备。为了控制磁带机的工作，硬件系统提供专门关于磁带机的操作指令，用以完成读、反读、写、前跳或后跳一个记录、快速反绕、卸带及擦除等功能。磁带机的启停必须要考虑到惯性的问题，当启动磁带读一个记录时，要经过一段时间，才能使磁带从静止加速到额定速度；在读完一个记录后，到真正停下来，又要滑过一小段距离。因此，磁带上每个记录之间要安排"记录间隙 IRG"，如图 6-1（a）所示。

记录间隙一般为 0.5 in。显然，如果每条记录后都有一个 IRG，磁带的利用率是比较低的。为了减少 IRG 在磁带上的数量，提高磁带的存储利用率，把若干个记录组成一组，集中存放在磁带上，组与组之间设置一个 IRG，如图 6-1（b）所示。这意味着启动一次磁带进行读写时，其读写单位不再是单个记录，而是一组。这样就减少了启动设备的次数，提高了磁带存储空间的利用率。但随之带来的问题是读写不能一次到位，中间要有内存缓冲区的支持。磁带写操作时，在缓冲区把若干个记录拼装成一组，然后写出，称为"记录的成组"；磁带读时，先把一组若干个记录一起读到内存缓冲区，然后从中挑选出所需要的记录，称为"记录的分解"。

3）供电设备

供电设备是指向计算机提供电力能源、电池后备的部件与设备，如开关电源、联机 UPS 等。

（a）

（b）

图 6-1　记录与记录间隙 IRG

4）网络设备

网络设备是指进行网络互连所需的设备和能够直接连接上网的设备，如路由器、调制解调器、集线器、交换机等。

4. 按传输速率分类

按传输速度的高低，可将外设分为三类。第一类是低速设备，这是指传输速率仅为每秒几字节至数百字节的一类设备。属于低速设备的典型设备有键盘、鼠标、语音输入/输出设备等。第二类是中速设备，这是指传输速率在每秒数千字节至数万字节的一类设备。典型的中速设备有行式打印机、激光打印机等。第三类是高速设备，这是指传输速率在数十万字节至数十兆字节的一类设备。典型的高速设备有磁带机、磁盘机、光盘机等。

5. 按信息交换的单位分类

按信息交换单位的不同，可将外设分为两类。第一类是块设备（Block Device），用于存储信息，信息的组织与存取以数据块为单位。它属于有结构设备。典型的块设备是磁盘，每个盘块的大小为 512 B～4 KB。磁盘设备的基本特征一是传输速度高，通常每秒为几兆位；二是可寻址，即对它可随机地读写任一块；三是磁盘设备的 I/O 通常采用 DMA 方式。第二类是字符设备（Character Device），用于数据的输入和输出，数据传输的基本单位是字符。字符设备的基本特征一是传输速率低，通常为几字节至数千字节；二是不可寻址，即输入/输出时不能指定数据的输入源地址及输出的目标地址；三是字符设备在输入/输出时，常采用中断方式。

6. 按设备的管理模式分类

按设备管理模式的不同，可分为物理设备和逻辑设备。物理设备指计算机系统硬件配置的实际设备。这些设备在操作系统内具有一个唯一的符号名称，系统可以按照该名称对相应的设备进行物理操作。逻辑设备是指一种在逻辑意义上存在的设备，在未加以定义前，它不代表任何硬件设备和实际设备。逻辑设备是系统提供的，它也是独立于物理设备而进行输入输出操作的一种"虚拟设备"。

6.1.3　I/O 系统的组成

顾名思义，I/O 系统是用于实现数据输入/输出及数据存储的系统。在 I/O 系统中，除了需要直接用于 I/O 和存储信息的设备外，还要有相应的设备控制器和高速总线。在有的大中型系统中，还配置了 I/O 通道或 I/O 处理机。

1. 设备控制器

设备控制器是计算机中的一个实体，其主要职责是控制一个或多个 I/O 设备，以实现 I/O 设备和计算机之间的数据交换。它是 CPU 与 I/O 设备之间的一个接口，接收从 CPU 发来的命令，并控制 I/O 设备工作，以使处理机从繁杂的设备控制事务中解脱出来。

设备控制器是一个可编址的设备，当它仅控制一个设备时，它只有一个唯一的设备地址；若控制器可连接多个设备时，则应含有多个设备地址，并使每一个设备地址对应一个设备。可把设备控制器分成两类：一类是用于控制字符设备的控制器；另一类是用于控制块设备的控制器。在微型机和小型机中的控制器常做成印刷电路卡形式，因而又常称接口卡，可将它插入计算机。有些控制器还可以处理两个、四个或八个同类设备。

1）设备控制器的基本功能

接收和识别 CPU 的命令：CPU 可以向控制器发送多种不同命令，设备控制器应能接收并识别这些命令。为此，在控制器中应具有相应的控制寄存器，用来存放接收的命令和参数，并对所接收的命令进行译码。

数据传输：这是指实现 CPU 与控制器之间、控制器与设备之间的数据交换。前者是通过数据总线，由 CPU 并行地把数据写入控制器，或从控制器中并行地读出数据；后者是设备将数据输入到控制器，或从控制器传送给设备。为此，在控制器中须设置数据寄存器。

记录设备状态：控制器应记下设备的状态供 CPU 了解。例如，仅当该设备处于发送就绪状态时，CPU 才能启动控制器从设备中读出数据。为此，在控制器中应设置状态寄存器，用于反映设备的某一种状态。当 CPU 将该寄存器的内容读入后，便可了解该设备的状态。

识别设备地址和寄存器地址：就像内存中的每一个单元都有一个地址一样，系统中的每一个设备也都有一个地址。此外，为使 CPU 能从寄存器中读写数据，这些寄存器都应具有唯一的地址。为使控制器能正确识别地址，在其中配置地址译码器。

数据缓冲：由于 I/O 设备的速率较低而 CPU 和内存的速率却很高，故在控制器中必须设置缓冲器。在输出时，用此缓冲器暂存由主机高速传来的数据，然后才以 I/O 设备所具有的速率将缓冲器中的数据传送给 I/O 设备；在输入时，缓冲器则用于暂存从 I/O 设备送来的数据，等接收到一批数据后，再将缓冲器中的数据高速地传送给主机。

差错控制：设备控制器对由 I/O 设备传送来的数据进行差错检测。若发现传送中出现了错误，通常是将差错检测码置位，并向 CPU 报告，于是 CPU 将本次传送来的数据作废，并重新进行一次传送。这样便可保证数据输入的正确性。

2）设备控制器的组成

由于设备控制器位于 CPU 与设备之间，它既要与 CPU 通信，又要与设备通信，还应具有按照 CPU 所发来的命令去控制设备工作的功能。因此，现有的大多数控制器都是由三部分组成的，分别为与 CPU 的接口、与设备的接口和 I/O 逻辑，如图 6-2 所示。

设备控制器与处理机的接口用于实现 CPU 与设备控制器之间的通信，实现通信共有三类信号线，分别为数据线、地址线和控制线。数据线通常与两类寄存器相连接，分别是数据寄存器与控制/状态寄存器。在控制器中可以有一个或多个数据寄存器，用于存放从设备送来的数据或从 CPU 送来的数据；也可以有一个或多个控制/状态寄存器，用于存放从 CPU 送来的控制信息或设备的状态信息。

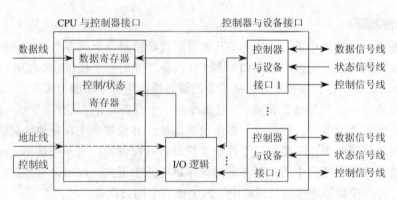

图 6-2　设备控制器的组成

　　一个设备控制器可以连接一个或多个设备。相应的，在控制器中便有一个或多个设备接口，一个接口连接一台设备。在每个接口中有三种类型的信号，各对应一条信号线，分别为数据信号线、状态信号线和控制信号线。数据信号线用于在设备和设备控制器之间传送数据信号，控制信号线作为由设备控制器向 I/O 设备发送控制信号时的通路，状态信号线用于传送指示设备当前状态的信号。控制器中的 I/O 逻辑根据处理机发来的地址信号，去选择一个设备接口。

　　I/O 逻辑用于实现对设备的控制。它通过一组控制线与处理机交互，而处理机利用该逻辑向控制器发送 I/O 命令；I/O 逻辑对收到的命令进行译码。每当 CPU 要启动一个设备时，一方面将启动命令发送给控制器；另一方面又同时通过地址线把地址发给控制器，由控制器的 I/O 逻辑对收到的地址进行译码，再根据所译出的命令对所选设备进行控制。

2. 通道

　　通道是一个独立于 CPU 的、专门用来管理 I/O 操作的处理机。它控制设备与内存直接进行数据交换，又称 I/O 处理机。这是为减轻 CPU 的工作负载而设置的一种专门负责 I/O 工作的简单处理机，与 CPU 比起来，通道的功能较弱，速度较慢，但价格便宜。两者的不同主要表现在以下两方面：一是其指令类型单一，这是由于通道硬件比较简单，其所能执行的命令，主要局限于与 I/O 操作有关的指令；二是通道没有自己的内存，通道所执行的通道程序是放在主机的内存中的，换言之，通道与 CPU 共享内存。

　　引入通道后的计算机系统，主机与 I/O 设备之间数据传输路线由三级组成，即主机、通道、控制器、I/O 设备。IBM370 系统通道结构如图 6-3 所示。

1）通道分类

　　由于外设的类型较多，且其传输速率相差甚大，因而使通道具有多种类型。这里根据信息交换方式，将通道分成字节多路通道、选择通道、成组多路通道。

　　字节多路通道（Byte Multiplexor Channel）：该通道是一种以字节为单位进行数据交换的通道。它通常都含有许多非分配型子通道，其数量可以是几十个到数百个，每一个子通道连接一台 I/O 设备，并控制该设备的 I/O 操作。这些子通道按时间片轮转方式共享主通道，一个子通道传送一个字节后，立即让位于另一个子通道。字节多路通道适用于连接打印机、终端、卡片机等低速或中速的 I/O 设备。

　　选择通道：选择通道只有一个分配型子通道，即这个子通道可以连接多台设备，但每次只能把子通道分配给一台设备使用。一旦分配给某台设备，子通道就被它独占，即使暂时出现空闲，也不允许其他设备利用该子通道，直到它被释放，则再选择另一台设备为其服务。可见，这种通道的利用率很低，但每次传送一批数据，传送速率可很高。适用于连接磁盘等高速 I/O 设备。

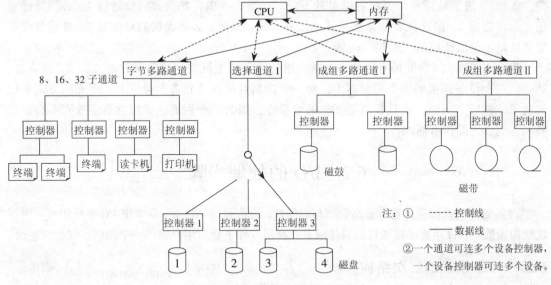

图 6-3　IBM370 系统通道结构

成组多路通道：这种通道综合了字节多路通道分时工作（多道设计技术）和选择通道传输速率高的特点。它有多个非分配型子通道，每个子通道连接一台中、高速 I/O 设备，如磁带、磁鼓等，因而通道所连接的几个设备可并行工作。每台设备的数据传送是按成组方式进行的。它首先为某台设备执行一条通道命令，传送一批数据，然后再选择另一台设备执行另一条通道命令，即几台设备的通道程序都在同时执行中；但任何时刻，通道只能为一台设备的数据传输提供服务。因此，成组多路通道技术相当于通道程序的多道程序设计技术。

2）通道程序

通道 I/O 操作由两种指令实现控制，一是 CPU 的 I/O 指令；二是通道本身提供的通道命令字 CCW。

CPU 的 I/O 指令功能一般有清除、停止、启动、查询等，其格式为操作码、通道地址、设备地址域。I/O 指令属特权指令，只能由操作系统使用。

通道命令字有读、写、查询、控制、转移等功能，具体包含被交换数据在内存中应占据的位置、传送方向、数据块长度及被控制的 I/O 设备的地址信息、特征信息（如是磁带设备还是磁盘设备）等。其格式为操作码（读、写或控制）、计数段（数据块长度）及内存地址段和结束标志等组成。

如：write 0 0 250 1850
　　write 1 1 250 720

上述语句中，第一个 1 是通道指令结束标志，第二个 1 是记录结束标志，两句执行后，把一个记录的 500 个字符分别写入从内存地址 1 850 开始的 250 个单元和从内存地址 720 开始的 250 个单元中。

系统程序设计人员依据驱动设备的要求，使用通道命令字编写的程序，这个程序称为通道程序。不同的设备有不同的通道程序。通道程序存放在内存中，由 I/O 指令启动执行。

3）"瓶颈"问题

由于通道价格昂贵，致使计算机中所设置的通道数量势必很少，这往往又使它成了 I/O 的"瓶颈"，进而造成整个系统吞吐量的下降。在图 5-3 中，如果要启动磁盘 4，必须通过通道 1 和控制器 3，但这两者如果已被其他设备占用，因此，必然无法启动磁盘 4。这就是由于通道数量不足所造成的"瓶颈"问题。

解决"瓶颈"问题的最有效的办法就是增加设备到主机间的通路且不增加通道。换言之，就是把一个设备连接到多个控制器上，而一个控制器又连接到多个通道上。多通路方式不仅解决了"瓶颈"问题，而且提高了系统的可靠性，因为，个别通道或控制器的故障不会使设备和存储器之间没有通路。

6.2　I/O 的处理步骤

设备管理的总体设计目标是高效率与方便性。为达到这一目标，通常把 I/O 系统组成一种层次结构：低层软件用来屏蔽硬件的具体细节；高层软件主要向用户提供一个简洁、规范的界面。

6.2.1　I/O 系统的层次结构

I/O 系统的层次结构以及各层之间的通信关系如图 6-4 所示。

可以看出，I/O 系统可大致分为三个层次，底层的 I/O 中断处理程序和中层的设备驱动程序依赖于硬件；高层的逻辑 I/O 系统则与硬件无关。I/O 中断处理程序在硬件完成 I/O 操作后，负责唤醒设备驱动程序；设备驱动程序负责设置寄存器，检查设备状态；逻辑 I/O 系统负责设备名解析、阻塞与缓冲分配等。

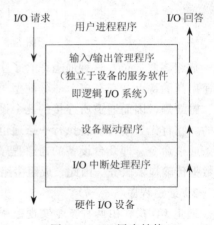

图 6-4　I/O 层次结构

下面我们以读磁盘文件为例来说明 I/O 控制流。当用户程序试图读一个磁盘文件时，需通过操作系统实现这一操作。逻辑 I/O 系统检查高速缓存（Cache）中有无要读的数据块。若没有，则调用磁盘设备驱动程序，向磁盘设备发出一个请求。然后，用户进程阻塞等待磁盘操作的完成。当磁盘操作完成时，硬件产生一个中断，转入中断处理程序。中断处理程序检查中断的原因，认识到这时磁盘读取操作已经完成，于是唤醒用户进程取回从磁盘读取的信息，结束这次 I/O 请求。用户进程在得到所需的磁盘文件内容之后，继续运行。

6.2.2　I/O 中断处理程序

I/O 中断处理程序是设备管理软件中一个相当重要的部分。系统为每类设备设置一个 I/O 中断处理程序，其入口地址存放在内存的固定单元中，称为中断向量。当设备完成 I/O 操作时，便向 CPU 发送一个中断信号，CPU 响应中断后便转入中断处理程序。无论是哪种 I/O 设备，其中断处理程序的处理过程大体相同，步骤如下：

（1）唤醒被阻塞的驱动程序进程。当中断处理程序开始执行时，必须唤醒被阻塞的驱动程序进程。某些系统是根据信号量执行 P、V 操作来唤醒被阻塞的驱动程序进程，某些系统是对管程中的条件变量执行 signal 操作来唤醒被阻塞的驱动程序进程，还有一些系统是向阻塞的进程发一个消息来唤醒被阻塞的驱动程序进程。

（2）保留现行进程的执行现场。通常由硬件自动将处理机状态字 PSW 和程序计数器 PC 中的内容保存在堆栈中，然后对被中断的进程的 CPU 现场进行压栈。另外，所有的 CPU 寄存器也需要保留，因为在中断处理时有可能会用到它们。

（3）进行中断处理，通知等待完成该 I/O 操作的进程。设备中断处理程序从设备控制器读出设备状态，以判断本次设备中断是正常结束还是异常结束。若为正常结束，则设备驱动程序可做结束处理；若为异常结束，则根据发生异常的原因做相应处理。

（4）恢复被中断进程的现场，转入进程调度程序进行重新调度。

6.2.3　设备驱动程序

所有与设备相关的代码放在设备驱动程序中，它是 I/O 进程与设备控制器之间的通信程序，直接同硬件打交道。其任务是接受来自与设备无关的上层软件的抽象 I/O 请求，实施指定的 I/O 任务。不同的设备对应有不同的设备驱动程序。在不同的系统中，设备驱动程序的运行方式有所不同，大体可分为四种：

（1）整个系统仅建立一个设备驱动程序，统一负责所有设备的驱动工作。或者为块设备和字符设备各建立一个设备驱动程序，分别负责所有块设备和所有字符设备的驱动工作。

（2）为每一类设备建立一个设备驱动进程，负责该设备类型中各台设备的驱动工作。

（3）为每台设备建立一个设备驱动进程，它们分别负责专门设备的驱动工作。同类设备的各驱动程序共享该类设备的设备驱动程序。

（4）不设置专门的 I/O 控制过程，由进程自己调用相应的设备驱动程序。

设备驱动程序的基本功能有四条，前两条是 I/O 请求方向的功能，后两条是 I/O 回答方向的功能：

（1）接受 I/O 请求，对它进行从抽象到物理的转换，构造出相应的 I/O 操作命令。如对于磁盘，将请求的盘块映射成磁盘上的物理地址（由柱面号、盘面号、扇区号组成），检查磁盘驱动器马达是否在运转，确定磁臂是否处于合适的位置等，然后决定需要控制器执行哪些操作以及这些操作的执行次序。

（2）把构造好的 I/O 程序的首地址送入通道地址字 CAW，或把 I/O 操作命令送入控制器的寄存器，启动通道或控制器执行。

（3）收集设备完成后的结果状态信息（正常或非正常的），把它们返回给调用者。

（4）处理某些可恢复性错误。

6.2.4　I/O 管理程序

这层软件是与设备无关的，它对用户进程隐蔽了硬件特性。其基本任务是向用户进程提供一种独立于设备的统一接口，并实施所有设备都需要的功能，即负责对设备命名、设备保护、设备分配及出错处理等。事实上，这层软件的大部分是文件系统的组成部分，又称逻辑 I/O 系统。

逻辑 I/O 系统的基本功能如下：

（1）接受用户进程使用系统调用命令发来的 I/O 请求。

（2）负责独享设备的分配和释放。

（3）对于块设备，负责外存空间的分配。

（4）管理 I/O 缓冲，负责缓冲区与用户内存之间的数据传输。

（5）实现逻辑设备到物理设备及设备驱动程序之间的映射。

（6）启动设备驱动程序完成 I/O 任务。

（7）接受设备驱动程序的回答，并向用户进程回送 I/O 请求的完成情况。

（8）负责必要的出错处理。

其中，第一条是 I/O 请求方向的功能，第二条到第六条组织管理输入输出的进行，第七到第八条是输入输出完成后的善后处理。

综上所述，我们将在下一步的学习中解决如下问题：系统如何对独享设备（如打印机）进行分配，如何对共享设备（如磁盘）进行调度；对于数据传输，计算机系统有哪几种可以采用的控制方式；系统怎样管理缓冲区，怎样通过 Spooling 技术提供虚拟设备。

相关链接：Solaris 的 I/O 子系统

在 Solaris 操作系统中，设备驱动程序是可加载的内核模块，使操作系统的其余部分与设备硬件隔离开来。Solaris I/O 子系统的设计也遵循了 UNIX 操作系统的理念，将设备与文件统一管理，采用统一的命名方式和统一的权限管理方式。

在块设备驱动程序和字符设备驱动程序之上都有一层文件系统，这体现了将设备与文件统一管理的设计思想。对于不同的设备，其文件系统层的"厚度"是不同的。对于磁盘这类结构性强、操作很复杂的设备，其文件系统很"厚"，这是因为系统中存在着两层抽象：一层抽象是将柱面、磁道、扇区表示的磁盘物理空间抽象成由数据块组成的线性空间；另一层抽象是将数据块组织成文件。而对于串行端口这类简单的字符设备，其文件系统则很"薄"，它只是提供访问设备的一个接口而已。

Solaris 操作系统有两个目录用于保存设备文件：/Dev 和/Devices。前者是 UNIX 标准，后者则是 Solaris 操作系统所特有的，其下挂接虚拟文件系统 Devfs，用于反映系统当前可访问的设备的状态，并可以自己维护设备文件。

在 Solaris 内核中，设备由设备信息结构 Dev_info 来描述。所有设备的 Dev_info 结构组织成一棵树状的结构，称为设备信息树（Struct Dev_info）。设备信息树表示了设备间的相互关系。在设备信息树中，内部结点称为总线连接结点，它表示总线控制器或适配器；叶子结点则表示设备；根结点表示计算机平台。

6.3 设备的分配与调度算法

在多道程序环境下，系统中的设备供所有进程共享。为防止各进程对系统资源的无序竞争，规定系统设备必须由系统统一分配各并发进程。每当进程向系统提出 I/O 请求时，只要是可能和安全的，设备分配程序便按照一定的策略，把设备分配给请求用户。在有的系统中，为了确保在 CPU 与设备之间能进行通信，还应分配相应的控制器和通道。为了实现设备分配，必须在系统中设置相应的数据结构。

6.3.1　管理设备时的数据结构

为了进行设备分配和控制，要借助于一些表格，这些表格登记了系统中有关设备、控制器、通道的状态信息。在进行设备分配时所需的数据结构有系统设备表、设备控制块、控制器表和通道控制表。

1. 设备控制块（DCB）

设备控制块是为管理设备，记录本设备的情况，由系统在内存开辟的一个存储区，又称设备控制表 DCT。它主要反映设备的特性、设备和 I/O 控制器的连接情况。随着系统的不同，DCB 中所含的内容也不同。其主要内容有：设备标识符，用来区别设备；设备类型，反映设备的特性，如是终端设备、块设备或字符设备等；设备地址或设备号，由计算机组成原理可知，每个设备都有相应的地址或设备号，这个地址既可以是和内存统一编址的，也可以是单独编址的；设备状态，指设备是处理工作还是空闲中；等待队列指针，等待使用该设备的进程组成等待队列，其队首和队尾指针存放在 DCB 中；I/O 控制器指针，指向该设备相连接的 I/O 控制器。

2. 系统设备表（SDT）

系统设备表是系统范围的数据结构，整个系统只有一张，其中记录了系统中全部设备的情况。每个设备占一个表目，其中包括设备类型、设备标识符、设备控制表及设备驱动程序的入口等项。

系统设备表的主要意义在于反映系统中设备资源的状态，即系统中有多少设备，其中有多少是空闲的，又有多少已经分配给了哪些进程。

3. 控制器表（COCT）

控制器表也是每个控制器一张，它反映 I/O 控制器的使用状态及和通道的连接情况等，又称适配器，在 DMA 方式下是没有该项的。它的内容主要包括控制器标识符、控制器忙闲状态、CHCT 表指针、控制器队列队首指针、控制器队列队尾指针等。

4. 通道控制表（CHCT）

通道控制表只在通道控制方式的系统中存在。每个通道也都配有一张通道控制表。它的内容主要有通道标识符、通道忙闲状态、通道队列队首指针、通道队列队尾指针等。

显然，一个进程只有获得了通道、控制器和所需设备之后，才具备了进行 I/O 操作的物理条件。

6.3.2　独享设备的分配

所谓独享设备，是指在使用上具有排他性的设备。当一个进程正在使用某种设备时，其他进程就只能等到该进程使用完毕后才能使用。键盘、打印机等都是典型的独享设备。

1. 设备分配原则

对设备的分配原则，一是既要充分发挥设备的使用效率，又要避免由于不合理的分配方法造成进程死锁。二是要把用户程序和具体物理设备隔离开来，即用户程序面对的是逻辑设备，而分配程序将在系统把逻辑设备转换成物理设备之后，再根据要求的物理设备号进行分配。

设备分配方式有静态分配、动态分配两种。静态分配是在用户作业开始执行之前，由系统一次分配给该作业所要求的全部设备、控制器和通道。一旦分配之后，这些设备等就一直被该作业占用，直到该作业被撤销为止。分时系统中的用户终端就是一个典型例子。该方式不会出现死锁，但设备的使用效率低。因此，此方式不符合设备分配的总原则。动态分配是在进程执行过程中根据需要进行设备分配。一旦用完之后，便立即释放。该方式有利于提高设备的利用率，但如果分配算法使用不当，则有可能造成进程死锁。

2. 独享设备的分配策略

对于独享设备，常采用的分配策略有如下两种：

（1）先来先服务。当若干个进程都要求某台设备提供服务时，系统按照其发出的 I/O 请求的先后顺序，将它们的进程控制块排列在设备请求队列中等待，并总是把设备分配给排在队首的进程使用。一个进程使用完毕后归还设备时，就把它的进程控制块从设备请求队列上摘下来，然后把设备分给队列中后面的进程使用。

（2）优先级高者先服务。进入设备请求队列等待的进程按照其优先级进行排队，优先级相同的进程就按照到达的先后次序排队。这时，系统也总是把设备分配给请求队列的首进程使用。

3. 独享设备的分配程序

1）基本的设备分配程序

当某一进程提出 I/O 请求后，系统的设备分配程序可按分配设备、分配设备控制器、分配通道的步骤进行设备分配。

分配设备：根据进程提供的物理设备名查找系统设备表，从中找到该设备的设备控制表。查看设备控制表中的设备状态字段，若该设备处于忙状态，则将进程插入设备等待队列；若设备空闲，便按照一定的算法来计算本次设备分配的安全性，若分配不会引起死锁则进行分配；否则仍将该进程插入设备等待队列。

分配设备控制器：在系统把设备分配给请求 I/O 进程后，再到设备控制表中找到与该设备相连的设备控制器的控制表，从该表的设备状态字段中可知该设备控制器是否忙碌。若设备控制器忙，则将进程插入该设备控制器的等待队列；否则将该设备控制器分配给进程。

分配通道：从设备控制器控制表中找到与该设备控制器连接的通道控制表，从该表的通道状态字段中可知该通道是否忙碌。若通道处于忙状态，则将进程插入该通道的等待队列；否则将该通道分配给进程。若分配了通道，则此次设备分配成功，在将相应的设备、设备控制器、通道分配给进程后，便可以启动 I/O 设备实现 I/O 操作。

2）设备分配程序的改进

上述分配程序存在两个问题：一是进程是以物理设备名来提出 I/O 请求的；二是采用的是容易产生"瓶颈"现象的单通路的 I/O 系统结构。因此，应加以改进以使独享设备的分配程序具有更强的灵活性，提高分配的成功率。

为了获得设备的独立性，进程应使用逻辑设备名请求 I/O。这样，系统可在申请使用的这一类设备队列里查找空闲可用设备，仅当所有该类设备都忙时，才把进程挂在该类设备的等待队列。

为了提高系统的灵活性和可靠性，通常采用多通路的 I/O 系统结构。在这种系统结构中，一个设备可以与多个设备控制器相连，而一个设备控制器又可以与多个通道相连，这使设备分配的过程较单通路的情况要复杂些。若某进程向系统提出 I/O 请求，要求为它分配一台 I/O 设备，则系统可选择该类设备中的任何一台设备分配给该进程，并依次查找与该设备相连的任何一台空闲设备控制器与通道并进行分配。

6.3.3 共享磁盘的调度

磁盘的特点是存储容量大，存取速度快，能够顺序或随机存取。磁盘种类虽多，但它们除了存储信息的载体（即通常所说的盘片），其硬件可分为两大部分：一是磁盘驱动器，它包括读/写磁头、驱动电机、机械支撑机构和相应的逻辑电路；二是磁盘控制器，实现与计算机的逻辑接口。磁盘控制器接收来自 CPU 的指令，命令磁盘驱动器执行该指令。一般的，一个磁盘控制器可以控制多个磁盘驱动器工作。

1. 数据的组织和格式

磁盘设备可包括一或多个盘片，每片分两页，每面可分成若干条磁道，一般有 500～2 000 条磁道，各磁道之间留有必要的间隙。每条磁道上可存储相同数目的二进制位，每条磁道又分成若干个扇区，其典型值为 10～100 个扇区。每个扇区的大小相当于一个盘块，各扇区之间保留一定的间隙。每个扇区包括标识符字段与数据字段两个字段。

要对磁盘进行存取，必须给出磁盘的柱面号、磁头号和扇区号。不同盘面上具有相同编号的磁道形成一个柱面，于是盘面上的磁道号就称为"柱面号"。每个盘面所对应的读写磁头从 0 开始由上到下顺序编号，这个编号称为"磁头号"。按磁盘旋转的反向，从 0 开始为每个扇区编号，这个编号称为"扇区号"。

2. 磁盘的类型

磁盘可以从不同的角度进行分类。最常见的有软盘和硬盘、单片盘和多片盘、固定头磁盘和活动头磁盘等。

固定头磁盘在每条磁道上都有一读写磁头，所有的磁头都被装在一刚性磁臂中，通过这些磁头访问所有各磁道，并进行并行读写，有效地提高了磁盘的 I/O 速度。这种结构的磁盘主要用于大容量磁盘上。

活动头磁盘的每一个盘面仅配有一个磁头，该磁头也被装入磁臂中。为能访问该盘面上的所有磁道，该磁头必须能移动以进行寻道。可见，移动磁头仅能以串行方式读写，致使其 I/O 速度较慢。但由于其结构简单，故仍广泛应用于中小型磁盘设备中。在微机上配置的温盘和软盘都采用移动磁头结构。本节主要对这类磁盘的 I/O 进行讨论。

3. 磁盘访问时间

磁盘设备在工作时以恒定速率旋转。为了读或写，磁头必须能移动到所要求的磁道上，并等到所要求的扇区的开始位置旋转到磁头下，然后再开始读写数据。因此，执行一次磁盘的读写需要花费的时间由三部分组成：

（1）查找时间：这是指把磁头移动到指定磁道上所经历的时间，又称寻道时间。对一般的温盘，其寻道时间将随寻道距离的增加而增大。

（2）等待时间：这是指定扇区移动到磁头下所经历的时间，又称旋转延迟时间。

（3）传输时间：这是指把数据从磁盘读出或向磁盘写入数据所经历的时间。

可以看出，在访问时间中，传输时间是设备固有的特性。寻道时间和旋转延迟时间基本上都与所读写数据的多少无关，而且通常占据了访问时间中的大部分时间。从减少查找时间着手，称为磁盘的移臂调度；从减少等待时间着手，称为磁盘的旋转调度。由于移动臂的移动靠控制电路驱动步进电机实现，它的运动速度相对于磁盘轴的旋转要缓慢得多，因此，减少查找时间比减少等待时间更为重要。

4. 磁盘调度算法

根据用户作业发出的磁盘 I/O 请求的柱面位置来决定请求执行顺序的调度，称为移臂调度。移臂调度的目的是尽可能地减少各个 I/O 操作中的查找时间，也就是尽可能地减少移动臂的移动距离。移臂调度常采用的有先来先服务调度算法、最短查找时间优先调度算法、电梯调度算法、单向扫描调度算法等。

1）先来先服务调度算法 FCFS（First Come First Served）

这是一种最简单的磁盘调度算法。它根据进程 I/O 请求到达的先后次序作为磁盘调度的顺序。该算法并不去考虑 I/O 请求所涉及的访问位置，也不考虑进程优先级，因此，它的优点是公平、简单，且每个进程的请求都能依次得到处理，不会出现某一进程的 I/O 请求长期得不到满足的情况。但由于此算法未对寻道进行优化，平均寻道时间可能较长。例如，现在假定读写磁头位于 53 号柱面。进程顺序提出了如下读写请求：98、183、37、122、14、124、65、67。实行先来先服务磁盘调度算法时，磁头应该从 53 号移到 98 号再到 183 号等，直到抵达 67 号柱面。这时移动臂的移动路线如图 6-5 所示。

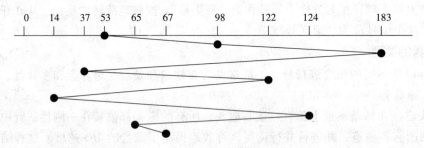

图 6-5　先来先服务磁盘调度算法

可以算出，移动臂来回移动，从 53 开始，最后到达 67，共滑过了 640 个磁道的距离。不难看出，如果 I/O 请求很多，移动臂就有可能会里外地来回"振动"，极大地影响了输入/输出的工作效率。因此，先来先服务调度算法适用于访问请求不是很多的情况。

2）最短查找时间优先调度算法 SSTF（Shortest Seek Time First）

它把距离磁头当前位置最近的 I/O 请求作为下一次调度的对象，这样可使每次的寻道时间最短，但这种算法不能保证平均寻道时间最短。仍以上面例子中的数据为依据，但实施最短查找时间优先调度算法，这时移动臂移动的路线如图 6-6 所示。

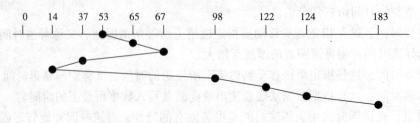

图 6-6　最短查找时间优先磁盘调度算法

磁头从 53 开始，接受距离最近的对 65 磁道的请求，根据这一调度顺序，磁头最终总计滑过了 236 个磁道的距离，效果明显好于先来先服务。显然，这种调度算法因为考虑了柱面与磁头当前位置的距离，防止了移动臂来回"振动"，从而改善了对进程的平均响应时间。

其缺点是对进程请求的服务机会不是均等的。一般来说，对中间柱面的请求能及时响应，对内、外两侧柱面的请求响应慢，因而可能使一些请求在较长时间内得不到服务。

3）电梯调度算法 SCAN

电梯调度算法基于日常生活中的电梯工作模式，即电梯保持一个方向移动，直到在那个方向上没有请求为止，然后改变方向，又称扫描调度算法。反映在磁盘调度上，总是沿着移动臂的移动方向选择距离磁头当前位置最近的 I/O 请求作为下一次调度的对象。如果该方向上已无 I/O 请求，则改变方向再做选择。

仍以上面例子中的数据为依据，只是改为实施电梯调度算法。要注意，由于电梯调度算法与移动臂当前的移动方向有关，因此，移动臂移动的路线应该有两种情况。图 6-7 表示当前移动臂正在由里往外移动，从 53 出发，下一个调度对象应该是 37，然后是 14。到达 14后，由于再往外已经没有请求了，故改变移动臂的移动方向，由外往里移动，即下一个调度对象是 65。根据这一调度顺序，磁头总共滑过了 208 个磁道的距离。

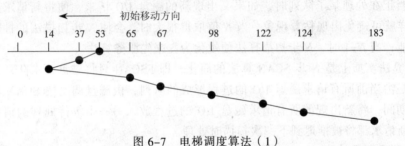

图 6-7　电梯调度算法（1）

如图 6-8 所示，当前移动臂正在由外往里移动，因此从 53 柱面出发，随后调度的对象应该为 65。根据这一调度顺序，磁头总共滑过了 299 个磁道的距离。

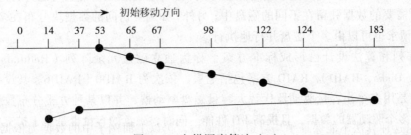

图 6-8　电梯调度算法（2）

可见，最短时间优先调度算法只考虑访问柱面与磁头当前位置的距离。而电梯调度算法既考虑距离，也考虑方向，且以方向为先，因此进一步改善了平均响应时间。

4）单向扫描调度算法

单向扫描调度算法总是从 0 号柱面开始往里移动移动臂，遇到有 I/O 请求就进行处理，直到到达最后一个请求柱面。然后移动臂立即带动磁道不做任何服务地快速返回到 0 号柱面，开始下一次扫描。

仍以上面例子中的数据为依据，实施单向扫描调度算法，这时移动臂移动路线如图 6-9

所示。根据这一调度顺序，磁头总共滑过了 350 个磁道的距离。

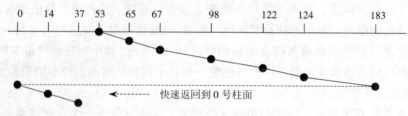

图 6-9　单向扫描调度算法

5）N-step-SCAN 和 FSCAN 调度算法

采用 SSTF、SCAN 及单向扫描调度算法时会出现一个或多个进程重复请求同一磁道而垄断整个设备，造成所谓"磁臂粘着"现象。例如，有一个或几个进程对某一磁道有较高的访问频率，即这些进程反复请求对某一磁道的 I/O 操作，从而垄断了整个磁盘设备，产生了磁臂粘着。这种情况在高密度磁盘上容易出现。

采用分步扫描算法可避免这类问题。将 I/O 请求分成若干个长度为 N 的子队列，磁盘调度将按先来先服务算法依次处理这些子队列，而每处理一个队列内的 I/O 请求时又是按电梯调度算法。当正在处理某子队列时，如果又出现新的磁盘 I/O 请求，便将新请求进程放入其他队列，这样就可避免出现粘着现象。当 N 值取得很大时，会使 N 步扫描法的性能接近于电梯算法的性能；当 N=1 时，N 步扫描算法便蜕化为先来先服务算法。

FSCAN 算法实质上是 N 步 SCAN 算法的简化，即 FSCAN 只将磁盘请求队列分成两个子队列。一个是由当前所有请求磁道 I/O 的进程形成的队列，由磁盘调度按 SCAN 算法进行处理。在扫描期间，将新出现的所有请求磁盘 I/O 的进程放入另一个等待处理的请求队列。这样，所有的新请求都将被推迟到下一次扫描时处理。

5. 独立磁盘冗余阵列

由于磁盘存储速度的提高远远低于处理器和主存速度的提高，所以使磁盘存储系统成为整个计算机系统性能的关键问题。通过磁盘阵列，多个独立的 I/O 请求可以并行地进行处理，只要它们所需要的数据驻留在不同的磁盘中；另外，如果要访问的数据块分布在多个磁盘上，则单个 I/O 请求也可以由多个磁盘并行地执行。

磁盘阵列和算法设计已形成标准方案，称为独立磁盘冗余阵列（Redundant Array of Independent Disks，RAID）。RAID 方案包括七层，依次为 RAID0～RAID6。其设计结构特性有两点：一是用多个小容量驱动器代替大容量磁盘驱动器，并以某种方式分布数据。因此它可同时访问多个驱动器的数据，且提高 I/O 性能。同时，磁盘的容量也是易于扩充的。二是使用冗余的磁盘容量保存奇偶校验信息。通过奇偶校验信息，可恢复因磁盘故障而丢失的数据。

下面分别介绍 RAID 的七层方案。

1）RAID0

RAID0 并不是 RAID 家庭中的真正成员，因为其没有用冗余数据来提供可靠性。但是，RAID0 的数据分布在阵列的所有磁盘中。因此，当两个不同的 I/O 请求块存放在不同的磁盘上时，这两个请求可以并行发出，从而减少了 I/O 排队等待的时间。

RAID0 和其他 RAID 层一样，其数据是成条状分布在所有可用磁盘中的。这种布局的优点是显而易见的，如果一个 I/O 请求由多个逻辑上连续的条带组成，则该请求可以并行处理，从而大大减少了存取时间。

2）RAID1

RAID1 通过复制所有数据来实现冗余。在 RAID1 中仍使用数据条带化，但是每个逻辑条带映射到两个单独的物理磁盘上，使阵列中的每个磁盘都有一个包含相同数据的镜像磁盘。

RAID1 的优点是：读请求可以由包含请求数据的有最小寻道时间和旋转延迟的任何一个磁盘提供服务，并支持并发读，读请求性能接近 RAID0 的两倍；写请求需要对两个相应的条带都进行更新，但这可以并发完成，其性能由写操作中较慢（寻道时间和旋转延迟较大）的那一个决定；从故障中恢复很简单，当一个驱动器故障时，仍旧可以从另一个驱动器访问到数据，并按策略执行数据复制。

RAID1 的缺点：它需要两倍于逻辑磁盘的空间，通常用于保存系统软件和数据及其他极其重要的文件。

3）RAID2

RAID2 使用并行访问技术。在并行访问阵列中，所有磁盘成员都参与每个 I/O 请求的执行。通常情况下，所有磁盘的轴心是同步的，在任何给定的时刻，每个磁头都处于各自磁盘中的同一位置。

RAID2 使用数据条带化。其条带非常小，通常只有一个字节或一个字。其每个数据磁盘的相应位都计算一个错误校正码，并且这个码位保存在多个奇偶校验磁盘中相应的位中。通常情况下，错误校正使用汉明码，它能够纠正一位错误并检测双位错误。

RAID2 比 RAID1 需要的磁盘数少，其冗余磁盘的数目与数据磁盘数的对数成正比。对于读操作，所有磁盘都被同时访问，被请求的数据及相关的错误校正码被送到阵列控制器。如果有一个一位错误，则控制器可立即识别并改正这个错误。对于写操作，它必须访问所有数据磁盘和奇偶校验磁盘。

4）RAID3

RAID3 的组织方式类似于 RAID2，不同之处在于无论磁盘阵列有多大，RAID3 只需要一个冗余磁盘。RAID3 也采用并行访问，数据分布在比较小的条带中。RAID3 为所有数据磁盘中同一位置的位的集合计算一个简单的奇偶校验位，而不是错误校正码。

当发生磁盘故障时，则访问奇偶校验驱动器，并用其余磁盘中的相应条带的内容重新构造数据。如果故障的驱动器被替换，则失去的数据可以恢复到新的驱动器上。

RAID3 可以达到非常高的数据传送率。但是，由于一次只能执行一个 I/O 请求，多作业的并发处理性并不好。

5）RAID4

RAID4 使用独立访问技术。在独立访问阵列中，每个磁盘成员都独立运转，因此不同的 I/O 请求可以并行满足。基于这一点，独立访问阵列更适合于需要较高 I/O 请求速度的并发应用程序，而不太适合于需要较高数据传送率的应用程序。

RAID4 的条带相对较大。在 RAID4 中，对每个数据磁盘中相应的条带计算一个逐位奇偶校验，奇偶校验位保存在奇偶校验磁盘相应的条带中。

当执行一个条带的 I/O 写请求时，RAID4 会引发写性能损失。为计算新的奇偶校验，阵列管理软件必须读取旧的用户数据条带和旧的奇偶校验条带，然后用新数据和新近计算的奇偶校验更新这两个条带。因此，每个条带写操作都包含两次读和两次写。由于每次写操作都

第6章 设备管理

必须包含奇偶校验磁盘，因此奇偶校验磁盘有可能成为瓶颈。

6）RAID5

RAID5 的组织类似于 RAID4，不同之外在于 RAID5 把奇偶校验条带分布在所有磁盘中，因此，可以避免 RAID4 中一个奇偶校验磁盘潜在的 I/O 瓶颈问题。RAID5 的数据恢复方法也类似于 RAID4。

7）RAID6

在 RAID6 方案中，采用了两种不同的奇偶校验计算，并保存在不同磁盘的不同块中。因此，用户数据需要 n 个磁盘的 RAID6 阵列，需要由 $n+2$ 个磁盘组成。

该方案采用两种不同的数据校验算法，其中一种是 RAID4 和 RAID5 所使用的异或计算，另一种是独立数据校验算法。这样，即使有两个包含用户数据的磁盘发生故障时，也可以重新生成数据。

RAID6 的优点是它提供了极高的数据可靠性。在平均修复时间间隔内，只有同时有三个磁盘发生故障，数据才会丢失。但是，RAID6 导致了严重的写性能损失，因为每次写操作都会影响两个校验块。

6.4　数据传输的方式

设备管理的主要任务之一是控制设备和 CPU 之间的数据传送。在早期的计算机系统中，采用程序直接控制 I/O 方式；随着计算机技术的发展，当在系统中引入中断机制后，I/O 方式便发展为中断驱动（Interrupt-Driven）方式；此后，随着 DMA 控制器的出现，又使 I/O 方式在传输单位上发生了变化，即从以字节为单位的传输扩大到以数据块为单位进行传输，从而大大地改善了块设备的 I/O 性能；而通道的引入，又使对 I/O 操作的组织和数据的传送，都能独立地进行而无需 CPU 干预。可以看出，在 I/O 控制方式的整个发展过程中，始终贯穿着这样一条宗旨，即尽量减少主机对 I/O 控制的干预，把主机从繁杂的 I/O 控制事务中解脱出来，以便能留出更多时间去完成数据处理任务。

因此，选择和衡量控制方式有如下几条原则：

（1）数据传送速度足够高，能满足用户的需要但又不丢失数据。

（2）系统开销小，所需的处理控制程序少。

（3）能充分发挥硬件资源的能力，使得 I/O 设备尽量忙，而 CPU 等待时间少。

6.4.1　程序循环测试方式

早期的计算机系统中，由于无中断机构，处理机对 I/O 设备的控制采取程序直接控制 I/O 方式，或称为忙/等方式。在处理机向设备控制器发出一条 I/O 指令启动输入设备输入数据时，要同时把状态寄存器中的忙/闲标志 busy 置为 1，然后便不断地循环测试 busy。当 busy=1 时，表示输入机尚未输完一个字，处理机应继续对该标志进行测试，直到 busy=0，表示输入机已将输入数据送入设备控制器的数据寄存器中。于是处理机将数据寄存器中的数据取出，送入内存指定单元中，这样便完成了一个字的 I/O。接着再去启动读下一个数据，并置 busy=1。程序循环测试方式的流程如图 6-10 所示。

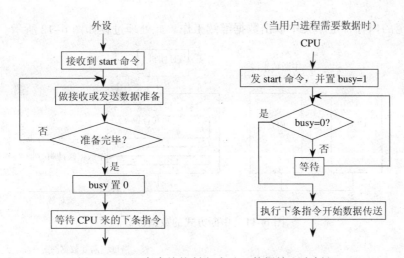

图 6-10　程序直接控制方式（以数据输入为例）

在程序直接控制方式中，由用户进程直接控制 CPU 与外设之间的信息传送。此方式控制简单，不需要多少硬件支持。但缺点如下：

（1）CPU 和外设只能串行工作。由于 CPU 的处理速度大大高于外设的数据传送和处理速度，所以 CPU 的大量时间都处于等待和空闲状态，这使得 CPU 的利用率大大降低。

（2）CPU 在一段时间内只能和一台外设交换数据信息，从而不能实现设备之间的并行工作。

（3）由于程序直接控制方式依靠测试设备标志触发器 busy 的状态位来控制数据传送，因此无法发现和处理由于设备或其他硬件所产生的错误。所以，程序直接控制方式只适用于那些 CPU 执行速度较慢、而且外设较少的系统。

6.4.2　中断驱动 I/O 控制方式

现代计算机系统中都毫无例外地引入了中断机构，致使对 I/O 设备的控制，广泛采用中断驱动方式。

所谓中断，是一种使 CPU 暂时中止正在执行的程序而转去处理特殊事件的操作。能引起中断的事件称为中断源，它们可能是计算机的一些异常事件或其他内部原因（如缺页），但更多的是来自外设的输入输出请求。

根据中断信号的来源可将中断分为两类，分别是内中断和外中断。程序中产生的中断，或由 CPU 的某些错误结果（如计算溢出）产生的中断称为内中断，又称软件中断，其多采用程序陷入（trap）的方式；由外设控制器引起的中断称为外中断，比如设备请求中断、打印中断、掉电中断、数据传输中断等，大部分是硬件中断。

显然，为了减少程序直接控制方式中 CPU 的等待时间和提高系统并行处理的能力，利用设备的中断能力来参与数据传输是一个很好的方法。这时，一方面要在 CPU 与设备控制器之间增加中断请求线；另一方面要在设备控制器的状态寄存器中增设中断允许位。如图 6-11 所示。

中断驱动控制方式的数据输入步骤如下：进程需数据时，通过 CPU 发出 start 指令启动外设；同时进程会放弃处理机，其他就绪进程占据处理机。当输入完成，I/O 控制器通过中断请求线向 CPU 发中断信号，CPU 处理数据。该进程在某时刻会被调度程序选中，然后得以执行，从约定的内存特定单元中取出数据继续工作。此处理过程如图 6-12 所示。

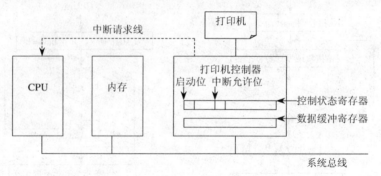

图 6-11 中断方式的数据传输

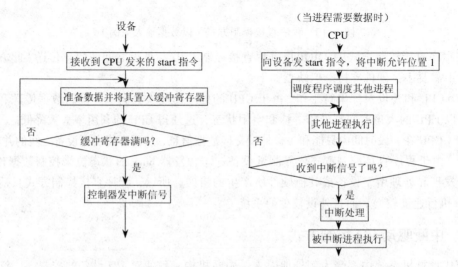

图 6-12 中断驱动控制方式（以数据输入为例）

从上面的描述中可以看出，当 CPU 启动了设备后，CPU 没有陷入循环测试的等待过程中，而是转去运行别的进程。这是利用中断方式进行数据传输优于程序循环测试的地方。它一方面表明系统内有了并行处理，另一方面表明系统的效率得到了提高。

但是，这种并行处理发挥得并不充分。因为输入/输出要做的启动设备、数据传输、I/O 的管理及善后处理这几件工作中，除了数据传输时 CPU 和外设是并行工作外，其他工作仍然都要由 CPU 来承担，CPU 还没有真正从 I/O 中解脱出来。

另外还存在如下问题：

（1）由于在 I/O 控制器的数据缓冲寄存器装满数据之后将会发生中断，而数据缓冲寄存器通常较小，因此在一次数据传送过程中，发生中断次数较多，这将耗去大量的 CPU 处理时间。

（2）现代计算机系统通常配置有各种各样的外设，如果这些设备通过中断处理方式进行操作，则会由于中断次数的急剧增加而造成 CPU 无法响应中断和出现数据丢失现象。

（3）在中断控制方式下，我们是假定外设速度低，CPU 速度高。这样，当外设把数据放入数据缓冲器并发出中断信号后，CPU 有足够的时间在下一组数据进入数据缓冲寄存器之前取走这些数据。如果外设的速度也非常高，则可能造成数据缓冲寄存器的数据来不及被 CPU

取走而丢失。

通常，这种数据传输方式适用于打印机等中低速设备。

6.4.3 直接存储器存取（DMA）方式

直接存储器存取方式即是通常所说的 DMA 方式，主要适用于一些高速的 I/O 设备，如磁带、磁盘等。其基本思想是在外设和内存之间开辟直接的数据交换通路，如图 6-13 所示。

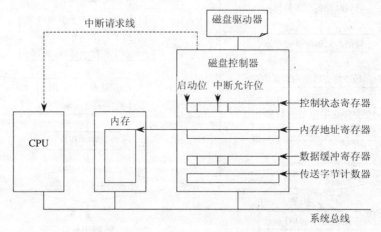

图 6-13　DMA 控制方式的数据传输

DMA 控制器由三部分组成，主机与 DMA 控制器的接口、DMA 控制器与块设备的接口和 I/O 控制逻辑。为了实现在主机与控制器之间成块数据的直接交换，必须在 DMA 控制器中设置如下四类寄存器：数据缓冲寄存器，用于暂存从设备到内存，或从内存到设备的数据；控制状态寄存器，用于接收从 CPU 发来的 I/O 命令或有关控制信息；内存地址寄存器，在输入时存放把数据从设备传送到内存的起始目标地址，在输出时存放由内存到设备的内存源地址；传送字节计数器，存放本次 CPU 要读或写的字节数。在数据传输之前，将根据 I/O 命令参数对这些寄存器进行初始化。每传输一个字节后，地址寄存器内容自动加 1，字节计数器自动减 1。

DMA 传输数据的步骤如下：

（1）当进程要求设备输入数据时，CPU 把准备存放输入数据的内存始址及传送的字节数分别送入 DMA 控制器中的内存地址寄存器和传送字节计数器中；另外还把控制状态寄存器中的中断允许位和启动位置 1，从而启动设备开始进行数据输入。

（2）发出数据要求的进程进入等待状态，进程调度程序调度其他进程占据 CPU。

（3）输入设备不断地挪用 CPU 工作周期，将数据缓冲寄存器中的数据源源不断地写入内存，直到所要求的字节全部传送完毕。

（4）DMA 控制器在传送字节数完成时通过中断请求线发出中断信号，CPU 在接收到中断信号后转中断处理程序进行善后处理。

（5）中断处理结束时，CPU 返回被中断进程处执行或被调度到新的进程执行。如图 6-14 所示。

因此，DMA 方式是 DMA 窃取或挪用 CPU 的一个工作周期把数据寄存器中的数据直接送到地址寄存器所指向的内存区域中，从而 DMA 控制器可用来代替 CPU 控制内存和设备之间进行成批的数据交换。

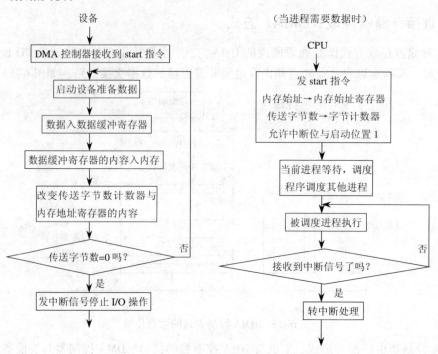

图 6-14　DMA 方式（以数据输入为例）

DMA 方式与中断方式的区别如下：

（1）发出中断的时机不同。中断方式是在数据缓冲寄存器满之后发中断要求 CPU 进行中断处理；DMA 方式是在所要求传送的数据块全部传送结束时要求 CPU 进行中断处理，这样就大大减少了 CPU 进行中断处理的次数。

（2）控制者不同。中断方式的数据传送是在中断处理时由 CPU 控制完成的；DMA 方式是在 DMA 控制器的控制下不经过 CPU 控制完成的，这就排除了因并行操作设备过多时 CPU 来不及处理或因速度不匹配而造成数据丢失等现象。

由上面的描述看出，使用 DMA 方式进行数据传输具有如下特点：

（1）设备与内存之间进行的是成批数据传输，如一块数据。

（2）DMA 方式传输数据时，CPU 不得使用总线。因此，设备与 CPU 不能并行工作。

（3）CPU 不介入数据传输事宜，但 CPU 负责启动和善后处理工作，即 CPU 仍然控制着对外设的管理和某些操作。

6.4.4　通道方式

在大中型计算机中，系统所配置的外设种类和数量越来越多，因而对外设的管理的控制也就愈来愈复杂：多个 DMA 控制器的同时使用显然会引起内存地址的冲突并使控制过程进一步复杂化；同时，多个 DMA 控制器的同时使用也是不经济的。因此，大中型计算机系统除了设置 DMA 器件外，还设置专门的硬件装置"通道"。通道方式能使 CPU 彻底从 I/O 中解放出来。当用户发出 I/O 请求后，CPU 就把该请求全部交由通道去完成。通道在整个 I/O 任务结束后，才发出中断信号，请求 CPU 进行善后处理。这样极大地提高了 CPU 与外设并行工作的程度。通道方式的执行过程如图 6-15 所示。

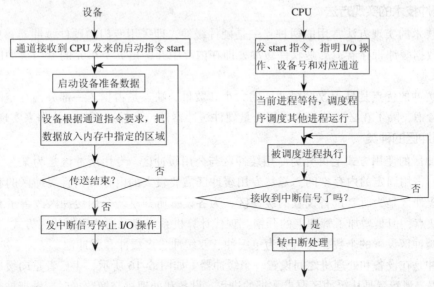

图 6-15　通道方式（以数据输入为例）

因此，通道方式的执行过程如下：当进程要求设备输入数据时，CPU 发 start 指令指明 I/O 操作、设备号和对应通道；对应通道接收到 CPU 发来的启动指令 start 之后，把存放在内存中的通道指令程序读出，并设置对应设备的 I/O 控制器中的状态寄存器；设备根据通道指令的要求，把数据送往内存中指定区域；若数据传送结束，I/O 控制器通过中断请求线发中断信号请求 CPU 做中断处理；中断处理结束后，CPU 返回被中断进程处继续执行。

6.5　设备管理中的若干技术

6.5.1　I/O 缓冲技术

在现代操作系统中，为了缓和 CPU 与 I/O 设备速度不匹配的矛盾，提高 CPU 和 I/O 设备的并行性，几乎所有的 I/O 设备在与处理机交换数据时都使用缓冲区。缓冲管理的主要职责是组织好这些缓冲区，并提供获得和释放缓冲区的手段。

1. 缓冲技术的引入目的

在设备管理中，引入缓冲技术的主要原因，可归结为以下几点：

（1）缓和 CPU 和 I/O 设备间速度不匹配的矛盾。众所周知，CPU 的运算速度远远高于 I/O 设备的速度，如果没有缓冲区，则在输出数据时，必然会由于输出设备的速度跟不上而使 CPU 停下来等待；同样，在计算阶段，I/O 设备又处于闲置状态。另外，速度不匹配限制了和处理机连接的外设台数，在通过中断方式时会造成数据丢失。因此，设置缓冲区可使 CPU 与 I/O 设备并行工作，并提高 CPU 的工作效率。

（2）减少 I/O 对 CPU 的中断次数和 CPU 的中断响应时间。如果 I/O 操作每传送一个字节就产生一次中断，那么在设置了 n 个字节的缓冲区后，则可以等到缓冲区满后才产生中断。

这样，中断次数就减少为 $1/n$，而且中断响应时间也可以适当放宽。

（3）解决 DMA 或通道方式下的瓶颈问题。

2. 缓冲技术的实现方法

缓冲技术的实现方法常用的两种：一是硬件缓冲，即采用专门的硬件缓冲器，如 I/O 控制器中的数据缓冲寄存器；二是软件缓冲，即在内存中开辟出 n 个单元的专门缓冲区，以存放 I/O 的数据。

软件缓冲的优点是易于改变缓冲区的大小和数量，缺点是占据了一部分内存空间。出于经济上的考虑，除了在必要的地方采用少量硬件缓冲器外，大都采用软件技术来实现缓冲。

3. 缓冲区的种类

从缓冲区的使用方式上可分为专用缓冲区与公用缓冲区。专用缓冲区是为某台设备设置的缓冲区，占用固定的内存空间。显然专用缓冲区需要较大的内存开销且缓冲区的利用率较低。公用缓冲区是为所有设备设置的缓冲区，为各设备所共享。公用缓冲区改善了专用缓冲区的两个缺点，但是增加了管理上的开销。现代计算机系统多采用公用缓冲区方式。

根据缓冲区设置的个数，又可分为单缓冲、双缓冲、多缓冲和缓冲池。

单缓冲是在设备和处理机之间设置一个缓冲器。如图 6-16 所示，生产者是向缓冲区提供数据的进程，消费者是从缓冲区取走数据的进程。设备和处理机交换数据时，先把被交换数据写入缓冲器，然后从缓冲器取出数据。由于缓冲器属于临界资源，即不允许多个进程同时对一个缓冲器操作（生产者与消费者只能串行访问），因此，尽管单缓冲能匹配设备和处理机的处理速度，但设备和设备之间不能通过单缓冲达到并行操作。

双缓冲是为 I/O 设备设置两个大小相等的上、下缓冲区。如图 6-17 所示，生产者和消费者可交替地访问上、下缓冲区，操作 2 和操作 3，操作 1 和操作 4 可并行。显然设置双缓冲后加快了传输速度，提高了系统效率。但这只是说明设备与设备、CPU 与设备并行操作的简单模型，并不能用于实际系统中的并行操作，因为计算机系统中的外设较多、双缓冲很难匹配设备和 CPU 的处理速度。

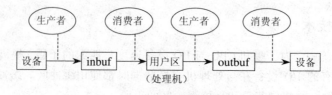

图 6-16　单缓冲工作示意图

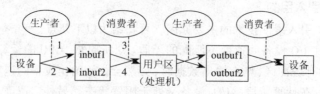

图 6-17　双缓冲工作示意图

多缓冲是系统为同类型的 I/O 设备设置两个公共缓冲区队列，一个专门用于输入，一个专门用于输出。一般把多缓冲区组织成循环缓冲队列。输入进程不断向空缓冲区输入数据，计算进程则从中提取数据用于计算。循环缓冲中包含多个大小相等的缓冲区，每个缓冲区中有一个链接指针指向下一个缓冲区，最后一个缓冲区的指针指向第一个缓冲区，这样多个缓冲区构成一个环形。

缓冲池是把多个缓冲区连接起来统一管理，既可用于输入又可用于输出。

显然，无论是多缓冲，还是缓冲池，由于缓冲器是临界资源，在使用缓冲区时都有一个申请、释放和互斥的问题。下面以缓冲池为例，介绍缓冲的管理。

4. 缓冲池的管理

上述的缓冲区仅适用于某特定的 I/O 进程和计算进程，因而它们属于专用缓冲。当系统较大时，将会有许多这样的循环缓冲，这不仅要消耗大量的内存空间，而且其利用率不高。为了提高缓冲区的利用率，目前广泛采用公用缓冲池，在池中设置了多个可供若干个进程共享的缓冲区。

1）缓冲池的结构

缓冲池由多个缓冲区组成。每个缓冲区由缓冲首部和缓冲体两部分组成：缓冲首部用来标识和管理该缓冲区；缓冲体用于存放数据。缓冲首部由设备号、设备上的数据块号、缓冲器号、互斥标识位、缓冲队列连接指针等组成。

系统把各缓冲区按其使用状况连成三种队列：

（1）空闲缓冲队列 em：其队首指针为 F（em），队尾指针为 L（em）。

（2）装满输入数据的输入缓冲队列 in：其队首指针为 F（in），队尾指针为 L（in）。

（3）装满输出数据的输出缓冲队列 out：其队首指针为 F（out），队尾指针为 L（out）。

其队列构成如图 6-18 所示。

在缓冲池中，应有四种工作缓冲区，即指正在装入或正在取出信息的缓冲区：用于收容设备输入数据的收容输入缓冲区 hin；用于提取设备输入数据的提取输入缓冲区 sin；用于收容 CPU 输出数据的收容输出缓冲区 hout；用于提取 CPU 输出数据的提取输出缓冲区 sout。如图 6-19 所示。

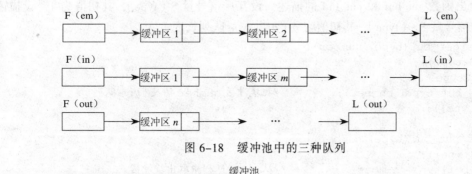

图 6-18　缓冲池中的三种队列

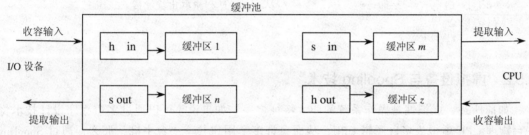

图 6-19　缓冲池中的四种工作缓冲区

2）缓冲池的管理

对缓冲池的管理，由如下几个操作组成：

take_buf（type）：从三种缓冲队列中按一定的选取规则取出一个缓冲区的过程。

add_buf（type，number）：把缓冲区按一定的选取规则插入相应的缓冲区队列的过程。

get_buf（type，number）：供进程申请缓冲区的过程，即从缓冲区队列中取缓冲区。

put_buf（type，work_buf）：供进程将缓冲区放入相应缓冲区队列的过程，即往缓冲区队列中放缓冲区。

其中，参数 type 表示缓冲队列类型（空闲，输入，输出）；number 为缓冲区号；work_buf 表示工作缓冲类型。如图 6-20 所示，以收容输入为例，输入进程调用 get_buf（em，number）过程从空闲缓冲区队列中取出一个缓冲号为 number 的空闲缓冲区，将其作为收容输入缓冲区 hin；当 hin 中装满了由输入设备输入的数据之后，系统调用过程 put_buf（in，hin）将该缓冲区插入输入缓冲区队列 in 中。

缓冲区队列采取先来先出的排列方法，省略了对缓冲队列的搜索时间。get 和 put 通过调用 take 和 add 实现。take 返回所取缓冲区 number 的指针，add 将给定缓冲区 number 的指针链入队列。

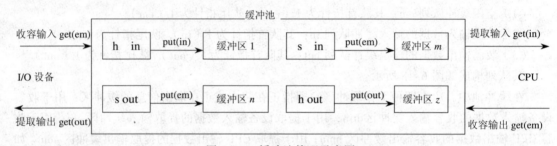

图 6-20　缓冲池管理示意图

下面给出函数 get_buf 和 put_buf 的描述。设互斥信号量 S（type），其初值为 1。设描述资源数目的信号量 RS（type），其初值为 n（n 为 type 队列长度）。

```
Status get_buf(type, number){
  p(RS(type));
  p(S (type));
  take_buf(type, number);          //把缓冲区 number 插入 type 队列
 V(S(type));
}
Status put_buf(type, number){
  p(S(type));
  add_buf(type, number);           //从 type 队列中取出缓冲区 number
  V(S(type));
  V(RS(type));
}
```

6.5.2　虚拟设备与 Spooling 技术

如前所述，虚拟性是操作系统的四大特征之一。如果说，可以通过多道程序设计技术将一台物理 CPU 虚拟为多台逻辑 CPU，从而允许多个用户共享一台主机，那么，通过 Spooling 技术便可将一台物理 I/O 设备虚拟为多台逻辑 I/O 设备，同样允许多个用户共享一台物理 I/O

设备。

1. 什么是 Spooling

为了缓和 CPU 的高速性与 I/O 设备低速性间的矛盾而引入了脱机输入、脱机输出技术。该技术是利用专门的外围控制机，将低速 I/O 设备上的数据传送到高速磁盘上，或者将数据从高速磁盘上传送到低速 I/O 设备上。事实上，当系统中引入了多道程序技术后，完全可以利用其中的一道程序，来模拟脱机输入时外围控制机功能，把低速 I/O 设备上的数据传送到高速磁盘上；再用另一道程序来模拟脱机输出时外围控制机的功能把数据从磁盘传送到低速输出设备上。这样，便可在主机的直接控制下，实现脱机输入/输出功能。此时的外围操作与 CPU 对数据的处理同时进行，我们把这种在联机情况下实现的同时外围操作称为 Spooling，或称为假脱机操作。

2. Spooling **系统的组成**

由上述所知，Spooling 技术是对脱机输入/输出的模拟。相应的，Spooling 系统必须建立在具有多道程序功能的操作系统上，而且还应有高速随机外存的支持，这通常是采用磁盘存储技术。如图 6-21 所示，Spooling 系统主要由三部分组成。

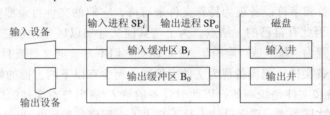

图 6-21　Spooling 系统的组成

（1）输入井和输出井。这是在磁盘上开辟的两个大存储空间。输入井是模拟脱机输入时的磁盘设备，用于暂存 I/O 设备输入的数据；输出井是模拟脱机输出时的磁盘，用于暂存用户程序的输出数据。输入井和输出井是把一台独享设备变为共享设备的物质基础。

（2）输入缓冲区和输出缓冲区。为了缓和 CPU 和磁盘之间速度不匹配的矛盾，在内存中要开辟两个缓冲区：输入缓冲区和输出缓冲区。输入缓冲区用于暂存由输入设备送来的数据，以后再传送到输入井。输出缓冲区用于暂存从输出井送来的数据，以后再传送给输出设备。

（3）输入进程 SP_i 和输出进程 SP_o。这里利用两个进程来模拟脱机 I/O 时的外围控制机。其中，进程 SP_i 模拟脱机输入时的外围控制机，将用户要求的数据从输入机通过输入缓冲区再送到输入井，当 CPU 需要输入数据时，直接从输入井读入内存；进程 SP_o 模拟脱机输出时的外围控制机，把用户要求输出的数据，先从内存送到输出井，待输出设备空闲时，再将输出井中的数据经过输出缓冲区送到输出设备上。

3. Spooling **系统的特点**

（1）提高了 I/O 的速度。这里，对数据所进行的 I/O 操作，已从对低速 I/O 设备进行的 I/O 操作，演变为对输入井或输出井中数据的存取，如同脱机输入输出一样，提高了 I/O 速度，缓和了 CPU 与低速 I/O 设备之间速度不匹配的矛盾。

（2）将独占设备改造为共享设备。因为在 Spooling 系统中，实际上并没为任何进程分配设备，而只是在输入井或输出井中为进程分配一个存储区和建立一张 I/O 请求表。这样，便把独占设备改造为共享设备。

（3）实现了虚拟设备功能。宏观上，虽然是多个进程在同时使用一台独占设备，而对于每一个进程而言，它们都会认为自己是独占了一个设备。当然，该设备只是逻辑上的设备。Spooling 系统实现了将独占设备变换为若干台对应的逻辑设备的功能。

6.6 UNIX 的设备管理

设备管理的主要任务是管理系统中的所有外设。UNIX 操作系统把设备分成两类：块设备，用于存储信息，它对信息的存取是以信息块为单位进行的，如通常的磁盘、磁带等；字符设备，用于输入/输出程序和数据，它对信息的存取是以字符为单位进行的，如通常的终端设备、打印机等。

为了识别每一个具体的设备，UNIX 为每一类设备设置一个编号，称为主设备号，同类设备中的不同设备也给予一个编号，称为次设备号。在请求设备进行输入/输出时，必须指定主设备号和次设备号。这样，由主设备号判定由哪个驱动程序工作，驱动程序根据次设备号确定控制哪台设备去完成所需要的 I/O。

UNIX 把块设备和字符设备视为特殊文件来对待，它们的文件目录都在子目录 dev 下。由于它们是文件，因此有自己的 i 结点。为了与其他文件加以区分，在它们的索引结点中，把"文件类型"栏置为"块"或"字符"，由此表明它们不是普通文件或目录文件，而是块设备文件或是字符设备文件。把设备视为文件来管理，至少有以下两方面的好处：

（1）由于设备和文件是统一的，因此对设备的输入/输出与对文件的输入/输出使用的是一样的系统命令。这样一来，程序设计人员不必去关心程序的输入/输出是针对设备的还是针对文件的，为用户提供了更加友善的使用环境。

（2）另一个优点体现在访问权限和保护上。对于设备而言，毫无限制地允许用户使用所有的文件，或完全不允许用户直接访问设备，这都不尽如人意。将设备统一到文件上去，就可以把对文件的保护机制扩展到设备上，因而可以规定设备文件的拥有者、组员及其他人员对该设备的使用权限。这样，设备使用起来会更加感到安全、自如和方便。

6.6.1 字符设备缓冲区管理

字符设备工作速度慢，每次传输的数量不定且较少，各种设备之间的物理差异很大，因此 UNIX 为它们的输入/输出采用了较为容易管理的字符缓冲技术。

字符设备输入/输出所使用的缓冲池，由一个个缓冲区组成，每个缓冲区既含数据存放部分又含管理控制部分。如图 6-22 所示，字符缓冲区中的各项内容如下：

缓冲区指针：这是一个指向下一个字符缓冲区的指针，由它可以形成字符缓冲区的各种队列；本缓冲区首字符位置：它总是指明当前本缓冲区中存放的第一个可用字符所在的位置；本缓冲区尾字符位置：它总是指明当前本缓冲区中存放的最后一个可用字符所在的位置。在这三个信息的后面，紧跟着一个 64 字节大小的缓冲数据区。

缓冲区指针（c_next）
本缓冲区首字符位置（c_first）
本缓冲区尾字符位置（c_last）
缓冲数据区（64 字节）

图 6-22 UNIX 的字符缓冲示意

对于字符缓冲区，只有空闲缓冲区队列和设备的输入/输出队列，它们分别如图 6-23(a)、(b)。UNIX 把空闲缓冲区队列视为一个栈来管理，进队列和出队列都是在队首进行。也就是说，申请一个字符缓冲区时，就把该队列中的第一个缓冲区摘下分配出去；释放一个缓冲区时，就把它插入到队首。

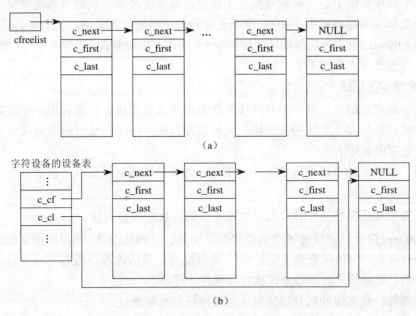

图 6-23　UNIX 字符缓冲区的两种队列

每一个字符设备都有自己的设备表，该表中有两个指针 c_cf 和 c_cl，分别指向该设备输入/输出请求队列的首缓冲区和尾缓冲区。对于一个字符缓冲区，c_first 是从缓冲区取字符的指针，c_last 是往缓冲区中存字符的指针，如图 6-24 所示。图 6-24（a）表示某个字符设备的输入/输出请求队列初态；图 6-24（b）表示取走字符"a"以后的状态；图 6-24（c）表示存入字符"d"后的状态。

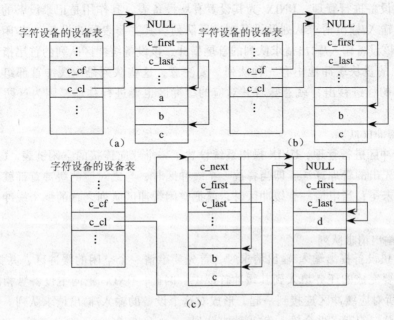

图 6-24　输入/输出请求队列的变化

6.6.2　块设备缓冲区管理

在 UNIX 操作系统中，为块设备配置了块设备数据缓冲池，供磁盘和磁带使用。每个缓冲区的大小至少应与盘块的大小相当。至于盘块的大小则随计算机的不同而异，可以是 512 B，也可以大到 4 096 B。由于盘块缓冲区的容量较大，使用上也较复杂，因此在 UNIX 操作系统中，盘块缓冲区的组成方式不同于字符缓冲区。

1.　盘块缓冲区组成

在 UNIX 操作系统中，每一个盘块缓冲区均由两部分组成，一部分用于存放数据本身，即数据缓冲区；另一部分是缓冲控制块，又称缓冲首部，用于存放对应缓冲区的管理信息。缓冲首部的各项内容如下：

设备号：指该缓冲首部对应的缓冲区中存放的数据所属的设备号（包括主设备号和次设备号）。

块号：指明对应缓冲区中存放的是块设备中哪一块的数据内容。

状态 bflag：指所对应缓冲区当前的状态。比如，一种状态是"忙"，它表示正有进程对该缓冲区进行存取；一种状态是"延迟写"，表示缓冲区里的内容还没有写到磁盘上。如果要把它另作他用，就必须先对该缓冲区执行写操作才行。

缓冲区指针：是该缓冲区首部所对应的缓冲的起始地址。

设备缓冲区队列的前向指针与后向指针：当前缓冲池中所有属于该块设备的缓冲区所对应的缓冲首部通过这两个指针连接成一个双向的设备缓冲区队列。

空闲缓冲区队列的前向指针和后向指针：当前缓冲池中所有的空闲缓冲区所对应的缓冲首部通过这两个指针连接成一个双向的空闲缓冲区队列。

传送字节数：给出 I/O 所要传输的字节数。

2.　盘块缓冲池结构

为了对块设备进行管理，UNIX 为其设置有块设备表，其作用是记录设备的使用情况，管理该设备的输入/输出请求队列及设备缓冲区队列。其主要表项有设备"忙/闲"标志、出错重做次数、该设备输入/输出请求队列的首尾指针、该设备缓冲区队列的首尾指针等。

在 UNIX 的盘块缓冲池中有三种队列。要注意，这些队列是由缓冲首部组成的，缓冲首部在队列中的移进移出，就意味着其对应的缓冲区也要进行移动，因为这两者是一一对应的。

1）空闲缓冲区队列

为了对缓冲区进行管理，UNIX 操作系统设置了一个双向连接的空闲链表。UNIX 对这个队列采用先进先出的管理算法，即当释放一个缓冲区时，与之对应的缓冲首部就被链入到空闲缓冲区队列末尾；当申请一个缓冲区时，就把空闲缓冲区队列之首的那个缓冲区摘下分配出去。

2）输入/输出请求队列

当用户对块设备提出输入/输出请求时，首先要申请一个空闲的缓冲区，并把这次输入/输出请求具体要完成的任务填入到其缓冲首部中。因此，UNIX 把向主设备号相同的设备提出的 I/O 请求所对应缓冲连接到一起，形成对这个设备的输入/输出请求队列。显然，有多少类设备，就对应的有多少个输入/输出请求队列。

输入/输出请求队列是一个单向链表，UNIX 对其管理同样采用先进先出管理算法，即后到的输入/输出请求所对应的缓冲区排在队尾，设备总是为排在队首的那个缓冲区中所记录的请求服务，服务完后就把它从队首摘下，再为下一个请求服务。

3）设备缓冲区队列

因为缓冲池中的缓冲区资源是有限的，所以为了能够对它们及里面存放的数据信息最大限度地加以利用，UNIX 又设置了设备缓冲区队列。因为一个已经在空闲缓冲区队列中的缓冲区，在它未被挪用之前，其中保存的仍然是磁盘上某块中的数据信息，这些信息当然可以重复使用而不必去启动磁盘再次读入。这样，把为某个设备服务的缓冲区全部汇集在一起就形成了这个设备的设备缓冲区队列。

显然，这是一个双向链表；当一个空闲缓冲区被分配给某个块设备做输入/输出时，它同时被插入到输入/输出请求队列和该设备的设备缓冲区队列中；因此，在任何时刻，UNIX 的任何一个缓冲区总会在两个队列里排队，或者在空闲缓冲区队列和设备缓冲区队列里排着，或者在输入/输出请求队列和设备缓冲区队列里排着。

3. 盘块缓冲区的分配与回收

缓冲区的分配与回收包括缓冲区分配（getblk）、空闲缓冲区分配（geteblk）及释放缓冲区（brelse）操作。

getblk 用于从空闲缓冲区队列中获得任一空闲缓冲区。该操作首先检查空闲缓冲区队列是否为空，若空，便调用 sleep 操作睡眠等待，直至在空闲缓冲区队列中出现空闲缓冲区为止；否则从空闲缓冲区队列中摘下第一个缓冲区。若在其缓冲首部中还有延迟写标志，则还需调用 bdwrite 操作，将此缓冲区中的数据写回到磁盘中，再从空闲队列中取得一个空缓冲区。getblk 算法如下：

```
输入: 文件系统号（即逻辑设备号）dev, 盘块号 blkno
输出: bp——可供该盘块使用的 buf（被封锁）
getblk (dev,blkno)
{ while (未找到相应 buf){
     if (盘块在设备 buf 队列中){
          if (buf 忙){
          sleep (buf 成为空闲);
          continue;                          /*回到 while 循环*/
          }
          标记 buf 忙;
          从自由 buf 队列中移走该 buf;
          return (buf);
     }
     else {                                  /*盘块不在设备 buf 队列中*/
          if (自由队列中已无 buf){
          sleep (任一 buf 成为空闲);
          continue;                          /*回到 while 循环*/
          }
          从自由队列中移走该 buf;
          if (buf 标志为"延迟写"){
          异步写 buf 到相应设备上;
          continue;                          /*回到 while 循环*/
          }
```

```
        从原来的设备 buf 队列中移走该 buf;              /*找到空闲的 buf*/
        把它放在新的设备 buf 队列中;
        return (buf);
     }
  }
}
```

geteblk 用于为指定设备和盘块申请一个缓冲区。首先检查指定盘块是否在缓冲池中，如果在，便不再从磁盘上读；否则分配给它一个空闲缓冲区，并把此缓冲区同时插入设备缓冲区队列。

当系统不再需要一个缓冲区，或当 I/O 操作完成时，系统调用 brelse 算法释放该缓冲区，当系统释放一个缓冲区之后，它唤醒那些因为空闲缓冲区队列空而睡眠的进程。brelse 算法如下：

```
输入: bp——要释放的缓冲区
输出: 无
brelse (bp)
{  唤醒所有等待自由队列成为"非空"的进程;
   唤醒所有等待本 buf 成为空闲的进程;
   提升处理机执行级别, 屏蔽中断;
   if (buf 内容有效且不是过时的)
       把本 buf 放入自由队列末尾;              /*以备将来使用*/
   else                                    /*如偶尔遇到出错*/
       把本 buf 放入自由队列的开头;           /*以后很少使用它*/
   降低处理机执行级别, 开放中断;
   解除封锁(buf);
}
```

小　结

设备管理是操作系统的主要资源管理功能之一，由 I/O 系统实施，它涉及主机之外的所有外设的管理。外设大致可分为块设备和字符设备两类。典型的块设备是用于存储信息的磁盘，是共享设备、高速设备。典型的字符设备是用于同外部环境进行信息交换的打印机，是独享设备、中低速设备。

I/O 系统的基本目标是向用户提供方便的设备使用接口及充分发挥设备的利用率。它需要隐蔽设备的物理特性，支持独立于设备的统一接口，进行设备的分配及出错处理。

I/O 系统结构按从低到高可大致分为三个层次：I/O 中断处理程序、设备驱动程序、逻辑 I/O 系统。常用的 I/O 控制方式有程序直接控制方式、中断控制方式、DMA 控制方式和通道控制方式。I/O 系统所使用的基本数据结构包括系统设备表、设备控制块、控制器控制表及通道控制表。

独享设备的分配采取先来先服务或高优先级优先方式。共享磁盘的调度算法以寻道优化为出发点，常用的磁盘调度算法有先来先服务、最短寻道优先、电梯算法和循环扫描算法等。

设备管理中常用的技术有中断技术、缓冲技术与 Spooling 技术。缓冲区是 I/O 系统的重要数据结构，按使用方式可将缓冲区设置成专用缓冲区和公用缓冲区；按组织方式可分成单缓冲区、双缓冲区、多缓冲区和缓冲池。公用缓冲池是被广泛采用的一种缓冲区管理方案，利用缓冲区首部和过程 getbuf 和 putbuf 实现缓冲区的管理。Spooling 技术是独享设备的管理技术，其核心思想是利用可共享的、高速的磁盘来模拟独享设备的操作，使一台独享设备变为多台可并行工作的虚拟设备。

本章习题

一、选择题

1. 在对磁盘进行读写操作时，下面给出的参数中，（　　）是不正确的。

    A. 柱面号　　　　　B. 磁头号　　　　　　C. 盘面号　　　　　D. 扇区号

2. 在设备管理中，是由（　　）完成真正的 I/O 操作的。

    A. 输入/输出管理程序　　　　　　　　B. 设备驱动程序

    C. 中断处理程序　　　　　　　　　　D. 设备启动程序

3. 在下列磁盘调度算法中，只有（　　）考虑 I/O 请求到达的先后次序。

    A. 最短查找时间优先调度算法　　　　B. 电梯调度算法

    C. 单向扫描调度算法　　　　　　　　D. 先来先服务调度算法

4. 下面所列的内容里，（　　）不是 DMA 方式传输数据的特点。

    A. 直接与内存交换数据　　　　　　　B. 成批交换数据

    C. 与 CPU 并行工作　　　　　　　　D. 快速传输数据

5. 在 CPU 启动通道后，由（　　）执行通道程序，完成 CPU 所交给的 I/O 任务。

    A. 通道　　　　　B. CPU　　　　　　C. 设备　　　　　D. 设备控制器

6. 利用 Spooling 技术实现虚拟设备的目的是（　　）。

    A. 把独享的设备变为可以共享　　　　B. 便于独享设备的分配

    C. 便于对独享设备的管理　　　　　　D. 便于独享设备与 CPU 并行工作

7. 一般的，缓冲池位于（　　）中。

    A. 设备控制器　　　B. 辅助存储器　　　C. 主存储器　　　　D. 寄存器

8. （　　）是直接存取的存储设备。

    A. 磁盘　　　　　B. 磁带　　　　　　C. 打印机　　　　　D. 键盘显示终端

9. 按照设备的（　　）分类，可将系统中的设备分为字符设备和块设备两种。

    A. 从属关系　　　B. 分配特性　　　　C. 操作方式　　　　D. 工作特性

10. CPU 输出数据的速度远远高于打印机的打印速度，为了解决这一矛盾，可采用（　　）。

    A. 并行技术　　　B. 通道技术　　　　C. 缓冲技术　　　　D. 虚存技术

11. 通道又称 I/O 处理机，它用于实现（　　）之间的信息传输。

    A. 内存与外设　　B. CPU 与外设　　　C. 内存与外存　　　D. CPU 与外存

12. 如果 I/O 设备与存储设备进行数据交换不经过 CPU 来完成，这种数据交换方式是（　　）。

    A. 程序循环测试方式　　　　　　　　B. 中断方式

    C. DMA 方式　　　　　　　　　　　D. 无条件存取方式

13. （　　）是操作系统中采用的以空间换取时间的技术。

    A. Spooling 技术　　　　　　　　　　B. 虚拟存储技术

    C. 覆盖与交换技术　　　　　　　　　D. 通道技术

14. 在操作系统中，（　　）指的是一种硬件机制。
　　A. 通道技术　　　B. 缓冲池　　　　C. Spooling 技术　　　　D. 内存覆盖技术
15. （　　）用做连接大量的低中速 I/O 设备。
　　A. 数据选择通道　　　　　　　　　B. 字节多种通道
　　C. 数组多路通道

二、填空题

1. 磁带、磁盘这样的存储设备都是以_____为单位与内存进行信息交换的。
2. 根据用户作业发出的磁盘 I/O 请求的柱面位置，来决定请求执行顺序的调度，被称为_____调度。
3. DMA 控制器在获得总线控制权的情况下能直接与_____进行数据交换，无需 CPU 介入。
4. 在 DMA 方式下，设备与内存之间进行的是_____数据传输。
5. 通道是一个独立于 CPU 的、专门用来管理_____的处理机。
6. 引起中断发生的事件称为_____。

三、解答题

1. 简述设备管理的基本功能。
2. 简述各种 I/O 控制方式及其主要优缺点。
3. 什么叫虚拟设备？实现虚拟设备的主要条件是什么？
4. 总结设备和 CPU 在四种 I/O 控制方式中，各自在"启动、数据传输、I/O 管理及善后处理"各个环节中所承担的责任。
5. 启动磁盘执行一次输入/输出操作要花费哪几部分时间？哪个时间对磁盘的调度最有影响？
6. 试述 Spooling 系统三个组成软件各自的作用。
7. 什么是缓冲？为什么要引入缓冲？

四、计算题

1. 假定磁盘有 200 个柱面，编号 0～199。当前移动臂的位置在 143 号柱面上，并刚刚完成了 125 号柱面的服务请求。如果请求队列的先后顺序是 86，147，91，177，94，150，102，175，130。试问为完成上述请求，下列算法移动臂移动的总量是多少？并写出移动臂的移动顺序。
（1）先来先服务算法 FCFS。
（2）最短查找时间优先算法 SSTF。
（3）电梯算法 SCAN。
（4）单向扫描算法。

2. 磁盘请求以 10、22、20、2、40、6、38 柱面的次序到达磁盘驱动器。移动臂移动一个柱面需要 6 ms，实行以下磁盘调度算法时，各需要多少总的查找时间？假定磁臂起始时定位于柱面 20。
（1）先来先服务。
（2）最短查找时间优先。
（3）电梯算法（初始由外向里移动）。

第7章

→ 文 件 管 理

引子：分而治之，各个击破

　　管理就是分而治之。清·俞樾《群经平议·周官二》记："凡邦之有疾病者，疴瘍者造焉，则使医分而治之，是亦不自医也。"历史上，分而治之一直就是一种高明的管理策略。秦时，破坏合纵的连横即是一种分而治之的手段；晏婴的一桃杀三士，更是令众人叫绝。

　　鲁国国相叔孙聪明一世，唯独不懂此道。竖牛唆使叔孙的儿子仲壬，带上鲁君赏赐的玉佩，声称叔孙已经同意；又去叔孙那儿告密，说仲壬私自佩戴鲁君赠送的玉，激怒叔孙杀了仲壬。后来，竖牛又采用相同的手法让叔孙杀了另一个儿子孟丙。相反的案例，刘邦对后事的安排则非常高明，据他遗嘱，把相权一分为二、分置左右两相的做法，令后人叹为观止。

　　玩得最精彩的是西汉的推恩令。西汉晁错提出削藩，七国之乱起，藩未削而身先死，闹得沸沸扬扬。武帝时，主父偃就极其聪明，主张化整为零，不收回藩国的权力，但藩国要分封给子弟，结果藩国越分越小，像散落的珍珠，想闹也闹不起来。老百姓分家总是有矛盾的，何况皇族，为家产争得自顾不暇，还如何一致对抗中央呢？

　　前面几章所涉及的管理对象都是计算机系统中的硬件资源，现代计算机系统中需要用到大量的程序和数据，平时总是以文件的形式存放在外存中，需要时可随时将它们调入内存。对这类资源的管理，要由操作系统中的"文件管理"来完成。文件管理功能负责管理在外存上的文件，并把对文件的存取、共享和保护等手段提供给操作系统和用户。

本章要点：

- 文件的逻辑结构与物理结构。
- 文件存储空间的管理。
- 文件目录结构及管理。
- 文件的共享与保密。

7.1　文件管理概述

7.1.1　文件系统的引入

　　操作系统对计算机的管理包括两个方面：硬件资源管理与软件资源管理。硬件资源管理主要解决硬件资源的有效和合理利用问题，主要包括 CPU、存储器、设备的管理。软件资源主要包括系统程序（包括操作系统本身的程序）、系统应用程序或工具（如编辑程序、编译程序等）、库函数、用户程序和数据。

显然，用户使用计算机来完成自己的某件任务时，要碰到下列问题：

（1）如何使用现有的软件资源来完成自己的任务。例如，如何用编辑、编译及连接程序来生成目标代码；如何调用系统调用和利用库函数与实用程序来减少编程工作，避开与硬件有关的部分。

（2）编制完成的或未完成的程序存放在什么地方，需要访问的数据存放在什么地方，才能使得人们可以再利用已有的软件资源。

事实上，这两个问题是一个怎么样对软件资源（程序和数据）进行透明存放，并能令这些程序和数据做到召之即来的问题。早期的计算机系统由于硬件资源的限制，只能用卡片或纸带来存放程序和数据。这些卡片和纸带都分别编号存放，当用户需要使用它们时，才把这些卡片和纸带放在读卡机上输入计算机。显然，这些人工干预的控制和保存软件资源的方法不可能做到透明存取，极大地限制了计算机的处理能力和 CPU 等计算机硬件的利用率。

大容量直接存取的磁盘存储器和顺序存取的磁带存储器的出现，为程序和数据等软件资源的透明存取提供了物质基础。这使软件资源管理质的飞跃，即文件系统的出现。

文件系统把相应的程序和数据看做文件，并把它们存放在磁盘或磁带等大容量存储介质上，从而做到对程序和数据的透明存取。所谓透明存取，是指不必了解文件存放的物理结构和查找方法等与存取介质有关的部分，只需给定一个代表某段程序或数据的文件名，文件系统就会自动地完成对与给定文件名对应文件的有关操作。

对大多数用户来说，文件系统是操作系统中最直接可见的部分，是计算机组织、存取和保存信息的重要手段。因此，文件系统必须完成如下工作：

（1）为了合理的存放文件，必须对磁盘等辅存（又称文件空间）进行统一管理。创建新文件时分配空闲区，删除文件时回收存储区，修改文件时调整存储区。

（2）为了实现按名存取，需要有一个用户可见的文件逻辑结构。文件逻辑结构是独立于物理存储设备的，用户依此进行信息的存取和加工。

（3）为了便于存放和加工信息，文件在存储设备上应按一定的方式存放，这种方式称为文件的物理结构。同时应完成对存放在存储设备上的文件信息的查找，即文件名到文件空间的映射。

（4）完成文件的共享和提供保护功能。

7.1.2　文件及其分类

1.　文件的概念

所谓文件，是指具有完整逻辑意义的存储在某种存储介质上的具有标识名的一组相关信息的集合。任何具有独立意义的一组信息都可以组织成一个文件。例如，一个高级语言源程序，一个可执行的二进制代码程序，一批待处理的数据，一个表格，一篇文章等。其次，文件具有保存性，文件被存放在某种存储介质上，如磁盘、磁带等，它们可以被长期保存而不会自动消失。此外，文件可按名存取，每个文件都具有专门的文件标识名，当需要使用某个文件时，可使用文件名来访问而无需了解文件在存储介质上的具体物理位置，即对文件的访问与设备的物理特性无关。

一个文件的文件名是在创建该文件时给出的。对文件的命名规则，在各个操作系统中不尽相同，大多数系统都允许用不多于八个字母的字符串作为合法的文件名。通常也允许文件名中出现数字和某些特殊的字符，但要依系统而定。有的系统区分文件名中的大小写英文字母，如 UNIX；有的则不区分，如 MS-DOS 与 Windows。很多操作系统采取用圆点隔开成两部分的文件名形式，圆点后的部分称为文件的扩展名，扩展名大多 1～3 个字符，其作用是标明文件的类型。

大多数操作系统设置了专门的文件属性用于文件的管理控制和安全保护，它们虽非文件的信息内容，但对于系统的管理和控制是十分重要的。这组属性包括：

文件的基本属性：文件名字、文件所有者、文件授权者、文件长度等。

文件的类型属性：可以从不同的角度来规定文件的类型，如源文件、目标文件及可执行文件等。

文件的保护属性：如可读、可写、可执行、可更新、可删除等，可以改变保护及档案属性。

文件的管理属性：如文件创建时间、最后存取时间、最后修改时间等。

文件的控制属性：逻辑记录长、文件当前长、文件最大长，以及允许的存取方式标志、关键字位置、关键字长度等。

2. 文件的分类

在文件系统中，为了有效、方便地组织和管理文件，常按照某种观点对文件进行分类。常用的分类方法有下述几种。

1）按文件的性质和用途来分

系统文件：由操作系统及其系统程序（如语言的编译程序）构成。这些文件通常是可执行的目标代码及所访问的数据，允许用户通过系统调用来执行，不允许读写和修改。

用户文件：是用户在软件开发过程中产生的、委托系统保存的文件，如源程序、目标程序、用户数据库等。这些文件只能由文件主和被授权者使用。

库文件：包括常用的标准子程序（如求三角函数的子程序）、实用子程序（如对数据进行排序的子程序）等组成库文件。用户在开发过程中可以直接调用库文件中的文件，不过用户对这些文件只能读取或执行，不能修改。

2）按文件的保护级别来分

只读文件：只许查看的文件是只读文件。对于只读文件，使用者不能对它们进行修改，也不能运行。

读写文件：这是一种允许查看和修改的文件，但不能运行。

可执行文件：这是一种可以在计算机上运行的文件，以完成特定的功能。使用者不能对它进行查看和修改。

不保护文件：这是一种不设防的文件，可以任意使用、查看和修改。

3）按文件的存取方式来分

顺序存取文件：对文件的存取操作，只能依照记录在文件中的先后次序进行。这种文件的特点是如果当前是对文件的第 i 个记录进行操作，那么下面肯定是对第 $i+1$ 个记录进行操作。

随机存取文件：对文件的存取操作，是根据给出关键字的值来确定的。比如根据给出的"姓名"值，立即得到此人的记录。

4）按文件的逻辑结构来分

流式文件：这类文件是有序的字符集合，不划分结构，以结束符标志文件结束。它是用户组织自己的文件的一种常用方式。

第 7 章 文件管理

记录式文件：文件信息可再划分为多个记录，用户以记录为单位组织使用信息。这也是用户组织文件的一种常用方式，为用户组织文件提供了较多的灵活性。

5）按文件的物理结构来分

连续文件：把文件存放在辅存的连续存储块中。

链接文件：又称串联文件，把文件存放在辅存的不连续的存储块中，每块之间有指针连接指明了它们的顺序关系。

索引文件：又称随机文件，把文件存放在辅存的不连续存储块中，通过索引表来说明它们的顺序关系。

6）按文件的内容来分

普通文件：指组织格式为系统中规定的最一般格式的文件，如由字符流组成的文件。包括系统文件、用户文件、库函数文件、实用程序文件等。

目录文件：在管理文件时，要建立每一个文件的目录项。如果文件很多，那么文件的目录项也很多。操作系统经常把这些目录项聚集在一起，构成一个文件来加以管理。由于这种文件中包含的都是文件的目录项，因此称其为目录文件。

特殊文件：为了统一管理和方便使用，在操作系统中常以文件的观点来看待设备。于是被视为文件的设备称为设备文件，也常称为特殊文件。设备文件在使用形式上与普通文件相同，系统把对其操作转入到对不同设备的操作。

7）按信息流向来分

输入文件：如读卡机或键盘上的文件，只能读入，所以它们是输入文件。

输出文件：如打印机上的文件，只能写出，所以它们是输出文件。

输入/输出文件：如磁盘、磁带上的文件，既可以读又可以写，所以它们是输入/输出文件。

8）按数据形式来分

源文件：指由源程序和数据构成的文件。通常由终端或输入设备输入的源程序和数据所形成的文件都属于源文件。源文件一般由 ASCII 码或汉字组成。

目标文件：指源文件经过编译以后，但尚未连接的目标代码的文件。目标文件属于二进制文件。

可执行文件：编译后的目标代码经连接程序连接后形成的可以运行的文件。

文件的分类主要是便于系统对不同的文件进行不同的管理，从而提高处理速度和起到保护与共享的作用。例如，一个系统文件在读入内存时将被放在内存的某一个固定区且享受高的保护级别，从而不必像一般的用户文件那样只有在内存用户可用区分得相应的空闲区之后才能被调入内存。

7.1.3 文件系统

1. 文件系统的定义

文件被存放在大容量的外存中，当用户需要使用时，就通过文件名把相应的文件读到内存，为此，操作系统中就必须要有与文件管理有关的软件。所谓文件系统，是指与文件管理有关的那部分软件、被管理的文件及管理所需要的数据（如目录、索引表等）的总体。

文件系统是操作系统与用户关系最密切的部分，可为用户提供使用文件的方便接口。在操作系统的程序级与作业控制级这两级接口中都提供有与文件有关的操作命令。下面是一些常用的文件操作命令。

建立文件：按名创建一个新文件。

撤销文件：删除指定文件，释放所占用的存储空间。

打开文件：请求访问指定文件。

关闭文件：结束访问指定文件。

读文件：将一文件的全部或局部读入内存。

写文件：将内存区中的信息送入文件。

删除记录：删除记录式文件的某个记录。

列表：打印文件内容。

列目录：列出指定目录表中的目录清单。

建立目录：建立一个新目录项。

删除目录：删除指定目录项。

复制文件：为一文件建立复件，并赋予新的文件名。

更名：更新文件名字。

更改属性：改变一文件的属性，如操作方式、访问权限等。

卷安装：将一文件卷装入系统。

卷拆卸：将一文件卷从系统上卸下。

2. 文件系统的功能

（1）实现文件按名存取，完成从文件名到文件存储物理地址映射。这种映射是由文件的文件说明（如文件头）中所记载的有关信息决定的，用户不必去了解文件存取的物理位置和查找方式，因为它们对用户来说是透明的。

（2）文件存储空间的分配与回收。当建立一个文件时，文件系统根据文件块的大小，分配一定的存储空间；当文件被删除时，系统将回收这一空间，以提高空间的利用率。

（3）对文件及文件目录进行管理，实现用户要求的各种文件操作。这是文件系统最基本的功能，包括文件的建立、读写和删除，文件目录的建立与删除等。

（4）提供操作系统与用户的接口。一般来说，人们把文件系统视为操作系统对外的窗口。用户通过文件系统提供的接口进入系统。不同的操作系统会提供不同类型的接口，不同的应用程序往往会使用不同的接口。常见的接口有菜单式接口、程序接口等。

（5）提供有关文件自身的服务，如文件的安全性、文件的共享机制等。

3. 文件系统的层次模型

文件系统的层次模型如图 7-1 所示。

操作系统的层次结构的设计方法是 Dijkstra 于 1967 年提出的。1968 年，Madnick 将这一思想引入了文件系统。可以按照系统所提供的功能将文件系统划分为各种不同的层次，下层为上层提供服务，上层使用下层的功能。这样，上下层之间彼此无需了解对方的内部结构和实现方法，而只关心二者的接口。从而，一个十分复杂的系统由于层次划分变得易于设计、理解和实现。而且当系统出现错误时，也容易进行查错和调整，因此系统的管理和维护非常容易。

但是层次的划分是一个十分复杂的问题。如果层次划分太少，则每层内容十分复杂，分层意义不明显；如果层次划分太多，各层之间传递的参数会急剧增加，则每层的处理占去一定的系统开销，从而影响系统效率。因此，层次的划分要根据实际需要仔细的去考虑。Madnick 把文件系统划分为八层。

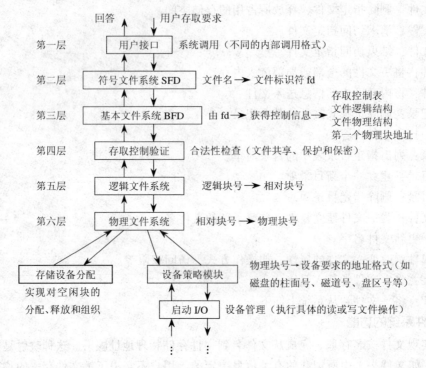

图 7-1　文件系统的层次模型

相关链接：Solaris 文件系统

简单的文件系统层次模型对于同时支持多个文件系统有所不足。为此，Sun 公司提出了虚拟文件系统（Virtual File System，VFS）框架结构，通过 VFS 可以支持多种可加载文件系统。

虚拟文件系统框架提供了一组独立于文件系统，定义完善的接口。虚拟文件系统框架实质上是一个独立于具体文件系统的接口集，它屏蔽了底层的具体实现。其中最关键的接口有虚拟文件结点（Vnode）对象和虚拟文件系统（VFS）对象。前者是所有类型文件的一个抽象，负责实现文件相关的功能，如读、写、打开、关闭和重命名等；后者是所有类型文件系统的一个抽象，负责实现文件系统的管理功能，如安装和卸载等。在这个框架中，系统调用在实现时只需针对 Vnode 和 VFS 进行操作，而无需考虑具体操作的文件或文件系统是什么类型。

不同的写操作方式直接影响着文件系统的可恢复性。最具代表性的三种写入设计方式分别为谨慎写（Careful Write）文件系统、延迟写（Lazy-Write）文件系统和事务日志（Transaction Log）文件系统。

当今的大型文件系统，比如 NTFS，主要采用两种措施来进行安全性保护：一是对文件和目录进行权限限制，二是对文件和目录进行加密。Solaris 采用文件访问控制列表（ACL）为文件分派具有不同权限的用户列表。Solaris 服务器系统的安全与其加密体系密切相关。Solaris 加密体系（Cryptographic Framework）以无缝透明的形式向用户提供应用和内核模块的加密服务，用户应用很少察觉，也很少受到干扰。密码体系包括命令、用户程序编程接口、内核编程接口和优化加密算法的程序。

7.2　文件的结构

通常，文件是由一系列的记录组成的。文件系统设计的关键要素是将这些记录构成一个文件的方法及将一个文件存储到外存上的方法。事实上，对于任何一个文件都存在着以下两种形式的结构：

文件的逻辑结构（File Logical Structure）：这是从用户观点出发所观察到的文件组织形式，是用户可以直接处理的数据及其结构，它独立于文件的物理特性，又称文件的组织（File Organization）。

文件的物理结构：又称文件的存储结构，是指文件在外存上的存储组织形式。这不仅与存储介质的存储性能有关，还与所采用的外存分配方式有关。

无论是文件的逻辑结构，还是其物理结构，都会影响对文件的检索速度。

7.2.1　文件的逻辑结构与存取方法

对文件逻辑结构所提出的基本要求，首先是能提高检索速度，即当用户需要对文件信息进行操作时，给定的逻辑结构应使文件系统在尽可能短的时间内查找到需要查找的记录或基本信息单位；其次是便于修改，即当用户对文件信息进行修改操作时，给定的逻辑结构应能尽量减少对已存储好的文件信息的变动；再次是降低文件的存储费用，即应使文件信息占据最小的存储空间。

1. 文件的逻辑结构

文件的逻辑结构是用户可见结构，是从用户使用的角度出发来组织文件的。文件的逻辑结构可分为两大类：一类是字符流式的无结构文件，又称流式文件；另一类是记录式的有结构文件，这是指由一个以上的记录构成的文件，又称之为记录式文件。流式文件可以看成是记录式文件的特例，这两种结构形式不同，但却是等价的。

1）字符流式文件

字符流式文件是由字符序列组成的文件，其内部信息不再划分结构，也可以理解为字符是该文件的基本信息单位。访问流式文件时，要依靠读写指针来指出下一个要访问的字符。

这种文件的管理简单，要查找信息的基本单位比较困难。正因为如此，这种结构仅适于那些对文件的基本信息单位查找、修改不多的文件。常用的源程序文件、目标代码文件等可采用这种结构。

2）记录式文件

这是一种有结构文件，它把文件内的信息划分为多个记录，用户以记录为单位来组织信息。

记录是一个具有特定意义的信息单位，由记录在文件中的相对位置、记录名及该记录所对应的一组键、属性及其属性值组成。一个记录可以有多个键名，每个键名可对应于多项属性。根据系统设计的要求，记录既可以是定长的，也可以是变长的。记录的长度可以短到一个字符，也可以长到一个文件。

根据记录式文件中记录的排列方式不同，记录式文件结构可分为连续结构、多重结构、转置结构和顺序结构。下面分别介绍各种结构。

连续结构：是文件按记录生成的顺序连续排列的逻辑结构，适用于所有文件。记录的排列顺序与记录的内容无关，这有利于记录的追加与变更，但不利于文件的搜索。字符流式的文件也是一个典型的连续结构，不同的是，它的记录的长度是一个字符。

顺序结构：给定某一顺序规则，将文件的记录按满足规则的键的顺序排列起来，形成顺序结构的文件。这种结构文件按键查找、增删操作，十分方便。其中的记录通常是定长记录。例如，用户 E-mail 地址的记录，可按用户名的字母顺序来排列以组成记录，这便是顺序记录。

多重结构：多重结构可以用记录的键和记录名组成行列式形式，一个包含 n 个记录、每个记录含有 m 个键的文件构成一个 $m \times n$ 阶行列式。若行列式中某位为 1，则表示对应键在记录中；如果某位为 0，则表示对应键不在记录中。显然这种行列式结构会浪费较多的存储空间。可以考虑去掉为 0 的项，以每键为队首，以值为 1 的记录构成记录队列，这样会有 m 个队列，来构成该文件的多重结构，如图 7-2 所示。每个队列中和键直接相连的只有一个记录。如果找 R_z，必须找到 K_1，再顺序查找。

转置结构：是在多重结构基础上加以改进的，即在上述行列式中，将含有相同键的所有记录指针连续地放在目录中的该键的位置下，如图 7-3 所示。无疑，这种结构适用于按键查找。

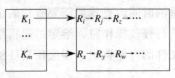

图 7-2　文件的多重结构

图 7-3　文件的转置结构

2. 文件存取方式

文件存取方式是指用户的逻辑存取方式，从逻辑存取到物理存取之间有一个复杂的映射。逻辑存取常用的方式有顺序存取、随机存取和按键存取三种，究竟采取哪种方式，这与文件的逻辑结构需存取的内容、目的有关。

1）顺序存取

顺序存取是指按照文件的逻辑地址依次存取，而对记录式文件则按照记录的排序顺序存取。如在读文件时，读完第 i 个记录 R_i，指针自动下移到第 $i+1$ 个记录，指向 R_{i+1}。

在写操作时，指针总是自动的指向文件的末尾。对于这种操作，指针可反绕到前面。这种方法是基于磁盘的模式。通常当需要对记录进行批量存取时，采用此方式效率最高。

2）随机存取

随机存取又称直接存取或立即存取，用户按照记录的编号进行文件存取，根据存取的命令，把读/写指针直接移到读写处进行操作。一般用户给出可读记录的逻辑号或块号，文件系统将逻辑号转换成相应的物理块号。

3）按键存取

按键存取是根据给定记录的键进行存取。这种存取方法大多适用于多重结构的文件，对于给定的键系统，首先搜索该键在记录中的位置（一般从多重结构的队列表中可以得到），找到键所在位置后，进一步在含有该键的所有记录中查找所需记录。当搜索到所需记录的逻辑位置后，再将其转换到相应的物理地址进行存取，如图 7-4 所示。

搜索是按键存取的关键。不同逻辑结构的文件，其搜索方法和效率各不相同，常用的搜索算法有线性搜索法、散列法、二分搜索法等。

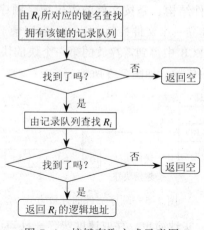

图 7-4　按键存取方式示意图

7.2.2　文件的物理结构与存储设备

1. 文件的物理结构

文件的物理结构又称文件的组织方法，是指文件在存储器上的存放方式，以及它与文件的逻辑结构之间的关系。在选择文件的物理结构时，有几个重要的参考标准：存取快速，更新容易，节省存储单元，管理简单，可靠性高。这些标准在不同的应用中侧重点有所不同，并且可能互相冲突。比如，节约存储单元就必须减少数据的冗余度，而冗余度（如使用索引）却是提高数据存取速度的主要方法。

实际上文件的物理结构又指文件的存储结构。文件的存储设备不同，相应的，存储其上的文件的结构也应有所不同。存储设备通常将存储空间划分为若干大小相等的物理块，不同的操作系统，其块的大小不同，有的为 512 B，也有的为 1 024 B。信息的传输以块为单位。显然，字符流文件在每个物理块中存放了长度相等的信息，而对记录文件来说，由于文件记录不一定是等长的，因此，每个物理块上存放的文件信息长度可能会不同。其逻辑块到物理块的映射无疑也较复杂。

已经实现或已被提出的可供选择的文件物理结构非常多，在实际系统中使用的结构或取其中一种，或实现成这些方法的组合。通常文件物理结构有堆、顺序文件、链接文件、索引文件、散列文件等五种。

1）堆（Pile）

堆是最简单的文件结构。数据根据到达时间的顺序收集起来，每个记录包含一堆集中到达的数据。堆的目的只是简单地聚集并存储大量的数据。记录中既可以包含不同的字段，又可以包含相同但次序不同的字段。因此，每一个字段应当是自描述的，包括字段名及字段值。每一个字段的长度必须由字段分隔符隐含指定。

由于堆文件包含无规则的记录结构，记录的存取只能通过穷尽搜索来进行。因此，当收集数据时，如果需要先存储再处理或数据不容易组织时，可使用堆；当所存储的数据大小和结构是变化的，堆能充分利用存储空间。除此之外，堆不适合大部分的应用要求。

2）顺序文件（Sequential File）

顺序文件是最普通的文件结构，是按文件的逻辑记录顺序把文件存放在连续的存储块中。文件系统为每个文件都建立一个文件控制块 FCB，它记录了文件的有关信息。

对于顺序文件，只要从 FCB 中得到需存放的第一个块的块号和文件长度（块数），便可确定该文件存放在存储器中的位置，如图 7-5 所示。

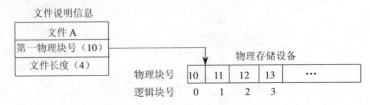

图 7-5　顺序文件的存放方式

这种存放方式的优点是：实现简单，存取速度快，一旦知道了文件在文件存储设备上的起址和文件长度，就能很快地进行存取。常用于存放系统文件等固定长度的文件，典型应用是批处理系统。缺点是：文件长度不便于动态增加，因为一个文件末尾处的空块可能已分配给其他文件，一旦记录增加，便会导致大量移动；另外，文件在部分删除后，会留下无法使用的"碎片"，导致存储空间利用不充分。因此不宜用来存放用户文件、数据库文件等常被修改的文件。

3）链接文件

一个逻辑上连续的文件可以存放在不连续的存储块中，而每个块之间用单向链表链接起来。其中，每个物理块设有一个指针，指向其后续连接的另一个物理块，从而使存放同一文件的物理块链接成一个串联队列。这种文件结构称为链接文件，最后一块的指针存放"–1"或"0"，如图 7-6 所示。

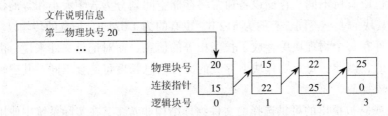

图 7-6　链接文件的存放方式

链接文件的优点是不要求对整个文件分配连续的空间，从而解决了空间碎片问题，提高了存储空间利用率，也克服了顺序文件不易扩充的缺点。链接文件的缺点是存取文件记录时，必须按照从头到尾的顺序依次存取，其存取速度慢；另外链接指针占去一定的存储空间。

4）索引文件

索引文件是由系统为每个文件建立一张索引表，表中标明文件的逻辑块号所对应物理块号，索引表自身的物理地址由 FCB 给出，索引表结构如图 7-7 所示。

显然，存取文件时必须先读索引表，这通常使操作速度变慢。为了弥补这个缺点，常在读写文件之前，先将盘上的索引表存入内存缓冲区，以便加快速度。

索引文件克服了顺序文件和链接文件的不足，它既能方便迅速地实现随机存取，又能满足文件动态增删的需要。由于它的检索速度快，所以主要用于对信息处理及时性要求高的场合。

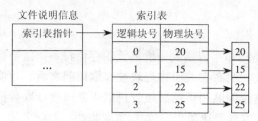

图 7-7　索引表结构

但是有的文件很大，文件索引表也就较大。如果文件索引表大于一个物理块，必须处理其物理存放方式，这不利于索引表的动态增加。如果按串联方式存放，则会增加存放索引表的时间开销。解决办法是采用间接索引方法，在索引表所指的物理块中存放的不是文件信息，而是装有这些信息的物理块特征，又称多重索引。如图 7-8 所示。

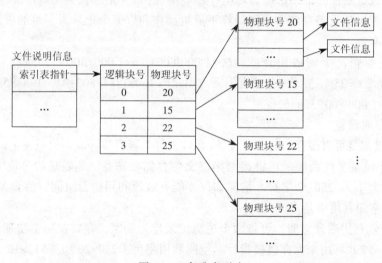

图 7-8　多重索引表

显然，多重索引增加了存储空间的开销，降低了存取速度。在存取文件时至少访问存储器两次以上，一次访问索引表，一次按索引表提供的物理块号访问文件信息。可事先把索引表放入内存，这样只需一次访外即可。

5）散列文件

散列文件利用了能直接存取已知地址的盘块的特性。和顺序文件一样，散列文件在每一个记录中需要有一个关键字字段，但是此处并不存在顺序的次序概念。

直接存取的散列文件使用对关键字的散列。散列文件经常用于需要快速存取的场合。文件包含固定长度的记录，应用程序一般一次存取一个记录。例如，目录、定价表、调度表和名字表等，都可使用散列文件。

2. **文件的存储设备**

文件的存储设备分为不可重复使用和可重复使用两类：不可重复使用的文件存储设备又称 I/O 式字符设备，如打印机等；可重复使用的文件存储设备有磁带、磁盘、光盘等，又称块设备。

文件存储设备的特性决定了文件存取方法，下面介绍两种典型的存储设备的特性及存取方法。

1）顺序存取设备

顺序存取设备通常是指那些容量大、价格低的存储设备。磁带是一种典型的顺序存储设备，数据以块的形式存放，只有在前面物理块被存取访问之后，才能存取后续的物理块，块与块之间用间隙分开，这个间隙用于控制磁带机以正常速度读取数据，且在读完一块数据后自动停滞。显然，间隙间的数据块越大，读/写速度越快。如前所述，每块一般要包含一个以上的记录。

磁带的数据传输率主要取决于信息密度（字符数/英寸）、磁带带速（英寸/秒）、块间间隙。这样，对磁带的读取包括查找记录块时间和读取记录块时间。一般读取块记录的时间是整个存取时间的一半，因此，磁带不适合随机存取，最适合顺序存取文件。

【例 7-1】假定磁带的记录密度为每英寸 800 字符，每一记录长为 160 in，块间隔为 0.6 in。现有 1 000 个逻辑记录需存储。分别计算不成组操作和以五个记录为一组的成组操作时的磁带介质的利用率。

解：不成组情况下需占用介质 160×1 000/800+0.6×1 000=800 in，因此介质利用率为 (160×1 000/800)/800=25%；五个一组情况下需占用介质 160×1 000/800+0.6×(1 000/5)=320 in，介质利用率为(160×1 000/800)/320=62%。

2）直接存取设备

光盘、磁盘都是可直接存取的存储设备，允许文件系统直接存取存储设备上的任意物理块。

【例 7-2】设某文件系统采用链接结构将文件存储在磁盘上，磁盘的分块大小为 512 B，而逻辑记录的大小为 250 个字符。请问如何才能有效地利用磁盘空间？假设某个文件有 20 个记录，请问空间利用率是多少？

解：为有效利用磁盘空间，可将两个逻辑记录作为一组，存放在一个物理块中，剩余的 (512−250×2)=12 B 可用来保存链接指针。空间利用率为 (250×20)/(512×10)=97.66%。

综上所述，文件的物理结构必须适应文件的存储设备，而不同的存储设备的特性又决定了其上文件的存取方式。对磁带上的文件，只能采取顺序存储结构，不适宜采用随机存取的方式进行访问。而磁盘上的文件采用顺序存储和索引存储时，可采取顺序存取和随机存取两种访问方式，而链接存储时则只能采取顺序存取访问方式。

7.3 文件管理与目录结构

通常，现代计算机系统都存储大量的文件。为了能对这些文件实施有效的管理，必须对它们加以妥善组织，这主要是通过文件目录实现的。文件目录也是一种数据结构，用于标识系统中的文件及其物理地址，供检索时使用。对目录管理的要求如下：

（1）实现按名存取。即用户只需向系统提供所需访问文件名字，便能快速准确地找到指定文件在外存上的存储位置。这是目录管理中最基本的功能，也是文件系统向用户提供的最基本的服务。

（2）提高对目录的检索速度。通过合理地组织目录结构，可加快对目录的检索速度，从而提高对文件的存取速度。这是在设计一个大中型文件系统时所追求的主要目标。

（3）文件共享。在多用户系统中，应允许多个用户共享一个文件。这样就需在外存中只保留一份该文件的复件，供不同用户使用，以节省大量的存储空间，并方便用户和提高文件利用率。

（4）允许文件重名。系统应允许不同用户对不同文件采用相同的名字，以便于用户按照自己的习惯给文件命名和使用文件。

7.3.1 文件控制块与索引结点

为了能对一个文件进行正确的存取，必须为文件设置用于描述和控制文件的数据结构，即文件控制块 FCB。文件管理程序可借助于文件控制块中的信息，对文件施以各种操作。文件与文件控制块——对应，而人们把文件控制块的有序集合称为文件目录，即一个文件控制块就是一个文件目录项。通常，一个文件目录也被看做是一个文件，称为目录文件。

1. 文件控制块（File Control Block）

为了能对系统中的大量文件施以有效的管理，在文件控制块中，通常含有以下三类信息，即基本信息、存取控制信息及使用信息。

1）基本信息类

基本信息包括：文件名，指用于标识一个文件的符号名，用户利用该名字进行存取。文件物理位置，指文件在外存上的存储位置，包括存放文件的设备名、文件在外存上的起始盘块号、指示文件所占用的盘块数或字节数的文件长度等。文件逻辑结构，指示文件是流式文件还是记录式文件、记录数、文件是定长记录还是变长记录等。文件的物理结构，指示文件是顺序文件、链接式文件或索引文件。

2）存取控制信息类

存取控制信息类包括：文件主的存取权限、核准用户的存取权限及一般用户的存取权限等。

3）使用信息类

使用信息包括：文件的建立日期和时间、文件上一次修改的日期和时间及当前使用信息。当前使用信息包括当前已打开该文件的进程数、是否被其他进程锁住、文件在内存中是否已被修改但尚未复制到盘上等。

应当说明，对于不同操作系统的文件系统，由于功能不同，可能只含有上述信息中的某些部分。图 7-9 所示为 MS-DOS 中的文件控制块，其中含有文件名、文件所在的第一个盘块号、文件属性、文件建立日期和时间及文件长度等。此时，FCB 的长度为 32 B，对 360 KB 的软盘，总共可包含 112 个 FCB，共占 4 KB 的存储空间。

文件名	扩展名	属性	备用	时间	日期	第一块号	盘块数

图 7-9　MS-DOS 的文件控制块

2. 索引结点

文件目录通常是存放在磁盘上的，当文件很多时，文件目录可能要占用大量的盘块。在查找目录的过程中，先将存放目录文件的第一个盘块中的目录调入内存，然后把用户所给定的文件名与目录项中的文件名逐一比较。若未找到指定文件，便将下一个盘块中的目录项调入内存。设目录文件所占用的盘块数为 N，按此方法查找，则查找一个目录项平均需要调入

盘块 $(N+1)/2$ 次。假如一个 FCB 为 64 B，盘块大小为 1 KB，则每个盘块中只有存放 16 个 FCB；若一个文件目录共有 640 个 FCB，需占用 40 个盘块，故平均查找一个文件需启动磁盘 20 次。

稍加分析就可以发现，在检索目录文件的过程中，只用到了文件名，仅当找到文件时，才需从该目录项中读出该文件的物理地址。而其他一些对该文件进行描述的信息，在检索目录时一概不用，显然这些信息在检索目录时，不需调入内存。

为此，可把文件名与文件描述信息分开，即文件描述信息单独形成一个称为索引结点的数据结构，简称 i 结点。在文件目录中的每个目录项，仅由文件名和指向该文件所对应的 i 结点的指针所构成。如图 7-10 所示，在 UNIX 操作系统中一个目录项仅占 16 B，其中 14 B 是文件名，2 B 为 i 结点指针。这样，在 1 KB 的盘块中可存放 64 个目录项；若共有 640 个目录项，需占用 10 个盘块，此时要找到一个文件，平均启动磁盘次数 5 次，大大节省了系统开销。

文件名	索引结点编号
文件名 1	
文件名 2	
⋮	⋮

图 7-10　UNIX 的文件目录

7.3.2　文件目录结构

目录结构的组织不仅关系到文件系统的存取速度，而且关系到文件的共享性和安全性。因此组织好文件的目录，是设计好文件系统的重要环节。目前常用的目录结构形式有单级目录、两级目录和多级目录。

1. 单级目录（Single Level Director）结构

这是最简单的目录结构。在整个文件系统中只建立一张目录表，每个文件占一个目录项，目录项中含文件名、文件扩展名、文件长度、文件类型、文件物理地址及其他文件属性。此外，为表明每个目录项是否空闲，又设置了一个状态位。单级目录如图 7-11 所示。

文件名	物理地址	文件说明	状态位
文件名 1			
文件名 2			
⋮			

图 7-11　单级目录

每当要建立一个新文件时，必须先检索所有的目录项，以保证新文件名在目录中是唯一的。然后再从目录表中找出一个空白目录项，填入新文件的文件名及其他说明信息，并置状态位为 1。删除文件时，先从目录中找到该文件的目录项，回收该文件所占用的存储空间，然后再清除该目录项。单级目录的读写处理过程则如图 7-12 所示。

单级目录的优点是简单且能实现目录管理的基本功能"按名存取"，但却存在下述一些缺点：

（1）查找速度慢。稍具规模的文件系统会拥有数目很大的目录项，导致找到一个指定的目录项要花费较多的时间。

（2）不允许重名。在一个目录项中的所有文件，都不能与另一个文件有相同的名字。然而重名问题在多道程序环境下，却又是难以避免的；即使在单用户环境下，当文件数超过数百个时，也难于记忆。

（3）不便于实现文件共享。通常每个用户都有自己的名字空间或命名习惯，因此，应当允许不同用户使用不同的文件名来访问同一个文件。然而单级目录却要求所有用户都用同一个名字来访问同一文件，因而它只能适用于单用户环境。

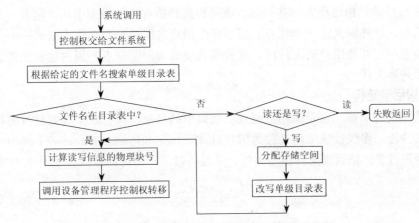

图 7-12 单级目录的读写过程

2. 两级目录（Two Level Directory）结构

为了克服单级目录所存在的缺点，可以为每一个用户建立一个单独的用户文件目录 UFD（User File Directory）。这些文件目录具有相似的结构，它由用户所有文件的文件控制块组成。此外，在系统再建立一个主文件目录 MFD（Master File Directory）；在主文件目录中，每个用户目录文件都占一个目录项，其目录项中包括用户名和指向该用户目录文件的指针，如图 7-13 所示。

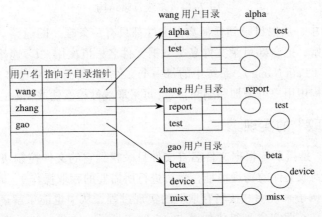

图 7-13 两级目录结构

两级目录结构基本上克服了单级目录的缺点，并具有以下优点：

（1）提高了检索目录的速度。如果在主目录中有 n 个子目录，每个用户目录最多为 m 个目录项，此时为查找一个指定的目录项，最多只需检索 $n+m$ 个目录项。但如果是采用单级目录结构，则最多需检索 $n\times m$ 个目录项。假定 $n=m$，可以看出，采用两级目录可使检索效率提高 $n/2$ 倍。

（2）在不同的用户目录中，可以使用相同的文件名。只要在用户自己的 UFD 中，每一个文件名都是唯一的。例如，用户 wang 可以用 test 来命名自己的一个测试文件；而用户 zhang 也可用 test 来命名自己的一个并不同于 wang 的 test 的测试文件。

（3）不同用户还可使用不同的文件名来访问系统中的同一个共享文件。

采用两级目录结构也存在一些问题。该结构虽然能有效地将多个用户隔开，在各用户之间完全无关时，这种隔离是一个优点；但当多个用户之间要相互合作去完成一个大任务，且一用户又需去访问其他用户的文件时，这种隔离便成为一个缺点，因为这种隔离会使诸用户之间不便于共享文件。

3. 多级目录结构

对于大型文件系统，通常采用三级或三级以上的目录结构，以提高对目录的检索速度和文件系统的性能。多级目录结构又称为树状目录（Tree-Structure Directory）结构，主目录在这里被称为根目录，把数据文件称为树叶，其他的目录作为树的结点，如图 7-14 所示。

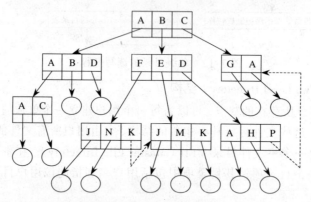

图 7-14　多级目录结构

树状目录结构中，从根目录到任何数据文件都只有一条唯一的通路。在该路径上从树的根（即主目录）开始，把全部目录文件名与数据文件名，依次用"/"连接起来，就构成了该数据文件的路径名（Path Name）。系统中的每一个文件都有唯一的路径名。

在树状目录结构中用户可增加和删除目录；可采取线性检索法或 Hash 方法进行目录查询。

7.3.3 "按名存取"的实现

所谓按名存取，是指系统根据文件名查文件目录找到它的文件控制块。经过合法性检查，从文件控制块中得到该文件的物理地址，然后进行所需要的存取操作。

下面通过一个例子来说明"按名存取"的实现过程，从中也能了解逻辑结构与物理结构之间进行映射的含义。假定磁盘组成如图 7-15（a）所示，文件 myfile 的文件控制块的内容如图 7-15（b）所示。

若现在执行命令 read（myfile，3，a），即要读文件 myfile 的第三个记录，把它存放到内存数组 a 中。文件系统接到这个命令后，就通过命令中提供的文件名 myfile 去查文件目录，看文件目录中哪个文件控制块的文件名是 myfile。如果没有名为 myfile 的文件，就会出错，否则就找到了该文件的 FCB。

考虑到系统运行时，任何时刻真正用到的文件个数不会很多，没有必要让整个目录文件内容都常驻内存而占用大量宝贵的存储资源。实际的做法是只把要使用的文件的 FCB 内容复制到内存的专用区域里。复制文件的 FCB 的过程称为对文件的"打开"，所有被打开的文件的 FCB 称为"活动文件目录"。根据这种设计，在程序发命令 read 之前，应该先通过打开命令，把该文件的 FCB 复制到活动文件目录里，这样发命令 read 时，系统就可以直接从活动文件目录中找到该文件的 FCB 了。找到了文件 myfile 的 FCB 后，系统就把命令变为 read（FCB，3，a）。

扇区号	0	1	2	3
磁道号 0	0	1	2	3
1	4	5	6 ⟨0⟩	7 ⟨3⟩
2	8 ⟨4⟩	9 ⟨6⟩	10	11
3	12	13	14	15

（磁道1：6 内含⟨0⟩ ⟨1⟩ ⟨2⟩ ⟨3⟩；磁道2：8 内含⟨4⟩ ⟨5⟩ ⟨6⟩ ⟨7⟩）

文件名：myfile
文件在辅存位置：6（相对起始块号）
文件物理结构：顺序文件
文件长度：7（逻辑记录个数）
逻辑记录尺寸：500B（物理块尺寸 1000B）
文件性质：暂存
文件主：zhao
使用者：zhao
存取控制：只读

（a）　　　　　　　　　　　　　　（b）

图 7-15　文件 myfile 的 FCB

进行存取控制验证后，系统开始进行把对文件的读写请求从逻辑结构映射到物理结构的工作。如图 7-15 所示，文件的第三个逻辑记录，其真正的物理地址应该是第一道第三块。这个转换过程应该经过如下三步：

（1）把逻辑记录号 3 转换成相应的逻辑字节地址，即这个记录相对于该文件起点的字节数。此时，逻辑字节地址=逻辑记录号×逻辑记录长度=3×500=1 500。于是上述命令又进一步转换为 read（FCB，1 500，a）。

（2）把逻辑字节地址转换成相对块号和块内相对字节地址。此时，相对块号=（逻辑字节地址/物理尺寸）+相对起始块号=（1 500/1 000）+6=7；块内相对字节地址=逻辑字节地址%物理块尺寸=1 500%1 000=500。命令转换成 read（FCB，7，500，a）。

（3）把相对块号转换成物理地址道号和块号。此时，道号=相对块号/每道块数=7/4=1；块号=相对块号%每道块数=7%4=3。命令转换成 read（FCB，1，3，500，a）。

至此，文件系统已经实现了由逻辑记录到物理记录的转换工作。

7.4　文件存储空间的管理

文件管理要解决的重要问题之一是如何为新创建的文件分配存储空间。其解决方法与内存的分配情况有许多相似之处，即同样可采取连续分配或离散分配方式。前者具有较高的文件访问速度，但可能产生较多的外存碎片；后者能有效地利用外存空间，但访问速度较慢。不论哪种分配方式，存储空间的基本分配单位都是磁盘块而非字节。

为了实现存储空间的分配，系统首先必须能记住存储空间的使用情况。为此，系统应为分配存储空间而设置相应的数据结构，并应提供对存储空间进行分配和回收的手段。

7.4.1 位示图法

位示图是用来记录整个文件存储空间使用情况的一种简单和低开销的数据结构，它只利用一个二进制位表示一个物理块的分配状态，其值为 0 表示相应的物理块为空闲，为 1 表示该物理块已分配。外存空间中的每一个物理块都对应有一个二进制位，这些二进制位组成的集合称为位示图。用于磁盘空间的位示图称为盘图。

比如，有一个磁盘，共有 100 个柱面（编号为 0～99），每个柱面有 8 个磁道（编号为 0～7），每个盘面分成 4 个扇区（编号为 0～3），那么整个磁盘空间的盘块总数为 4×8×100=3 200 块。如果用字长为 32 位的字来构造位示图，那么共需 100 个字，如图 7–16 所示。

	0 位	1 位	2 位	3 位		28 位	29 位	30 位	31 位	
第 0 字	0/1	0/1	0/1	0/1	···	0/1	0/1	0/1	0/1	◄1 个柱面
第 1 字	0/1	0/1	0/1	0/1	···	0/1	0/1	0/1	0/1	
	0/1	0/1	0/1	0/1	···	0/1	0/1	0/1	0/1	
	0/1	0/1	0/1	0/1	···	0/1	0/1	0/1	0/1	
第 99 字	0/1	0/1	0/1	0/1	···	0/1	0/1	0/1	0/1	

图 7–16　某磁盘的位示图

1. 盘块的分配

根据位示图进行盘块分配时，可分三步进行：

（1）顺序扫描位示图，从中找出所需的一个或一组其值为 0 的二进制位。

（2）将所找到的一个或一组二进制位，转换成与之相应的盘块号。以图 7–16 为例，位示图中第 i 字的第 j 位对应的相对块号=i×32+j。再分别求出具体的柱面号、磁头号和扇区号。此处，柱面号=相对块号/32；磁头号=相对块号%32/4；扇区号=相对块号%32%4。

（3）修改位示图，令对应位为 1。

2. 盘块的回收

盘块的回收分两步进行：

（1）将回收盘块的盘块号转换成位示图中的字号和位号。此时，相对块号=柱面号×32+磁头号×4+扇区号。因此，字号=相对块号/32；位号=相对块号%32。

（2）修改位示图对应位为 0。

7.4.2 空闲区表法

空闲区表法属于连续分配方式，它与内存的动态分配方式相似，它为每个文件分配一块连续的存储空间。系统为外存上的所有空闲区建立一张空闲表，每个空闲区对应于一个空闲表项，其中包括表项序号、该空闲区的第一个盘块号、该区的空闲盘块数等信息，再将所有空闲区按其起始盘块号递增的次序排列，如图 7-17 所示。

　　空闲区表的分配与内存的动态分配类似，同样是采用首次适应算法或下次适应算法等。系统在对用户所释放的存储空间进行回收时，也采取类似于内存回收的方法，也要考虑回收区是否与空闲表中插入点的前区和后区相邻接，并对相邻接者予以合并。

　　在内存分配中很少采用连续分配方式，但在外存管理中，由于它具有较高的分配速度，可减少访问磁盘的 I/O 频率，故较多采用连续分配方式。一般当文件较小（1～4 个盘块）时，采用连续分配方式为文件分配相邻接的几个盘块；当文件较大时，便采用离散分配方式。

序号	起始空闲块号	连续空闲块个数	状态
1	2	5	有效
2	18	4	有效
3	59	15	有效
4	80	6	空白
…	…	…	

图 7-17　某磁盘的空闲区表

7.4.3　空闲链表法

　　空闲链表法是把所有的空闲盘区连接在一起。根据构成链所用基本元素的不同，可把链表分成空闲盘块链和空闲盘区链两种形式。

　　空闲盘块链是将磁盘上的所有空闲空间，以盘块为单位拉成一条链，用户申请和释放存储空间是以盘块为单位进行的，从链首开始摘取所需的空闲盘块，回收时将释放的空闲盘块逐个插入链尾上。空闲盘区链是将磁盘上的所有空闲盘区（每个盘区可包含若干个盘块）拉成一条链，每个盘区除含有指示下一个空闲盘区的指针信息外，还应有能指明本盘区大小（盘块数）的信息。分配盘区的方法与内存的动态分区分配类似，通常采用首次适应算法，在回收盘区时也同样存在邻接区的合并问题。

　　显然，上述方法一是工作效率低；二是在增加和移动空闲区时需对空闲链表做较大调整，因此需耗去一定的系统开销；三是不适用于大型文件系统，因为这会使空闲链表太长。UNIX操作系统采用的是成组链接法，这是将空闲区表法和空闲链表法两种方法结合而形成的一种空闲盘块管理方法。

　　成组链接法把文件存储设备中的所有空闲盘块按固定块数划分为一组，如 100 块一组。组的划分为从后往前顺次划分，如图 7-18 所示。

　　每组的第一块用来存放前一组中各块的块号 s_free[100] 与总块数 s_nfree。由于第一组的前面已无其他组存在，因此，第一组的块数为 99 块。但为了管理的需要，其总块数仍记为 100，即在第二组的第一块中 s_nfree=100，但其盘块号从 1 到 99 计数。

　　但是最后一组将不足 100 块，且由于该组后面已无另外的空闲块组，所以，该组的物理块号与总块数只能放在管理文件存储设备用的文件资源表 filsys 中。系统初启时把文件资源表复制到内存，即使文件资源表中放有最后一组空闲块块号与总块数的堆栈进入内存。对磁盘空闲块的分配和回收，都是在 filsys 中的空闲磁盘块索引表 s_free[ ] 中进行的。可将 s_free[ ]

第 7 章　文件管理

视为一个栈，分配空闲块时做出栈操作，回收空闲块时做入栈操作。

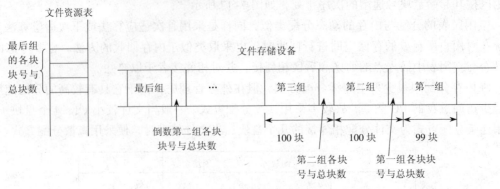

图 7-18 成组链接法

7.5 文件的共享与保护

实现文件共享是文件系统的重要功能。文件共享是指不同的用户可以使用同一个文件。文件共享可以节省大量的辅存空间和主存空间，减少输入/输出操作，为用户间的合作提供便利条件。文件共享并不意味着用户可以不加限制地随意使用文件，那样，文件的安全性和保密性将无法保证。也就是说，文件共享应该是有条件的，是要加以控制的。因此，文件共享要解决两个问题：一是如何实现文件共享；二是对各类需要共享文件的用户进行操作权限的控制。

7.5.1 文件的共享

1. 文件共享的含义

文件共享是指多个用户或进程共同使用一个或多个文件。文件共享不仅减少了文件复制操作要花费的时间，节省了大量文件的存储空间，而且也为不同用户完成各自的任务所必需的。

文件共享分两种情形，一种是任何时刻只允许一个用户使用共享文件，即"大家都能使用，但一次只能一个用户用"。因此，在一个用户打开共享文件后，另一个用户只有等到该用户使用完毕并关闭后，才能把它重新打开使用。另一种是允许多个用户同时使用同一个共享文件。这时只允许多个用户同时打开共享文件进行读操作，不允许多个用户同时有读有写，也不允许多个用户同时进行写操作。

2. 实现文件共享的方法

文件共享可以有多种形式，在 UNIX 操作系统中，允许多个用户静态共享，或动态共享同一个文件。当一个文件被多个用户程序动态共享使用时，每个程序可以各用自己的读写指针，但也可以共用读写指针。

1）文件的静态共享

此时，文件系统允许一个文件同时属于多个目录，但实际上文件仅有一处物理存储，这种文件在物理上一处存储，从多个目录到达该文件的多对一关系称为文件链接。在 UNIX 操作系统中，两个或多个用户可以通过对文件链接达到共享一个文件的目的。这种不管用户是否正在使用系统，其文件的链接关系都是存在的共享称为静态共享。用文件链接来代替文件的复制可以提高文件资源的利用率，节省文件的物理存储空间。

多处出现连接的文件和目录时可能是不同的用户或单一用户使用，也可能在不同父目录下，以不同或相同的文件名出现，还可能在同一父目录下以不同文件名出现。

2）文件的动态共享

所谓文件的动态共享，就是系统中不同的用户进程或同一用户的不同进程并发地访问同一文件。这种共享关系只有当用户进程存在时才可能出现，一旦用户的进程消亡，其共享关系也就自动消失。

这种连接称为硬链接，只能用于单个文件系统而不能跨文件系统，可用于文件共享而不能用于目录共享。优点是实现简单、访问速度快。

3）文件的符号链接共享

文件的符号链接共享又称软链接，可以克服上述缺点。例如，用户 A 为了共享用户 B 的一个文件 F，可以由系统创建一个 LINK 型的新文件，把新文件写入用户 A 的用户目录中，以实现 A 的目录与 B 的文件 F 链接。在新文件中只包含被链接文件 F 的路径名，故称其为符号链接（Symbolic Linking）。新文件中的路径名仅被看做是符号链（Symbolic Link）。当 A 要访问被链接的文件 F 且正要读 LINK 型新文件时，会被操作系统截获，它将依据新文件中的路径名去读该文件，于是就实现了用户 A 对用户 B 的文件 F 的共享。符号链接的主要优点是能用于连接计算机网络中不同计算机中的文件，此时，仅需提供文件所在计算机地址和该计算机中文件的路径。这种方法的缺点是扫描包含文件的路径开销大，需要额外的空间存储路径。

7.5.2 文件的保护和保密

文件的保护是指文件本身需要防止文件主或其他用户破坏文件内容。文件的保密是指未经文件主许可任何用户不得访问该文件。

通常，可以采用存取控制矩阵、存取控制表、权限表、口令、密码等方法来达到保护文件不受侵犯的目的。系统设计人员根据需要选择其中一种或几种并将相应的数据结构置于文件说明中，在用户访问存取文件时，对用户的存取权限、存取要求的一致性及保密性等进行验证。

1. 存取控制矩阵

所谓存取控制矩阵，是整个系统维持一个二维矩阵来进行存取控制，一维列出系统中所有用户，另一维是系统中所有文件，矩阵元素是用户对文件的存取控制权。如图 7-19 所示，R 表示读，W 表示写，E 表示执行。

	文件 1	文件 2	文件 3	文件 4	文件 5
用户 A	R	RWE	R	RW	
用户 B	RWE		RW		RW
用户 C	R				R
用户 D		R		RWE	

图 7-19　存取控制矩阵

　　文件系统接收到来自用户对某个文件的操作请求后，根据用户名和文件名，查存取控制矩阵，用以检验命令的合法性。如果所发的命令与矩阵中的限定不符，则表示命令出错，转而进行出错处理。只有在命令符合存取控制权限时，才能去完成具体的文件存取请求。

　　不难看出，存取控制矩阵在概念上比较简单，但当文件和用户较多时，存取控制矩阵将变得非常庞大，这既浪费了内存空间，又使扫描矩阵的时间开销变大。可以采取两个措施来减少开销，一是以文件为单位存储用户对文件的存取控制表；二是以用户为单位存储其对文件的权限表。

2. 存取控制表

　　如上述，如果只按存取控制矩阵的列存储，且只存储非空元素，就形成了所谓的存取控制表。如图 7-20 所示，以文件为单位，把用户按某种关系划分为若干组，同时规定每组的存取权限。这样，所有用户组对文件权限的集合就形成了该文件的存取控制表。文件在被打开时，由于存取控制表也相应的被复制到了内存活动文件中，因此存取控制验证能高效进行。

3. 权限表

　　如果只按存取控制矩阵的行存储，且只存储非空元素，就形成了所谓的权限表，如图 7-21 所示。该表以用户为单位记述了该用户对系统中每个文件的存取权限。通常，一个用户的权限表存放在其 PCB 中。

文件 1	
文件主	RWE
A 组	RE
B 组	E
wang	RWE
其他	

图 7-20　存取控制表

	文件名	权限
	文件 1	R
	文件 2	RWE
用户 A	文件 3	R
	文件 4	RW
	文件 5	

图 7-21　权限表

4. 口令

　　上面是系统对文件提供的三种保护机制，口令则是一种验证手段，也是最广泛采用的一种认证形式。当用户发出对某个文件的使用请求后，系统会要求他给出口令。这时用户就要在键盘上输入口令，否则将无法使用它。当然，用户输入口令时，口令是不会在屏幕上显示的，以防他人窥视。只有输入的口令核对无误，用户才能使用指定的文件。

　　口令有系统使用权口令与文件口令。口令使用户成为两类，分别是口令持有者和非口令持有者，口令持有者的存取权限不再分类。口令较为简单，占用内存单元及验证口令所费时间少，但是保密性能较差。

5. 密码方式

　　防止文件泄密及控制存取访问的另一种方法是密码方式。密码方式在用户创建源文件并将其写入存储设备时对文件进行编码加密，在读出文件时对其进行译码解密。显然，只有能够进行译码解密的用户才能读出被加密的文件信息，从而起到文件保密的作用。

　　文件的加密和解密都需要用户提供一个代码键 KEY。加密程序根据这一代码键对用户文件进行编码变换，然后将其写入存储设备。在读取文件时，只有用户给定的代码键与加密时的代码键相一致时，解密程序才能对加密文件进行解密，将其还原为源文件。加密解密过程如图 7-22 所示。

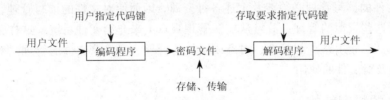

图 7-22　加密解密过程

加密方式具有保密性强的优点，因为与口令不同，进行编码解码的代码键没有存放在系统中，而是由用户自己掌握的。但是，由于编码解码工作要耗费大量的处理时间，因此加密技术是以牺牲系统开销为代价的。

7.6　UNIX 的文件管理

UNIX 操作系统中的文件系统，既有很强的功能，又非常灵活，而且在具体的实现技术上也有许多独到之处，致使后来很多操作系统的设计都仿效了 UNIX 操作系统中的文件系统。

7.6.1　UNIX 文件系统概述

1. UNIX 文件系统的特点

（1）文件系统的组织是分级树状结构。UNIX 文件系统的结构，基本上是一棵倒向的树，这棵树的根是根目录，树上的每个结点都是一个目录，而树叶则是信息文件。每个用户都可建立自己的文件系统，并把它安装到 UNIX 文件系统上，从而形成一棵更大的树。当然，也可以把安装上去的文件系统完整地卸载下来。因此，整个文件系统显得十分灵活方便。

（2）文件的物理结构为混合索引式文件结构。所谓混合索引文件结构，是指文件的物理结构可能包括多种索引文件结构形式，如单级索引文件结构、两级索引文件结构和多级索引文件结构形式。这种物理结构既可提高对它的查询速度，又能节省存放文件地址所需的空间。

（3）采用了成组链接法管理空闲盘块。这种方法实际上是空闲表法和空闲链表法相结合的产物，兼备了这两种方法的优点而克服了这两种方法都有的表（链）太长的缺点。这样，既可提高查找空闲盘块的速度，又可节省存放盘块号的存储空间。

（4）引入了索引结点的概念。UNIX 操作系统把文件名和文件的说明部分分开，分别作为目录文件和索引结点表中的一个表项，这不仅可加速对文件的检索过程，减轻通道的 I/O 压力，而且还可给文件的连接和共享带来极大的方便。

2. 文件系统的资源管理

为了在系统中保存一份文件，必须花费一定的资源，当文件处于未打开状态时，文件需占用三种资源：一个目录项，用以记录文件的名称和对应索引结点的编号；一个磁盘索引结点项，用以记录文件的属性和说明信息，这些都驻留在磁盘上；若干个盘块，用于保存文件本身。

当文件被引用或打开时，须再增加三种资源：一个内存索引结点项，它驻留在内存中；文件表中的一个登记项；用户文件描述符表中的一个登记项。

由于对文件的读写管理必须涉及上述各种资源，因而使对文件的读写管理，又在很大程度上依赖于对这些资源的管理，故可从资源管理观点上来介绍文件系统。这样，对文件的管理就必然包括：对索引结点的管理、对空闲盘块的管理、对目录文件的管理、对文件表和描述符表的管理及对文件的使用。

7.6.2　文件的物理结构

为了提高对文件的查找速度和节省存储文件地址所占用的存储空间，在 UNIX 操作系统中的文件物理结构并未采用传统的顺序文件结构、链接文件结构或索引文件结构，而是采用一种混合索引文件结构，它是将文件所占用盘块的盘块号直接或间接地存放在该文件索引结点的 13 个地址项中。在查找文件时，只须找到文件的索引结点，便可用直接或间接的寻址方式获得指定文件的盘块。

1. 寻址方式

1）直接寻址

在 UNIX 操作系统中的作业以中小型为主。根据对大量文件调查的结果得知，文件长度字节数在 10 KB 以下的占大多数。为了提高对中小型作业的检索速度，宜采用直接寻址方式。为此，在索引结点中建立 10 个地址项 i.addr（0）～i.addr（9），在每个地址项中直接置入该文件占用盘块的编号，如图 7-23 所示。这相当于前述单级索引文件的寻址方式。如果盘块的大小为 1 KB，则当文件长度不大于 10 KB 时，可直接从索引结点中找出该文件的所有盘块号。

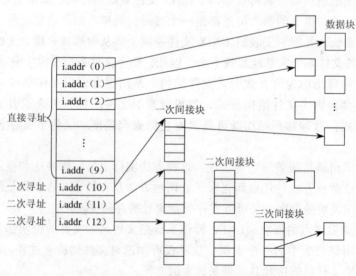

图 7-23　直接寻址和间接寻址

2）间接寻址

采用间接寻址方式是基于这样的事实，有不少文件，其长度可能达到几万字节、几十兆字节甚至更长。如果全部采用直接寻址方式，就必须在索引结点中设置几百个或更多的地址项，这显然是不现实的。为了节省存放文件盘块号所占用的存储空间，UNIX 操作系统又提供了所谓的"一次间接"寻址方式，即在 i.addr（10）地址项中存放的不再是存放文件的一个物理盘块号，而是将存放了 1～256 个物理盘块号的盘块的编号放于其中，这相当于占用了 32 位，这样，i.addr（10）的寻址范围可达 256 KB。

3）多次间接寻址

为了进一步扩大寻址范围，又采用了二次间接和三次间接寻址方式，使用的地址项分别为索引结点中的 i.addr（11）和 i.addr（12）。二次间接寻址相当于三级索引文件中的寻址方式，若盘块大小仍为 1 KB，则可将寻址范围扩大到 64 MB+256 KB；三次间接寻址则可将寻址范围扩大到 16 GB。

2. 地址转换

UNIX 操作系统利用地址转换过程 bmap，可将逻辑文件的字节偏移量转换为文件的物理块号。地址转换分以下两步进行。

（1）将字节偏移量转换为文件逻辑块号。在 UNIX 文件系统中，文件被视为流式文件，每个文件有一个读写指针，用来指示下一次要读或写的字符的偏移量。该偏移量是从文件的头一个字符的位置开始计算的。在每次读写时，都要先把字节偏移量转换为文件的逻辑块号和块内位移量。其转换方法是将字节偏移量除以盘块大小的字节数，其商即为文件的逻辑块号，余数为块内偏移量。

（2）把文件逻辑块号转换为物理盘块号。由文件的物理结构得知，在索引结点中所存放的是文件盘块号的直接地址或间接地址，寻址方式不同时，其转换方法也不同。

7.6.3 索引结点的管理

1. 超级块

在 UNIX 操作系统中，通常把每个磁盘或磁带看做是一个文件卷，在每个文件卷上可存放一个文件系统。文件卷可占用许多物理盘块，其中 0#盘块一般用于系统引导；1#盘块为超级块。磁盘块和索引结点的分配与回收，将涉及超级块。超级块是专门用于记录文件系统中盘块和磁盘索引结点使用情况的一个盘块，它含有以下各字段：

（1）文件系统的盘块数目。

（2）空闲盘块号栈，用于记录当前可用的空闲盘块编号的栈。

（3）当前空闲盘块号数目，在空闲盘块号栈中保存的空闲盘块号的数目，它也可被视为空闲盘块编号栈的指针。

（4）空闲磁盘 i 结点号栈，记录了当前可用的所有空闲 i 结点编号的栈。

（5）空闲磁盘 i 结点数目，指在磁盘 i 结点栈中保存的空闲 i 结点编号的数目，可视为当前空闲 i 结点栈顶的指针。

（6）空闲盘块编号栈的锁字段，这是对空闲盘块进行分配与回收时的互斥标志。

（7）空闲磁盘 i 结点栈的锁字段，对空闲磁盘 i 结点进行分配与回收时的互斥标志。

（8）超级块修改标志，它用于标志超级块是否被修改，若已被修改，则在定期转储时，应将超级块内容从内存复制到文件系统中。

（9）修改时间，记录超级块最近一次被修改的时间。

2. 磁盘索引结点的分配与回收

分配过程 ialloc 的主要功能是每当内核创建一个新文件时，都要为其分配一个空闲磁盘 i 结点。若分配成功，便再分配一内存 i 结点。

当一个文件已不再被任何进程需要时，应将该文件从磁盘上删除，并回收其所占用的盘块及相应的磁盘 i 结点。过程 ifree 便是用于回收磁盘 i 结点的。

3. 内存索引结点的分配与回收

分配过程 iget 的主要功能是，在打开文件时为其分配内存 i 结点。由于允许文件被共享，因此，如果文件早已被其他用户打开并有了内存 i 结点，此时便只需将该 i 结点中的引用计数器加 1；如果文件尚未被其他用户打开，则由 iget 过程为该文件分配一个内存 i 结点，并调用 bread 过程将其磁盘 i 结点的内容复制到内存 i 结点中，同时进行初始化。

每当进程要关闭某文件时，需调用回收过程 iput，先对该文件的内存 i 结点中的引用计数器减 1 操作。若结果为 0，便回收该内存 i 结点，再判断其磁盘的 i 结点的链接指针是还为空，若其结果为空，便删除此文件，并回收分配给该文件的盘块和磁盘 i 结点。

7.6.4 文件存储空间的管理

1. 文件卷的组织

UNIX 操作系统中的文件存储介质可采用磁盘或磁带。通常可把每个磁盘或磁带看做是一个文件卷，每个文件卷上可存放一具有独立目录结构的文件系统。一个文件卷包括许多物理块，并按照块号排列成如图 7-24 所示的结构。

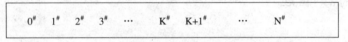

$$0^\# \quad 1^\# \quad 2^\# \quad 3^\# \quad \cdots \quad K^\# \quad K+1^\# \quad \cdots \quad N^\#$$

图 7-24 文件卷的组织

在文件卷中，$0^\#$ 块一般用于系统引导或空闲；$1^\#$ 块为超级块，用于存放文件卷的资源管理信息，包括整个文件卷的盘块数、磁盘索引结点的盘块数、空闲盘块号栈和空闲盘块号栈指针、空闲盘块号栈锁、空闲索引结点栈和空闲索引结点栈指针，以及空闲索引结点栈锁等。从 $2^\#$ 块起存放磁盘索引结点，直到 $K^\#$ 块。每个索引结点为 64 B，当盘块大小为 1 KB 时，每个盘块中可存放 16 个索引结点；从 $K+1^\#$ 块起及其以后各块都存放文件数据，直至文件卷的最后一块即 $N^\#$ 块。

2. 空闲盘块的组织

UNIX 采用成组链接法对空闲盘块加以组织，如图 7-25 所示。将 100 个空闲盘块划归为一个组，每一组中的所有盘块号存放在其后一组的第一个空闲盘块中，而且仅把最后一组中的所有空闲盘块放入超级块的空闲盘块号栈中。

3. 空闲盘块的分配与回收

空闲盘块的分配是由 malloc 过程完成的，该过程的主要功能是从空闲盘块号栈中获得一空闲盘块号，并做出栈操作。空闲盘块的回收是由 free 过程完成的，对 s_free[ ] 做入栈操作。

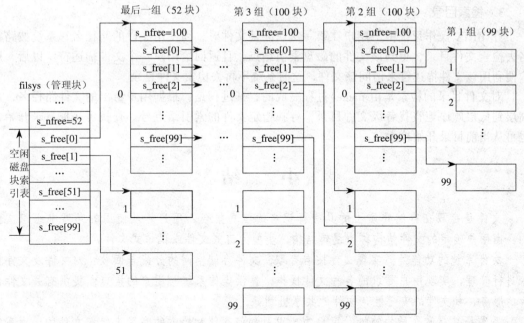

图 7-25　UNIX 对空闲磁盘块的成组链接法

7.6.5　目录管理

文件系统的一个基本功能是实现按名存取，这是通过文件目录来实现的。因此，通常要使每一个文件都在文件目录中有一个目录项，通过查找文件目录，可找到该文件的目录项和它的索引结点，进而找到文件的物理位置。对于可供多个用户共享的文件，往往会有多个目录项与其对应。如果要将文件删除，其目录项便也无存在的必要，因而也应将其目录项删掉。目录管理就是用于实现诸如构造目录项、删除目录项，以及对目录进行检索等功能。

1.　构造目录

每当用户要创建一个新文件时，内核便应在其父目录文件中为其构造一个目录项；另外，当某进程需要共享另一用户的某文件时，内核也将为要共享该文件的用户建立一目录项。因此，当一个共享文件与 N 个用户相连接时，该文件将有 N 个目录项。

在 UNIX 操作系统中，构造目录的任务是由 makenode 完成的。

2.　删除目录

对于一个只有某用户独享的文件，在该用户不再需要它时，应将它从文件系统中删除，以便及时腾出存储空间。对于一个可供若干个用户共享的文件，为了表示有多个用户要共享此文件，内核将利用 link 系统调用为各用户分别建立一个与该文件的连接，并设置连接计数变量 nlink，使其等于要共享该文件的进程数目。对于共享文件，由于该文件在某时刻可能正在被若干个用户所访问，因而不允许任何一个用户将该文件删除，这也正是 UNIX 操作系统中不存在一条用于删除文件的系统调用的原因。如果某时刻任何一个用户已不再需要某个共享文件时，只能通过系统调用 nlink 请求系统将本进程与该文件间的连接断开。仅当所有连接到该文件上的用户都不再需要该文件时（其 nlink 值必为 0），系统才执行删除此共享文件的操作，相应的，将此文件的最后一个目录项从其文件目录中删除。

3. 检索目录

在 UNIX 操作系统中，用户在第一次访问某文件时，须使用文件的路径名，系统按路径名去检索文件目录，得到该文件的磁盘索引结点，且返回给用户一个文件描述符。以后，用户便利用该文件描述符来访问该文件，这时系统不再去检索文件目录。

对文件目录的检索是由 namei 过程完成的，其过程是：根据用户给出的文件路径名，从高层到低层顺序地查找各级文件目录，寻找指定文件的索引结点号。查找可从根目录开始，也可从当前目录开始检索。

小　　结

文件是存放在存储介质上的具有标识名的信息集合。用户是从使用的角度来组织文件的，由用户确定的文件结构称为逻辑结构，类型为流式文件或记录式文件。

文件系统的功能是：实现文件按名存取；文件存储空间的分配与回收；对文件及文件目录进行管理，实现用户要求的各种文件操作；提供操作系统与用户的接口；提供有关文件自身的服务，如文件的安全性、文件的共享机制等。

系统是从存储介质的特性、用户的要求及如何存储和检索的角度来组织文件的，由系统确定的文件结构称为存储结构或物理结构。文件按其物理结构来分有堆、顺序文件、链接文件、索引文件和散列文件五种基本类型。

磁盘空间的管理是实现连续空间或非连续空间的分配，三种基本的数据结构及管理方法是位示图法、空闲区表法、空闲链表法。成组链接法是 UNIX 采用的一种改进了的磁盘空间的管理方法。

文件目录是文件系统的关键数据结构，用来组织文件卷上的文件及对文件进行检索。每个目录项是一个文件控制块，它记录了一个文件的说明和控制信息。为了提高检索效率和节省存储空间，引入了索引结点。目录树是应用广泛的目录结构。

实训 5　优化 Windows 7 磁盘子系统

（实训估计时间：2 课时）

一、实训目的

通过对 Windows 7 提供的检查磁盘错误、磁盘碎片整理工具、磁盘清理工具与管理磁盘空间等功能进行操作。

（1）熟悉 Windows 7 的文件系统。

（2）明确应用 NTFS 文件系统的积极意义。

（3）掌握优化 Windows 7 磁盘子系统的基本方法。

（4）进一步理解现代操作系统文件管理知识。

二、实训准备

（1）有关文件管理的背景知识。

（2）一台运行 Windows 7 操作系统的计算机。

三、实训要求

1. 加密文件或文件夹

（1）右击要加密的文件或文件夹，在弹出的快捷菜单中选择"属性"命令。

（2）在"常规"选项卡上，单击"高级"按钮。在高级属性对话框中，可设置的文件属性。

（3）选定"加密内容以便保护数据"复选框，并单击"确定"完成操作。

2. 检查磁盘错误

（1）右击要检查的磁盘图标，在弹出的快捷菜单中选择"属性"选项。

（2）在"属性"窗口中，选择"工具"选项卡，单击"开始检查"按钮。

（3）在弹出的"检查磁盘"对话框中，选中"扫描并尝试恢复坏扇区"和"自动修复文件系统错误"复选框，单击"开始"按钮。

（4）磁盘扫描程序开始启动，观察磁盘检查的进度。

（5）磁盘检查完成后，会提示用户"已成功扫描您的设备或磁盘"，单击"查看详细信息"左侧的下拉按钮。

（6）查看磁盘检查详细信息报告，单击"关闭"按钮完成磁盘检查。

3. 磁盘碎片整理工具

磁盘碎片会使硬盘执行降低计算机运行速度的额外工作。磁盘碎片整理程序可以按计划自动运行，也可以手动分析磁盘和驱动器及对其进行碎片整理。

（1）手动整理磁盘碎片：选择"开始"→"所有程序"→"附件"→"系统工具"→"磁盘碎片整理程序"命令，弹出"磁盘碎片整理程序"窗口；在"磁盘碎片整理程序"窗口中，选中需要进行碎片整理的磁盘，为了确认磁盘是否需要进行碎片整理，需要先进行磁盘分析，此时单击"分析磁盘"按钮，一段时间后即可查看碎片所占的比例；若确定需要进行磁盘碎片整理，则单击"磁盘碎片整理"按钮，系统将会自动进行磁盘碎片整理。

（2）配置计划：按计划进行磁盘碎片整理是用户的最佳选择。首先要对整理磁盘碎片进行设置：打开"磁盘碎片整理程序"窗口，单击"配置计划"按钮，弹出"修改计划"对话框。选中"按计划进行"复选框，在"频率"下拉列表框中选择"每周"选项，在"日期"下拉列表框中选择"星期三"选项，在"时间"下拉列表中选择"PM12:00（中午）"选项，单击"选择磁盘"按钮，用户可以设定要整理的磁盘，建议选择全部磁盘，设置完毕后单击"确定"即可，系统将会自动按配置的时间进行碎片整理。

4. 磁盘清理工具

（1）选择"开始"→"所有程序"→"附件"→"系统工具"→"磁盘清理"命令，弹出"驱动器选择"对话框。

（2）在"驱动器"下拉列表框中选择需要清理的磁盘驱动器，然后单击"确定"按钮，用户可以查看到系统正在计算要清理的磁盘空间。

（3）一段时间后，弹出"磁盘清理"对话框，选中要删除的文件左侧的复选框，然后单击"确定"按钮。

第 7 章　文件管理

（4）弹出显示"确实要永久删除这些文件吗？"提示信息框，单击"删除文件"按钮，即可将选中的文件永久性地从磁盘中删除。

5. 管理磁盘空间

（1）在"控制面板"中双击"管理工具"图标，再双击其中的"计算机管理"图标。

（2）依次展开"计算机管理（本地）"→"存储"→"磁盘管理"选项，即可显示当前系统中的磁盘分区，并能查看到磁盘分区所使用的文件系统、当前状态和容量等相关信息。

（3）在窗口中选取一个需要进行磁盘管理的分区，右击并在弹出的快捷菜单中选择"更改驱动器号和路径"选项，再在弹出的对话框中单击"更改"按钮。

（4）在弹出的对话框中选中"分配以下驱动器号"单选按钮，并在右侧的下拉列表框中选择合适的驱动器号。比如选择 M 作为原来 G 分区的驱动器号并单击"确定"按钮。

（5）完成驱动器号调整后即可在"计算机管理"窗口中看到盘符的变化。

本 章 习 题

一、选择题

1. 下面的（　　）不是文件的存储结构。

    A．索引文件　　　　　B．记录式文件　　　　　C．串联文件　　　　　D．连续文件

2. 有一磁盘，共有 10 个柱面，每个柱面 20 个磁道，每个盘面分成 16 个扇区。采用位示图对其存储空间进行管理。如果字长是 16 个二进制位，那么位示图共需（　　）字。

    A．200　　　　　　　B．128　　　　　　　C．256　　　　　　　D．100

3. 操作系统为每一个文件开辟一个存储区，在它的里面记录着该文件的有关信息，这就是所谓的（　　）。

    A．进程控制块　　　B．文件控制块　　　C．设备控制块　　　D．作业控制块

4. 从用户的角度看，引入文件系统的主要目的是（　　）。

    A．实现虚拟存储　　　　　　　　　　B．保存用户和系统文档

    C．保存系统文档　　　　　　　　　　D．实现对文件的按名存取

5. 按文件的逻辑结构划分，文件主要有两类（　　）。

    A．流式文件和记录式文件　　　　　　B．索引文件和随机文件

    C．永久文件和临时文件　　　　　　　D．只读文件和读写文件

6. 位示图用于（　　）。

    A．文件目录的查找　　　　　　　　　B．磁盘空间的管理

    C．主存空间的共享　　　　　　　　　D．文件的保护和保密

7. 文件系统用（　　）组织文件。

    A．堆栈　　　　　　B．指针　　　　　　C．目录　　　　　　D．路径

8. 对一个文件的访问，常由（　　）共同限制。

    A．用户访问权限和文件属性　　　　　B．用户访问权限和用户优先级别

    C．优先级和文件属性　　　　　　　　D．文件属性和口令

9. 存放在磁盘上的文件，（　　　）。

    A．既可随机访问，又可顺序访问　　　　　B．只能随机访问

    C．只能顺序访问　　　　　　　　　　　　D．不能随机访问

10. 用磁带作文件存储介质时，文件只能组织成（　　　）。

    A．顺序文件　　　B．链接文件　　　　C．索引文件　　　　　D．目录文件

二、填空题

1. 一个文件的文件名是在_____时建立的。

2. 文件系统由与文件管理有关的_____、被管理的文件及管理所需要的数据结构三部分组成。

3. 在用位示图管理磁盘存储空间时，位示图的尺寸由磁盘的_____决定。

4. 采用空闲区表法管理磁盘存储空间时，类似于存储管理中采用_____方法管理内存。

5. 操作系统通过_____感知文件的存在。

6. 根据在辅存上的不同存储方式，文件可以有堆、顺序、_____、索引和散列五种不同的物理结构。

三、简答题

1. 什么是文件的逻辑结构？它有哪几种组织方式？

2. 什么是文件的物理结构？它有哪几种组织方式？

3. 什么叫按名存取？文件系统如何实现文件的按名存取？

4. 常用的文件的存储设备的管理方法有哪些？试述主要优缺点。

5. 文件目录是什么？文件目录中包含哪些信息？二级目录和多级目录的好处是什么？

6. 文件存取控制方式有哪几种？试比较它们各自的优缺点。

第⑧章

➡ 操作系统的保护与安全

引子：形而上者谓之道，形而下者谓之器（易经）

战国吕不韦《吕氏春秋·察今》（又名《吕览》）：楚人有涉江者，其剑自舟中坠于水，遽契其舟曰："是吾剑之所从坠。"舟止，从其所契者入水求之。舟已行矣，而剑不行，求剑若此，不亦惑乎？

世界上的事物，总是在不断发展变化的。网络环境更是如此。我们想问题、办事情，都应当考虑到这种变化，适合于这种变化的需要，学会"看风使舵"，学会"见机行事"。

然而，《荀子·儒效》曰："千举万变，其道一也。"《庄子·天下》亦有："不离于宗，谓之天人。"虽然当年的郑人买履、表水涉澭因其墨守成规和不知变通而成为后人笑柄，但是，"纵横不出方圆，万变不离其宗"，许多事情，其形式上虽然变化多端，其本质或目的却永远不变。或许，在因为网络而"世界一村"的今天，缘木求鱼可能正是成功之道，削足适履才是适应社会、顺其道而行之的良策。

面对大千世界和其瞬息万变，我们必须学会适时而固守、适时而变化。

随着计算机技术的发展及网络的普及与发展，人们对计算机操作系统的安全越来越重视。操作系统安全的目的是保护计算机硬件、软件和数据不因偶然因素或恶意攻击而遭到破坏，使整个系统能够正常可靠地运行。为达到这一目的必须采取一系列的措施。本章介绍为维护操作系统安全性而采用的防范技术。

本章要点

- 安全性概述。
- 操作系统的安全机制。
- 数据加密技术、认证技术、防火墙技术。
- 安全操作系统的设计与实现。

8.1 引　言

系统的安全性一般包括狭义安全概念和广义安全概念两个方面。前者主要是对外部攻击的防范，后者则是保障系统中数据的保密性、完整性和可用性。当前主要使用广义安全概念。

影响计算机系统安全性的因素很多。首先，操作系统是一个共享资源系统，支持多用户同时共享一套计算机系统的资源，有资源共享就需要有资源保护，因此涉及各种安全性问题；其次，随着计算机网络的迅速发展，除了信息的存储和处理外，还存在大量数据传送操作，如客户机访问服务器、一台计算机要传送数据给另一台计算机等，这一数据传送过程对安全的威胁极大，于是，就需要网络安全和数据信息的保护，防止入侵者恶意破坏；再次，应用系统主要依赖数据库来存储大量信息，数据库是各个部门十分重要的一种资源，尤其是网络环境中的数据库，其数据会被广泛应用，这就提出了信息系统的安全问题；最后，计算机安全中的一个特殊问题是计算机病毒，需要采取措施预防、发现、删除它。

8.1.1 系统安全性的内容和性质

1. 系统安全性的内容

系统安全性包括三个方面的内容，即物理安全、安全管理和逻辑安全。物理安全是指系统设备及相关设施受到物理保护，使其免遭破坏或丢失；安全管理包括各种安全管理的政策和机制；而逻辑安全则是指系统中信息资源的安全，它又包括以下四个方面：保密性，仅允许被授权的用户访问计算机系统中的信息；完整性，是指系统中所保存的信息不会被非授权用户修改，且能保持数据的一致性；可用性，授权用户的正常请求，能及时、正确、安全地得到服务或响应；真实性，要求计算机系统能证实用户的身份，防止非法用户侵入系统，能确认数据来源的真实性。

因此，从一般的操作系统提供的功能和服务角度出发，其安全性应用需求的内容可以具体化为以下几点：

（1）为系统用户提供权限管理机制。包括认证和鉴别用户，禁止非法用户进入系统，为不同用户配置不同的权限和每个用户只拥有其能够工作的最小权利。

（2）应用和数据的访问控制机制。按照特定的权限配置，实现用户数据在不同用户间的共享或隔离，用户只能按照指定的访问控制安全策略访问数据。

（3）为系统用户提供可信通路。保证系统登录和应用层提供的安全机制不被旁路，切实发挥作用，如禁止数据库管理系统之外的应用程序直接操作数据库文件，以防数据库的安全检查机制被绕过。

（4）为应用软件和数据提供安全域隔离。这可以在一定程度上解决上层应用程序的安全性问题或降低入侵造成的损失，使只有被攻击的应用程序才可能受到危害，不至于影响整个系统。如操作系统的安全增强机制（如网络协议栈保护等）能够在一定程度有效防止外界利用缓冲区溢出漏洞形成攻击，或能有效限制攻击的入侵危害范围和程度。

（5）为系统操作提供完整的日志。通过对日志的安全审计和管理，检查错误发生的原因及受到攻击时攻击者留下的痕迹，还可以实时监测系统状态和追踪侵入者等。

2. 系统安全的性质

系统安全问题涉及面较广，它不仅与系统中所用的硬、软件设备的安全性能有关，而且与构造系统时所采用的方法有关，这导致了系统安全问题的性质更为复杂，主要表现在如下几点：

（1）多面性。在较大规模的系统中，通常都存在着多个风险点，在这些风险点处都包括物理安全、逻辑安全及安全管理三方面的内容，其中任一方面出现问题，都可能引起安全事故。

（2）动态性。由于信息技术的不断发展和攻击者的攻击手段层出不穷，使系统的安全问题呈现出动态性。这种系统安全的动态性导致人们无法找到一种一劳永逸的安全问题的解决方案。

（3）层次性。系统安全是一个涉及很多方面且相当复杂的问题，因此，需要采用系统工程的方法来解决。如同大型的软件工程一样，系统安全通常也采用层次化方法，这是指将系统安全的功能按层次化方式加以组织，即首先将系统安全问题划分为若干个安全主题，作为最高层；然后再将其中一个安全主题分成若干子功能，它不可再分解。这样，由多个层次的安全功能来覆盖系统安全的各个方面。

（4）适度性。当前，几乎所有的企事业单位，在实现系统安全工程时都遵循了适度安全的准则，即根据实际需要，提供适度的安全目标加以实现。这是因为，一方面，由于系统安全的多面性和动态性，使对安全问题的全面覆盖难于实现；另一方面，即使是存在着这样的可能，其所需的资源和成本之高，也是难以令人接受的。这就是系统安全的适度性。

8.1.2 对系统安全威胁的类型

为了防范攻击者的攻击，保障系统的安全，必须了解攻击者威胁系统安全的方式。攻击者可能采用的攻击方式层出不穷，而且还会随着科学技术的发展，不断形成许多新的威胁系统安全的攻击方式。根据计算机系统提供信息的功能，从源端到目的端存在数据流动时，会出现四种常见的威胁类型，如图 8-1 所示。

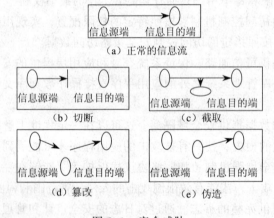

图 8-1　安全威胁

（1）切断。系统的资源被破坏或变得不可用或不能用。这是对可用性的威胁，如破坏硬盘、切断通信线路或使文件管理失效。

（2）截取。未经授权的用户、程序或计算机系统获得了对某资源的访问。这是对保密性的威胁，如在网络中窃取数据及非法复制文件和程序。截取方式是直接从电话线上窃听，或利用计算机和相应的软件来截取信息。

（3）篡改。未经授权的用户不仅获得了对某资源的访问，而且还进行了篡改。这是对完整性的攻击，如修改数据包中的协议控制信息，使该数据包传送到非指定的目标；修改数据包中的数据部分，以改变传送到目标的消息内容；还可修改协议控制信息中数据包的序号，以搅乱消息内容。

（4）伪造。未经授权的用户将伪造的对象插入到系统中。这是对合法性的威胁，如非法用户把伪造的消息加到网络中或向当前文件加入记录。

8.1.3 对各类资源的威胁

计算机系统的资源分为硬件、软件、数据及通信线路与网络等几种。表 8-1 列出了每种资源类型所面临的威胁的情况。

表 8-1 安全威胁和资源

资源类型	可 用 性	保 密 性	完整性/真实性
硬件	设备被偷或破坏，故拒绝服务		
软件	程序被删除，故拒绝用户访问	非授权的软件复制	工作程序被更改，导致在执行期间出现故障，或执行一些非预期的任务
数据	文件被删除，故拒绝用户访问	非授权读数据。通过对统计数据的分析揭示了潜在的数据	现有的文件被修改，或伪造新的文件
远程通信	消息被破坏或删除，通信线路或网络不可用	读消息；观察消息的流向规律	消息被更改、延迟、重排序，或伪造假消息

1. 对硬件的威胁

在计算机系统中，硬件是最基础、最重要的设备，攻击者对硬件尤其是关键性的硬件进行攻击后，会造成硬件的损坏或丢失，可能使整个系统处于瘫痪状态，从而无法再向用户提供服务，或者导致出现硬件拒绝服务现象。对硬件的威胁可能来自多个方面，最常见的有以下几方面：

（1）电源掉电。电源突然掉电可能导致系统中的数据丢失，通常采用的一种解决方法是对关键设备采用不间断电源 UPS 供电；在重要的信息系统中，如银行、信用卡系统、证券系统等，还采用了双电源供电。

（2）设备故障和丢失。在计算机系统中，磁盘系统是既重要、又较易发生故障的设备。为防止因磁盘故障而造成数据丢失，广泛采用系统容错技术（System Fault Tolerance）。在 Novell 公司的 NetWare 网络操作系统中提供了三级容错技术，在 Windows NT 网络操作系统中所采用的是磁盘阵列技术。此外，还必须加强对计算机系统的管理和日常维护，以保证硬件的正常运行和杜绝设备被窃事件的发生。

2. 对软件的威胁

攻击者可以通过对系统中大量软件进行攻击的方法来破坏系统的安全性。对软件尤其是对应用软件的威胁主要是攻击者对现有的软件进行删除、复制、修改和破坏等。

（1）删除软件。删除有用软件虽然可以是合法用户无意的误操作，但也是攻击者常用的一种攻击手段，导致十分有用的软件在系统中消失，从而无法再向用户提供服务。为保证软件的可用性，不仅应采取必要的措施，如加强对用户身份的验证和访问的控制等，来防止软件被删除，而且还应对最新的、比较重要的软件加以备份。

（2）复制软件。未授权用户和攻击者可以通过复制软件的方式来达到外泄软件的目的。为防止软件被非法复制，不仅需要有必要的技术防范措施，更重要的是应加强对软件的管理。

（3）恶意修改和破坏。系统软件最大的威胁可能是对软件的恶意修改，使软件失去原有的部分或全部功能，或增加了一些有害的或带有破坏性的功能。近几年频频出现的病毒便属于这类威胁。病毒具有非常强的传染力，可通过闪存盘、移动硬盘和网络等进行传输。

3. 对数据的威胁

对数据的威胁，主要是指攻击者利用系统的安全漏洞对存储在文件系统和数据库系统中的文件和数据进行窃取、删除和恶意修改，造成难以预料的后果。常见的安全漏洞有特洛伊木马（Trojan Horse）、后门（Trap Door）、逻辑炸弹（Logic Bomb）、栈和缓冲区溢出、病毒（Dropper）等。因此，数据的安全性尤其受到关注。对数据安全性的主要威胁有以下几种：

（1）窃取机密信息。在一个信息系统中，特别是机密单位的信息系统中，通常都保存有大量的机密信息，攻击者可通过多种方式来窃取系统中所存储的机密文件和数据。因此，当前的大多数系统中都采取了多种措施来防止机密信息的外泄。为此，除需要采用用户身份验证和访问控制两种基本技术外，还应广泛采取对在网络中存储和传输的重要数据进行加密的措施，使攻击者即使是窃取到了重要数据也无法打开数据。

（2）破坏数据的可用性。攻击者可以通过多种方式来删除或改变系统中的数据，使系统中保存的重要信息部分或全部消失，或者使其变得毫无意义，从而无法再提供给用户使用。防止破坏数据可用性的基本方法，主要是进行用户身份验证和访问控制。

（3）破坏数据的完整性。数据的完整性是指在系统中所保存的数据应该是准确无误的，而且同一数据在多处存储时，还应保证这些数据的一致性。攻击者可以通过使电源掉电、设备故障及修改有关软件和修改有关数据的方法来破坏系统中数据的完整性。为此，在系统中应配置能保证数据一致性的机制，以防范系统故障和攻击者所造成的数据不一致性。

4. 对远程通信的威胁

现代的政府机关及军事部门和企事业单位，无不需要借助于 WAN 与远方的有关单位或个人进行通信。而在远程通信过程中，最容易受到攻击的部门就是通信线路。攻击者也可以通过 WAN 中的各类结点进行更为严重的攻击。

（1）被动攻击方式。攻击者对传输过程进行窃听或截取，非法获得正在传输的消息，以了解其中的内容和数据性质。这包括两种攻击方式，分别是消息内容泄露和消息流量分析。这种攻击方式不干扰网络中信息的正常传输，不包含对数据流的更改，因而不易被检测出来。对付被动攻击的最有效方法是对所传输的数据进行加密。

（2）主动攻击方式。主动攻击方式通常具有更大的破坏性。攻击者不仅要截获系统中的数据，而且还可能冒充合法用户，对网络中的数据进行删除、修改，或者制造虚假数据。主动攻击主要是攻击者通过对网络中各类结点中的软件和数据加以修改来实现的，这些结点可以是主机、路由器或各种交换器。主动攻击方式很难预防，只能通过检测和恢复加以解决。目前广泛使用防火墙作为防范网络主动攻击方式的手段，它能使网络内部与 Internet 之间或与其他外网之间互相隔离，限制网络互访，保护网络内部资源，防止外部入侵。目前，常用的防火墙技术有对包的 IP 地址校验的包过滤型技术、通过代理服务器隔离的服务代理型技术、建立状态监视服务模块的状态监测型技术等。

8.1.4 信息技术安全评价公共准则

为了能有效地以工业化方式构造可信任的安全产品，国际标准化组织采纳了由美、英等国提出的"信息技术安全评价公共准则（CC）"作为国际标准。CC 为相互独立的机构对相应信息技术安全产品进行评价提供了可比性。

1. CC 的由来

美国国防部 1985 年制定了一组计算机系统安全需求标准，共包括 20 多个文件。每个文件都使用了不同颜色的封面，称为"彩虹系列"。其中最核心的是具有橙色封面的"可信任计算机系统评价标准（TCSEC）"，简称"橙皮书"。

该标准中将计算机系统的安全程度从低到高分为四等八个级别，分别为 D1、C1、C3、B1、B2、B3、A1、A2。从最低级 D1 开始，随着级别的提高，系统的可信度也随之增加，风险也逐渐减少。

1）D 等，最低保护等级

D 等只有一个级别 D1 级，又称为安全保护欠缺级，无密码保护的个人计算机系统便属于 D1 级。列入该级别说明整个系统都是不可信任的，它不对用户进行身份验证，任何人都可以不受任何限制地使用计算机系统中的任何资源，从而使其硬件系统和操作系统非常容易被攻破。达到 D1 级的操作系统有 DOS、Win3.x、Windows95/98（工作在非网络环境下）、Apple 的 System 7.x 等。

2）C 等，自由保护等级

C 等分为两个级别 C1 和 C2，主要提供选择保护。

C1 级称为自由安全保护级，它支持用户标识与验证、自主型的访问控制和系统安全测试；它要求硬件本身具备一定的安全保护能力，并且要求用户在使用系统前一定要先通过身份验证。具有密码保护的多用户工作站就属于此级。自由安全保护控制允许网络管理员为不同的应用程序或数据设置不同的访问许可权限。C1 级保护的不足之处是用户能将系统的数据随意移动，也可更改系统配置，从而拥有与系统管理员相同的权限。

C2 级称为受控安全保护级，它更加完善了自由型存取控制和审计功能。C2 级针对 C1 级的不足之处做了相应的补充与修改，增加了用户权限级别。用户权限的授权以个人为单位，授权分级的方式使系统管理员可以按照用户的职能对用户进行分组，统一为用户组指派其访问某些程序或目录的权限。审计特性是 C2 级系统采用的另一种提高系统安全的方法，它将跟踪所有与安全性有关的事件和网络管理员的工作。通过跟踪安全相关事件和管理员责任，审计功能为系统提供了一个附加的安全保护。

常见的达到 C 级的操作系统有 UNIX、Xenix、Novell 3.x 或更高版本的 Novell 及 Windows NT 等。

3）B 等，强制保护等级

B 等分为三个级别 B1、B2、B3，检查对象的所有访问并执行安全策略，因此，要求客体必须保留敏感标记，可信计算机利用这个标记去施加强制访问控制保护。

B1 级为标记安全保护级。它的控制特点包括非形式化安全策略模型、指定型的存取控制和数据标记，并能解决测试中发现的问题。它给所有对象附加分类标记，主体所访问的对象分类级必须小于用户的准许级别。这一级说明一个处于强制性访问控制下的对象，不允许文件的拥有者改变其许可权限。B1 级支持多级安全，多级安全是指将安全保护措施安装在不同级别中，这样对机密数据提供更高级的保护。

B2 级为结构化保护级。它的控制特点包括形式化安全策略模型，并兼有自由型与指定型的存取控制，同时加强了验证机制，使系统能够抵抗攻击。B2 级要求为计算机系统中的全部组件设置标签，并且给设备分配安全级别。这也是安全级别存在差异的对象间进行通信的第 1 个级别。

B3 级为安全域级。它满足访问监控要求，能够进行充分的分析和测试，并且实现了扩展审计机制。B3 级要求用户工作站或终端设备必须通过可信任的途径连接到网络或其他安全域对象的修改。

4）A 等，验证保护等级

A 等使用形式化安全验证方法，保证使用强制访问控制和自由访问控制的系统，能有效地保护该系统存储和处理秘密信息及其他敏感信息。它的设计必须是从数学上经过验证的，而且必须进行对秘密通道和可信任分布的分析。A 等分为两级 A1 级和 A2 级。

在 20 世纪 80 年代后期，德国信息安全局也公布了"信息技术安全评价"标准（德国绿皮书），与此同时，英国、加拿大、法国、澳大利亚也都制定了本国的相应标准。但由于这些国家的标准之间不能兼容，于是，上述一些国家于 1992 年又合作制定了共同的国际标准即 CC。

2. CC 的组成

CC 由两部分组成，一部分是信息技术产品的安全功能需求定义，这是面向用户的，用户可以按照安全功能需求来定义"产品的保护框架"（PP），CC 要求对 PP 进行评价以检查它是否能满足对安全的需求；CC 的另一部分是安全保证需求定义，这是面向厂商的。厂商应根据 PP 文件制定产品的"安全目标文件"（ST）。CC 同样要求对 ST 进行评价，然后根据产品规格和 ST 去开发产品。

安全功能需求部分，包括一系列的安全功能定义，它们是按层次式结构组织起来的，其最高层为类。CC 将整个产品的安全问题分为 11 类，每一类侧重于一个安全主题。中间层为帧，在一类中的若干个簇都基于相同的安全目标，但每个簇各侧重于不同的方面。最低层为组件，这是最小可选择的安全功能需求。安全保护需求部分，同样是按层次式结构组织起来的。

相关链接：操作系统安全标准

对安全操作系统的研究，首先从 1967 年的 Adept-50 项目开始，随后安全操作系统的发展经历了奠基时期、食谱时期、多政策时期及动态政策时期。目前，比较著名且常用的计算机信息安全评估标准有 TCSEC、POSIX.1e 等。国内对安全操作系统的开发大多处于食谱时期，即以美国国防部的 TCSEC（Trusted Computer System Evaluation Criteria）或我国的计算机信息系统安全保护等级划分准则为标准进行的开发。

TCSES 标准是美国国防部于 20 世纪 80 年代提议开发的安全系统标准，又称橙皮书。其已成为计算机安全保密的权威著作，也是计算机信息系统安全级别划分最常用的标准之一。POSIX.1e 是一个由 IEEE（电气和电子工程师协会）制定的标准族。POSIX 意指计算机环境的可移植操作系统界面（Portable Operating System Interface for Computer Environment）。该标准的 1988 版经修改后递交给 ISO，成为国际标准 ISO/IEC9945-1：1990，即通常所谓 POSIX.1。我国于 1999 年 10 月 19 日发布了计算机信息系统安全保护等级划分准则（GB17859-1999），该准则规定了计算机信息系统安全保护能力的五个等级。

8.2 操作系统的安全机制

操作系统的安全性主要是要保证系统能够按照指定的安全策略对用户的操作进行控制，防止用户对计算机资源的非法使用，保证系统中数据的完整性和保密性等。要实现这些目标，就需要建立相应的安全机制，其中主要包括标识与鉴别、可信路径、最小特权管理、访问控制、隐蔽通道检测与控制及安全审计等。具备这些安全机制的操作系统称为安全操作系统（Trusted Operating Systems），又称可信操作系统。

8.2.1 标识与鉴别

识别是计算机安全的基础。必须能够辨别是谁在请求访问一个对象，且必须能够证实这个主体的身份。用户身份的标识和鉴别是对访问者授权的前提，也是通过审计保留追究用户行为责任的基础。大部分访问控制，无论是强制访问控制还是自主访问控制，都基于准确的识别。因此，用户在登录系统并执行其操作之前，需要向系统标识自己的身份，并提供证明自己身份的依据，由计算机系统对其进行鉴别。用户标识和鉴别的定义如下：

用户标识（User Identification）：信息系统用以标识用户的一个独特符号或字符串。

鉴别（Authentication）：验证用户、设备、进程和实体的身份；验证信息的完整性；验证发送方信息发送和接收方信息接收的不可否认性。

在操作系统中，身份标识与鉴别机制是系统安全的第一道屏障，其功能是用于阻止非法用户进入系统。其中标识是指对系统中的每个用户赋予一个唯一的标识符；鉴别则是将唯一的标识符与系统用户联系起来的动作。

UNIX/Linux 等多用户操作系统都实现了基本的标识和鉴别机制。一般系统中有三类用户：超级用户、普通用户和系统用户。超级用户通常取名为 root，它可以控制一切，包括用户、文件和目录、网络资源等。普通用户是指能够登录系统的用户，它能够在自己的主目录下创建和操作文件，对计算机上的文件和目录有受限的权限，不能执行系统级的功能。系统用户从不登录。这些账号用于特定的系统目的，不属于任何特定的使用者。例如，用户 nobody 和 lp，其中 nobody 是处理 HTTP 请求的用户，而 lp 处理打印请求。

8.2.2 可信路径

在计算机系统中，为保护系统内核不被用户无意或恶意修改，用户与系统内核的相互作用是通过应用程序来完成的，如用户登录时进行的身份标识和鉴别过程等。然而，这些应用程序却存在被非法用户程序模仿和代替的隐患。比如，一个特洛伊木马程序可以伪造一个登录程序，在终端上模仿系统给出提示信息，诱使用户输入注册名和口令，并在适当时机启动真正的系统登录程序，以窃取用户的机密信息。此时，仅靠简单地关闭和重新打开终端并不能确定是否消除了这个特洛伊木马程序，而是必须为用户提供一条"可信"的路径，让用户能够直接登录到系统内核。

顾名思义，可信路径（Trusted Path）就是绕过应用层，在用户与系统内核之间开辟了一条直接的、可信任的交互通道。在 TCSES 的标准中，可信路径的定义是：可信计算机要求支持其本身与用户之间可信任通信路径，以进行初始化登录和鉴别。通过这条路径的通信要被各用户互斥地初始启动。

　　以上述特洛伊木马攻击程序为例，为解决这个问题，操作系统提供一种机制，以使用户和系统内核之间建立一条可信登录路径。如图8-2所示，此时，用户登录系统可能存在三种路径。

　　图8-2中，路径A为通常情况下，用户与系统内核的相互作用通过login应用程序来完成；路径B为非法入侵时，非法用户利用特洛伊木马伪造登录程序截获用户的认证信息；路径C为建立可信路径直接与内核交互。此时，可信路径的建立过程可分为三个步骤：首先，系统用户直接向系统内核发送请求登录信号；其次，内核启动登录程序；最后，用户和系统之间建立可信登录路径。

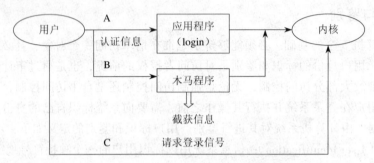

图 8-2　用户登录的不同路径

8.2.3　最小特权管理

　　为使系统能够正常运行，系统中的某些进程（如系统管理员进程或操作员进程）具有可以违反系统安全策略的操作能力。这种违反系统安全策略的操作能力称为特权。现在，在多用户操作系统中，超级用户一般具有所有特权，如Linux中的root；而普通用户不具有任何特权。也就是说，一个进程要么具有所有的特权，要么不具有任何特权。这种特权管理方式有利于系统的维护和配置，但有可能威胁系统的安全性。主要表现在两个方面：一是一旦超级用户的口令丢失或超级用户被冒充，将会对系统造成极大的损失；二是超级用户的误操作也使系统潜在着极大的安全隐患。

　　因此，安全操作系统采用最小特权管理思想。所谓最小特权（Least Privilege），是指在完成某种操作时赋予主体（用户或进程）的必不可少的特权。最小特权管理思想一方面给予主体"必不可少"的特权，保证了主体能在所赋予的特权之下完成所需完成的任务或操作；另一方面，它只给予主体"必不可少"的特权，也就限制了主体所能进行的操作。

　　通常，为实现最小特权管理思想，将超级用户的特权划分为一组细粒度的特权，分别授予不同的系统操作员和管理员，使各种操作员或管理员只具有完成其任务所必需的特权，从而减少由于特权用户口令丢失或误操作引起的损失。同时，为方便对管理权限的管理，还可在系统中定义多个管理员角色。系统中定义的管理员并不直接享有管理权限，而是与具体的管理角色相联系。管理角色与具体的管理权限相联系，而管理员拥有与其承担的管理角色的所有管理权限，如图8-3所示。

图 8-3　管理权限配置

如 Linux 操作系统，根据最小特权原则去掉系统中的 root 用户，并根据系统管理的任务定义三种管理角色，分别享有如下管理权限：

（1）安全管理角色：主要负责系统安全方面的管理，具体包括安全策略的制定和启用，以及各类安全属性（主、客体的安全等级等）的修改等有关信息安全的操作。该角色主要访问到的资源包括安全策略数据库、安全属性数据库、安全策略的加载调用等。

（2）审计管理角色：主要负责审计方面的管理，具体包括审计策略的制定，以及审计数据的管理和维护。该角色涉及的访问权包括内核中的审计开关配置（审计的范围和粒度），核心数据传输的系统调用接口 syslog，审计数据文件的读/写等。

（3）日常管理角色主要负责系统日常方面的维护，具体可分为用户方面的管理和维护，设备方面的管理和维护，网络配置方面的管理和维护等。

因此，对系统管理员的管理变得更加重要起来。上述这种管理模式采用了多个权限互不相同的管理员，通过管理员之间的共同配合来完成对系统的维护和管理。但是，在这种管理方式下，一旦某管理员因特殊原因（如口令遗忘、突然辞职等）无法实施系统管理，整个系统的正常管理就要受到影响。

为克服这些缺陷，在新型的安全操作系统中引入了特权管理模式和表决系统机制。在特权管理模式下，能够对管理员进行日常管理，如增加和删除管理用户，以及修改管理员口令等。但是，在特权管理模式下，只能通过添加相应的管理员间接完成对系统的管理，而不能直接对系统进行一般性的管理。特权管理模式对应了一个可信度高的管理工具，系统赋予该管理工具一定的管理特权，而系统只有在超过 2/3 的管理员通过认证时才能进行特权管理。这类似于现实生活中的表决系统。

8.2.4 访问控制

访问控制是计算机保护中极其重要的一个环节，也是评价系统安全性的最主要指标之一。它是在身份识别的基础上，根据身份对提出的资源访问请求加以控制，即根据安全策略的要求对每个资源访问请求做出是否许可的判断，有效地防止非法用户访问系统资源或合法用户非法使用资源。

对访问控制技术的研究最早产生于 20 世纪 60 年代，随后出现了两种重要的访问控制技术：自主访问控制（Discretionary Access Control，DAC）和强制访问控制（Mandatory Access Control，MAC）。

1. 自主访问控制（DAC）

自主访问控制是指具有某种访问控制权限的主体，可以根据自己的意愿将访问控制权限的某个子集授予其他主体，或从其他主体那里收回他所授予的访问控制权限。也就是说，DAC 的思想是将用户作为客体的拥有者，这样用户便可自主地决定其他哪些用户可以以何种方式来访问他拥有的客体。它由资源拥有者分配访问权，在辨别各用户的基础上实现访问控制。

DAC 常以访问控制表的形式实现，其访问控制表主要有两种实现形式。

（1）以主体为索引的访问控制表。即每个主体附带多个客体链表，分别对应该主体可以进行某类操作的客体集合。在这种表示形式下，客体删除操作的实现过程比较复杂，需要扫描所有主体的访问控制链表，从中删除对该客体的授权。否则，主体的访问控制链表中会存在大量的冗余授权信息，甚至会引起授权错误。例如，新创建一个客体，分配给它的标识符（文件名、索引结点号等）可能等于已删除客体的标识符，新客体的授权状况完全等于已删除客体的授权状况，然而二者可能没有任何直接联系。

（2）以客体为索引的访问控制表。即每个客体附带多个主体链表，分别对应对该客体可以实施某类操作的主体集合。在这种表示形式下，主体删除操作的实现过程比较复杂，需要扫描所有客体的访问控制链表，然后从中删除对该主体的授权。否则，客体的访问控制链表中会存在大量的冗余授权信息，甚至会引起授权错误。例如，新创建一个主体，分配给它的标识符（进程号等）可能和已删除主体的标识符一样，新主体的授权状况可能和已删除主体的授权状况完全相同，然而二者可能没有任何直接联系。

Linux 操作系统是以客体为索引实现自主访问控制的访问控制表。但是，为了简化管理，它将主体分为拥有者、同组和其他三类，通过设置可读、可写和可执行的保护位来进行访问控制。

DAC 无法抵御特洛伊木马的攻击。例如，用户 A 拥有机密文件 secret，他设置权限为只有自己可读。攻击者 Spy 首先产生一个文件 pocket，设置权限为自己可读可写，而用户 A 可写。接着 Spy 产生一个特洛伊木马程序 try_it，并设法使用户 A 运行它。一旦用户 A 运行了 try_it 特洛伊木马程序，该程序就会读取 secret 文件的信息并将其写入文件 pocket 中。这样，机密信息就被泄露了。而这一切过程，都符合自主访问控制规则。

2. 强制访问控制（MAC）

强制访问控制的基本思想是：每个主体都有既定的安全属性，每个客体也都有既定的安全属性，主体对客体是否能执行特定的操作取决于二者安全属性之间的关系。通常所说的MAC 主要是指 TCSEC 中对强制访问控制安全策略的定义，它主要用来描述军用计算机系统环境下的多级安全策略。

多级安全策略由安全管理员进行统一配置，而不允许其他用户进行管理。其中，安全属性用二元组表示，记作（密级，类别集合）。其中，密级表示机密程度，类别集合表示部门或组织的集合。对客体的访问权限一般有以下几种模式：只读（Read-Only）、添加（Append）、执行（Execute）、读写（Read-Write）。

BLP 安全模型是最著名的多级强制访问控制安全策略之一。BLP 模型中，密级是集合{绝密、机密、秘密、公开}中的任一元素，此集合是全序的，即绝密>机密>秘密>公开。类别集合是系统中非分层元素集合中的一个子集，其元素依赖于所考虑的环境和应用领域，如类别集合可以是军队中的潜艇部队、导弹部队、航空部队等，也可以是企业中的人事部门、生产部门、销售部门等。BLP 策略对系统中的每个用户和每个客体都分配一个安全属性（又称敏感等级）。

安全属性级别是线性有序的，其机制包括以下三点：

（1）当且当仅主体的密级高于客体的密级，且主体的类别集合包含客体的类别集合时，主体的安全级高于客体的安全级。

（2）"简单安全"原则：当且仅当主体的安全级高于客体的安全级时，主体可以读客体。

（3）"特性"原则：当且仅当主体的安全级低于客体的安全级时，主体可以写客体。

BLP 多级强制访问控制策略的最大优点是使系统中的信息流成为单向不可逆的，防止信息从高安全级别的客体流向低安全的客体，从而有效地防止了特洛伊木马的破坏。例如，前述 Spy 用户通过特洛伊木马程序窃取秘密信息的情形就不会出现了。因为管理员负责设定主体和客体的安全级别，所以，用户 A 和 secret 文件被定义为高安全级，而 Spy 和 pocket 文件被定义为低安全级。这样，当用户 A 运行了特洛伊木马程序 try_it 时，虽然可以读取 secret 的内容，但是在向 pocket 文件写入时，会因违反了"特性"而被系统拒绝。

随着计算机系统的发展和普及，与应用领域有关的安全需求大量涌现，传统操作系统访问控制技术已很难满足这些要求。例如，多级强制访问控制虽然保证了信息的机密性，但是，对信息的完整性控制不够。

8.2.5　隐蔽通道检测与控制

系统的保密性在很大程度上直接决定了系统的安全性。发现和阻止机密信息（或其他重要信息）的泄露与扩散是信息安全研究和工程实践中的重要内容。在多用户操作系统中，除了正常的用户间通信外，间接的、违背保密性策略的信息泄露途径统称为隐蔽通道。

基于隐蔽通道的具体形成方式，隐蔽通道可以分为两种基本类型：隐蔽存储通道（Covert Storage Channel）和隐蔽时间通道（Covert Timing Channel）。

隐蔽存储通道的存在场景为：信息发送者直接或间接地修改某存储单元，信息接收者直接或间接地读取该存储单元。其产生的必要条件有以下四条：

（1）发送和接收进程必须能够对同一存储单元具有存取能力。

（2）发送进程必须能够改变共享存储单元的内容。

（3）接收进程必须能够探测到共享存储单元内容的改变。

（4）必须有对通信初始化和发送与接收进程同步的机制。

时间隐蔽通道的存在场景为：信息发送者根据机密信息有规律地调节它对系统资源（如 CPU 或其他设备）的使用，信息接收者通过观察系统对资源请求的响应时间来推断信息发送者对系统资源的使用情况，从而接收信息发送者传递的机密信息。其产生的必要条件有以下四条：

（1）发送和接收进程必须能够对同一广义存储单元具有存取能力。

（2）发送和接收进程必须具有时间参照物。

（3）接收进程必须能够探测到发送进程对广义存储单元内容的改变。

（4）必须有对通信初始化和发送与接收进程同步的机制。

操作系统中存在隐蔽通道的原因大致有两个：一是系统设计模型中的信息传递流程存在漏洞；二是系统实现时的程序代码中的信息隐蔽性对隐蔽通道的产生有一定的影响。

在高等级安全操作系统设计中，隐蔽通道控制与强制访问控制模型的实施具有同等重要的地位。但是，对隐蔽通道的分析技术，如信息流分析法和共享资源矩阵方法等，都无法彻底解决隐蔽通道的检测问题。因此，只有少数操作系统达到了 TCSEC 标准中规定的 B2 以上级别要求的隐蔽通道检测要求。在实际应用中通常采用以下策略：首先，在具体环境允许的情况下，应当尽可能使用消除法对非法信息流进行控制；其次，可采用降低带宽法，即设法降低隐蔽通道的信息传输速率（从通信角度讲，就是增加信道噪声）；最后，可以用操作系统的审计功能监视和记录隐蔽通道的信息传输情况。

8.2.6　安全审计

安全审计作为一种事后追查的手段来保证系统的安全，它保证了操作系统对各种与安全相关事件的跟踪、分析及反应能力。审计系统是由日志系统发展而来的。日志就是对涉及系统安全的操作做出一个完整的记录，以备有违反系统安全规则的事件发生后，能有效地追查事件发生的地点和过程。

通过对日志的记录和分析可以帮助检测系统的安全威胁。例如：发现试图攻击系统安全的重复举动（如多次猜测口令登录）；跟踪越权访问的用户（记录用 su 命令作为 root 执行命令的用户）；跟踪异常的使用模式（如正常工作时间是从上午 9 点至下午 5 点，而日志记录到用户经常在凌晨登录）。

但是，系统日志并不等同于审计系统，它只是审计数据的重要数据来源之一。在网络操作系统中，审计数据也可能来自网络，如 IP 分组。审计数据不仅来源多种多样，它们的存储位置和数据格式也可能各不相同。

8.3　数据加密技术

数据加密技术是对系统中所有存储和传输的数据进行加密，使之成为密文。这样攻击者在截获到数据后，便无法了解到数据的内容；而只有被授权者才能接收和对该数据进行解密，以了解其内容，从而有效地保护了系统信息资源的安全性。数据加密技术包括数据加密、数据解密、数字签名、签名识别及数字证明等。

8.3.1　数据加密技术概述

1. 数据加密技术的发展

密码学是一门既古老又年轻的学科。说它古老，是因为早在几千年前，人类就已经有了通信保密的思想，并先后出现了易位法和置换法等加密方法。到了 1949 年，信息论的创始人香农论证了由传统的加密方法所获得的密文几乎都是可攻破的，这使密码学的研究面临着严重的危机。

直到 20 世纪 60 年代，由于电子技术和计算机技术的迅速发展，以及结构代数、可计算性理论学科研究成果的出现，密码学的研究才走出困境并进入一个新的发展时期；特别是美国的数据加密标准 DES 和公开密钥密码体制的推出，又为密码学的广泛应用奠定了坚实的基础。

进入 20 世纪 90 年代，随着计算机网络的发展和 Internet 广泛深入的应用，使电子商务得以开展，这又推动了数据加密技术的迅速发展，出现了许多可用于金融系统和电子交易中的技术和规程，如安全电子交易规程 SET 和安全套接层规程 SSL，它们已被广泛用于Internet/Intranet 服务器和客户机的产品中，成为事实上的标准。可见，近年来崛起的数据加密技术，又使它成为一门年轻的学科。

2. 数据加密模型

一个数据加密模型如图 8-4 所示，它由四部分组成。

（1）明文（Plain Text）。被加密的文本，称为明文 P。

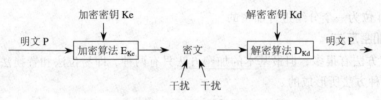

图 8-4　数据加密模型

（2）密文（Cipher Text）。加密后的文件，称为密文 Y。

（3）加密算法 E 与解密算法 D。前者用于实现从明文到密文转换，后者用于实现从密文到明文的转换。

（4）密钥 K。密钥是加密和解密算法中的关键参数。

在密码学中，把设计密码的技术称为密码编码，把破译密码的技术称为密码分析。密码编码和密码分析合起来称为密码学。在加密系统中，算法是相对稳定的。为了加密数据的安全性，应经常改变密钥，例如，在每加密一个新信息时改变密钥，或每天、甚至每个小时改变一次密钥。

3．加密算法的类型

1）按其对称性分类

按其对称性分类可分为对称加密算法与非对称加密算法。对称加密算法方式中，在加密算法和解密算法之间，存在着一定的相依关系，即加密和解密算法往往使用相同的密钥；或者在知道了加密密钥 Ke 后，就很容易推导出解密密钥 Kd。该算法的安全性在于双方能否妥善地保护密钥，因而把这种算法称为保密密钥算法。非对称加密算法方式的加密密钥 Ke 和解密密钥 Kd 不同，而且难以从 Ke 推导出 Kd 来。可以将其中的一个密钥公开而成为公开密钥，因而把该算法称为公开密钥算法。用公开密钥加密后，能用另一把专用密钥解密；反之也可。

对称密钥又称专用密钥或单密钥，是最古老的一种加密算法，"密电码"采用的就是对称密钥。由于对称密钥运算量小、速度快、安全强度高，所以目前仍被广泛采用，如 DES 和 MIT 的 Kerberos 算法。DES 是一种数据分组的加密算法，它将数据分成长度为 64 位的数据块，其中 8 位用作奇偶校验，剩余的 56 位作为密码的长度。第一步将原文进行置换，得到 64 位的杂乱无章的数据组；第二步将其分成均等两段；第三步用加密函数进行变换，并在给定的密钥参数条件下，进行多次迭代而得到加密密文。

非对称密钥又称公开密钥，加密和解密时使用不同的密钥，即不同的算法，虽然两者之间存在一定的关系，但不可能轻易地从一个推导出另一个。一般来讲，非对称密钥有一把公用的加密密钥，有多把解密密钥，如 RSA 算法。在这种编码过程中，公钥和私钥之间通常是一种数学关系，它们一般都是一组十分长的、数字上相关的素数（是另一个大数字的因数）。公开密钥的加密机制虽提供了良好的保密性，但难以鉴别发送者，即任何得到公开密钥的人都可以生成和发送报文。数字签名机制提供了一种鉴别方法，以解决伪造、抵赖、冒充和篡改等问题。

2）按所变换明文的单位分类

可分为序列加密算法与分组加密算法。序列加密算法是把明文 P 看做是连续的比特流或字符流 P1、P2、P3、…，在一个密钥序列 K=K1、K2、K3、……的控制下，逐个比特（或字符）地把明文转换成密文。这种算法可用于对明文进行实时加密。分组加密算法是将明文 P 划分成多个固定长度的比特分组，然后在加密密钥的控制下，每次变换一个明文分组。DES

算法便是以 64 位为一个分组进行加密的。

4. 基本加密方法

虽然加密方法有很多，但最基本的加密方法只有两种，即易位法和置换法，其他方法大多是基于这两种方法所形成的。

1）易位法

易位法是按照一定的规则，重新安排明文中的比特或字符的顺序来形成密文，而字符本身保持不变。按易位单位的不同又可分成比特易位和字符易位两种易位方式。前者的实现方法简单易行，并可用硬件实现，主要用于数字通信中；后者即字符易位法则是利用密钥对明文进行易位后形成密文，如图 8-5 所示。

假定有一密钥 MEGABUCK，其长度为 8，则其明文是以 8 个字符为一组写在密钥下面。按密钥中字母在英文字母表中的顺序来确定明文排列后的列号，按照密钥所指示的列号，先读出第一列中的字符，读完第一列后，再读出第二列中的字符，…，这样即完成了将明文转换为密文的加密过程。

```
M E G A B U C K            原文
7 4 5 1 2 8 3 6            Please transfer one
p l e a s e t r            million dollars to my
a n s f e r o n            Swiss Bank account six
e m i l l i o n            two two …
d o l l a r s t            密文
o m y s w i s s            AFLLSKSOSELAWAIA
b a n k a c c o            TOOSSCTCLNMOMANT
u n t s i x t w            ESIL YNTWRNNTSOWD
o t w o a b c d            FAEDOBNO…
```

图 8-5 按字符易位加密算法

2）置换法

置换法是按照一定的规则，用一个字符去置换另一个字符来形成密文。最早由朱叶斯·凯撒提出的算法，非常简单，它是将字母 a、b、c、…、x、y、z 循环右移三位后，形成 d、e、f、…、a、b、c 字符序列，再利用移位后的序列中的字母去分别置换未移位序列中对应位置的字母，即利用 d 置换 a，用 e 置换 b 等。凯撒算法的推广是移动 K 位。单纯移动 K 位的置换算法很容易被破译，比较好的置换算法是进行映像。例如，将 26 个英文字母映像到另外 26 个特定字母中，如图 8-6 所示，利用置换法可将 attack 加密变为 QZZQEA。

```
a b c d e f g h i j k l m n o p q r s t u v w x y z
Q W E R T Y U I O P A S D F G H J K L Z X C V B N M
```

图 8-6 26 个字母的映像

8.3.2 数字签名和数字证明书

1. 数字签名

在金融和商业等系统中，许多业务都要求在单据上加以签名或加盖印章以证实其真实性，以便日后查验。在利用计算机网络传送报文时，可将公开密钥法用于电子数字签名，代替传统的签名。数字签名一般采用非对称加密技术（如 RSA），通过对整个明文进行某种变换，得到一个值，作为核实签名。为使数字签名能代替传统的签名，必须满足下述三个条件：

（1）接收者能够核实发送者对报文的签名。

（2）发送者事后不能抵赖其对报文的签名。

（3）接收者无法伪造对报文的签名。

现已有许多实现签名的方法，下面介绍两种。

1）简单数字签名

在这种数字签名方式中，发送者 A 可使用私用密钥 Kda 对明文 P 进行加密，形成 D_{Kda}（P）后传送给接收者 B。B 可利用 A 的公开密钥 Kea 对 D_{Kda}（P）进行解密，得到 E_{Kea}（D_{Kda}（P））=P，如图 8-7（a）所示。

我们对数字签名的三个基本要求进行分析后可得知：

（1）接收者能利用 A 的公开密钥 Kea 对 D_{Kda}（P）进行解密，这便证实了发送者对报文的签名。

（2）由于只有发送者 A 才能发送出 D_{Kda}（P）密文，所以不容 A 进行抵赖。

（3）由于 B 没有 A 所拥有的私用密钥，所以 B 无法伪造对报文的签名。

由此可见，图 8-7（a）所示的简单方法可以实现对传送的数据进行签名，但并不能达到保密的目的，因为任何人都能接收 D_{Kda}（P），且可用 A 的公开密钥 Kea 对 D_{Kda}（P）进行解密。为使 A 所传送的数据只能为 B 所接收，必须采用保密数字签名。

2）保密数字签名

为了实现在发送者 A 和接收者 B 之间的保密数字签名，要求 A 和 B 都具有密钥，再按照图 8-7（b）所示的方法进行加密和解密。

（1）发送者 A 可用自己的私用密钥 Kda 对明文 P 加密，得到密文 D_{Kda}（P）。

（2）A 再用 B 的公开密钥 Keb 对 D_{Kda}（P）进行加密，得到 E_{Keb}（D_{Kda}（P））后送给 B。

（3）B 收到后，先用私用密钥 Kdb 进行解密，即 D_{Kdb}（E_{Keb}（D_{Kda}（P）））=D_{Kda}（P）。

（4）B 再用 A 的公开密钥 Kea 对 D_{Kda}（P）进行解密，得到 E_{Kea}（D_{Kda}（P））=P。

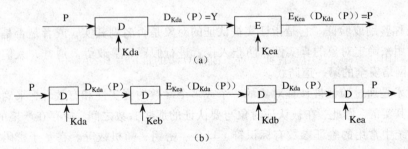

图 8-7 数字签名示意图

当前，数字签名普遍用于银行、电子贸易等。数字签名不同于手写签字：数字签名随文本的变化而变化，手写签字反映某个人个性特征，是不变的；数字签名与文本信息是不可分割的，而手写签字是附加在文本之后，与文本信息是分离的。另外，值得注意的是，能否切实有效地发挥加密机制的作用，关键的问题在于密钥的管理，包括密钥的生存、分发、安装、保管、使用及作废全过程。

2. 数字证明书

虽然可以利用公开密钥方法进行数字签名，但为保证公开密钥的持有者的合法性，必须有一个认证机构，由该机构为公开密钥发放一份公开密钥证明书，该公开密钥证明书又称数字证明书，它用于证明通信请求者的身份。在网络上进行通信时，数字证明书的作用如同司机的驾驶执照、出国人员的护照、学生的学生证。在 ITU 制定的 X.509 标准中，规定了数字证明书的内容应包括用户名称、发证机构名称、公开密钥、公开密钥的有效日期、证书的编号及发证者的签名。

8.3.3　网络加密技术

网络加密技术用于防止网络资源的非法泄露、修改和破坏，是保障网络安全的重要技术手段。在开放式系统互连参考模型中，可在网络的各个层次采用加密机制，为网络提供安全服务，例如，可在物理层和数据链路层中实现链路加密方式，而在传输层到应用层中，则实现端对端加密方式。

链路加密（Link Encryption）是对在网络相邻结点之间通信线路上传输的数据进行加密。链路加密常采用序列加密算法，它能有效地防止搭线窃听所造成的威胁。两个数据加密设备分别置于通信线路的两端，使用相同的数据加密密钥。

如果在网络中只采用了链路加密，而未使用端对端加密，那么报文从应用层到数据链路层之间都是以明文的形式出现的，只是从数据链路层进入物理层时，才对报文进行了加密，并把加密后的数据通过传输线路传送到对方结点上。为了防止攻击者对网络中的信息流进行分析，在链路加密方式中，不仅对正文做了加密，而且对所有各层的控制信息也进行了加密。

端对端加密（End-to-End Encryption）是在源主机或前端机 FEP 中的高层对所传输的数据进行加密。在整个网络的传输过程中，不论是在物理线路上，还是在中间结点，报文的正文始终是密文，直至信息到达目标主机后才被译成明文，因而可以保证在中间结点不会出现明文。

8.4　认 证 技 术

认证又称鉴别或验证。它是指证实被认证的对象是否名副其实，或者是否是有效的一种过程。认证用来确定对象的真实性，防止入侵者进行假冒、篡改等。通常，人们利用认证技术作为保障网络安全的第一道防线。

认证技术是通过验证被认证对象的一个或多个参数的真实性和有效性，来确定被认证对象是否名副其实的。因此，在被认证对象与要认证的那些参数之间，应存在严格的对应关系。在计算机系统中常用的验证参数有标识符、口令、密钥、随机数等。在基于密码的认证技术中，通常对这些参数进行加密。目前主要采用三种身份认证技术，即基于口令的身份认证技术、基于物理标志的身份认证技术和基于公开密钥的身份认证技术。

8.4.1　基于口令的身份认证技术

1. 口令

利用口令来确认用户的身份是当前最常用的认证技术。通常，每当用户要上机时，系统中的登录程序都首先要求用户输入用户名，登录程序利用用户输入的名字去查找一张用户注册表或口令文件。在该表中，每个已注册用户都有一个表目，其中记录有用户名和口令等。登录程序从中找到匹配的用户名后，再要求用户输入口令，如果用户输入的口令也与注册表中用户所设置的口令一致，系统便认为该用户是合法用户，于是允许该用户进入系统，否则将拒绝该用户登录。

口令是由字母、数字或字母和数字混合组成的，它可由系统产生，也可由用户自己选定。系统所产生的口令不便于用户记忆，而用户自己规定的口令则通常是很容易记忆的字母、数字，如生日、地址、电话号码，以及某人或宠物的名字等。这种口令虽便于记忆，但也很容易被攻击者猜中。

2. 对口令机制的基本要求

基于用户标识符和口令的用户认证技术，其最主要的优点是简单易行，因此，几乎所有需要对数据加以保密的系统中，都引入了基于口令的机制。但这种机制也很容易受到别有用心者的攻击，攻击者可能通过多种方式来获取用户标识符和口令，或者猜出用户所使用的口令。为了防止攻击者猜出口令，在这种机制中通常应满足以下几点要求：

（1）口令长度要适中。通常的口令是由一串字母和数字组成的，如果口令太短则很容易被攻击者猜中。例如，一个由四位十进制数组成的口令，其搜索空间仅为 10^4，在利用专门的程序来破解时，平均只需 5 000 次即可猜中。如果猜一次口令需 0.1 ms 的时间，则平均每猜中一个口令仅需 0.5 s。如果口令由 7 位 ASCII 码组成，其搜索空间变为 95^7，大约是 $7×10^{13}$，此时要猜中口令平均需要几十年。

（2）自动断开连接。为了给攻击者猜中口令增加难度，在口令机制中引入了自动断开连接的功能，即只允许用户输入有限次数的不正确口令，通常规定 3~5 次。

（3）不回送显示。在用户输入口令时，登录程序不应将口令回送到屏幕上显示，以防止被身边的人发现。

（4）记录和报告。该功能用于记录所有用户登录进入系统和退出系统的时间；也用来记录和报告攻击者非法猜测口令的企图及所发生的与安全性有关的其他不轨行为，这样便能及时发现有人在对系统的安全性进行攻击。

3. 一次性口令

为了把由于口令泄露所造成的损失减到最小，用户应当经常改变口令，例如一个月或一个星期改变一次。一种极端的情况是采用一次性口令机制。在利用该机制时，用户必须提供记录有一系列口令的一张表，并将该表保存在系统中。系统为该表设置一个指针用于指示下次用户登录时所应使用的口令。这样，用户在每次登录时，登录程序便将用户输入的口令与该指针所指示的口令相比较，若相同便允许用户进入系统，并将指针指向表中的下一个口令。在采用一次性口令的机制时，即使攻击者获得了本次用户上机时所使用的口令也无法进入系统。必须注意，用户所使用的口令表，必须妥善保存好。

4. 口令文件

通常在口令机制中，都配置有一份口令文件，用于保存合法用户的口令和与口令相联系的特权。该文件的安全性至关重要，一旦攻击者成功地访问了该文件，攻击者便可随心所欲地访问他感兴趣的所有资源，这使整个计算机系统的资源和网络将无安全性可言。显然，如何保证口令文件的安全性，已成为系统安全性的头等重要问题。

第 8 章 操作系统的保护与安全

保证口令文件安全性的最有效的方法是利用加密技术，其中一个行之有效的方法是选择一个函数来对口令进行加密。但这也不是绝对的安全可靠，其主要威胁主要来自两个方面：

（1）当攻击者已掌握了口令的解密密钥时，就可用它来破译口令。

（2）利用加密程序来破译口令，如果运行加密程序的计算机速度足够快，则通常只要几个小时便可破译口令。

8.4.2　基于物理标志的认证技术

当前还广泛利用人们所具有的某种物理标志来进行身份验证。物理标志的类型很多，有传统的身份证、学生证、驾驶证等；也可以是 20 世纪 80 年代时广为流行的磁卡和 20 世纪 90 年代开始流行的 IC 卡；还可以是人所具有的特有属性，如指纹、声纹、眼纹等。

1.　基于磁卡的认证技术

根据数据记录原理，可将当前使用的卡分为磁卡和 IC 卡两种。磁卡是基于磁性原理来记录数据的，目前世界各国使用的信用卡和银行现金卡等都普遍采用磁卡。磁卡是在塑料卡上贴有含有若干条磁道的磁条。一般在磁条上有三条磁道，每条磁道都可用来记录不同标准的和不同数量的数据。磁道上可有两种记录密度，一种是每英寸含有 15 bit 的低密度磁道；另一种是每英寸含有 210 bit 的高密度磁道。如果在磁条上记录了用户名、账号和金额，这就是金融卡或银行卡；而如果在磁条上记录的是有关用户的信息，则该卡便可作为识别用户身份的物理标志。

在磁卡上所存储的信息，可利用磁卡读写器将其读出。用户识别程序便利用读出的信息去查找一张用户信息表，若找到匹配的表目，便认为该用户是合法用户；否则便认为是非法用户。为了保证持卡人是该卡的主人，通常在基于磁卡认证技术的基础上，又增设了口令机制，每当进行用户身份认证时，都要求用户输入口令。

2.　基于 IC 卡的认证技术

IC 卡即集成电路卡的英文缩写。在外观上 IC 卡与磁卡无明显区别，但在 IC 卡中可装入 CPU 和存储器芯片，使该卡具有一定的智能，故又称智能卡或灵巧卡。IC 卡中的 CPU 用于对内部数据的访问和与外部数据进行交换，还可利用较复杂的加密算法对数据进行处理，这使 IC 卡比磁卡具有更强的防伪性和保密性。

根据在磁卡中所装入芯片的不同可把 IC 卡分为以下三种类型：

（1）存储器卡。在这种卡中只有一个 E^2PROM（可电擦、可编程只读存储器）芯片，而没有微处理器芯片。它的智能主要依赖于终端，就像 IC 电话卡的功能是依赖于电话机一样。由于此智能卡不具有安全功能，所以只能用来存储少量金额的现金与信息。常见的智能卡有电话卡、健康卡，其只读存储器的容量一般为 4～20 KB。

（2）微处理器卡。它除具有 E^2PROM 外，还增加了一个微处理器。只读存储器的容量一般是数千字节至数万字节；处理器的字长主要是 8 位的。在这种智能卡中已具有一定的加密设施，增加了 IC 卡的安全性。

（3）密码卡。在这种卡中又增加了加密运算协处理器和 RAM。之所以把这种卡称为密码卡，是由于它能支持非对称加密体制 RSA；它支持的密钥长度可达 1 024 位，因而极大地增加了 IC 卡的安全性。它是一种专门用于确保安全的智能卡，在卡中存储了一个很长的用户专门密钥和数字证明书，完全可以作为一个用户的数字身份证明。当前在 Internet 上所开展的电子交易中，已有不少密码卡是使用了基于 RSA 的密码体制。

IC 卡用于身份识别明显优于磁卡。这是因为：

（1）磁卡是将数据存储在磁条上，比较易于用一般设备将其中的数据读出、修改和进行破坏；而 IC 卡则是将数据保存在存储器中，使用一般设备难于读出数据，这使 IC 卡具有更好的安全性。

（2）在 IC 卡中含有微处理器和存储器，可进行较复杂的加密处理，因此，IC 卡具有非常好的防伪性和保密性。

（3）IC 卡所具有的存储容量比磁卡大的多，通常可大到 100 倍以上，因而可在 IC 卡中存储更多的信息，从而做到"一卡多用"，换言之，一张 IC 卡，既可作为数字身份证，又可作为信用卡、电话卡及健康卡等。

3. 指纹识别技术

指纹有"物证之首"的美誉。尽管全球有近 60 亿人口，但绝对不可能找到两个完全相同的指纹，因而用指纹来进行身份认证是万无一失的，而且非常方便。

早在 20 世纪 80 年代，美国及其他发达国家便开始了对指纹识别技术的研究，并取得了一定的进展。在所构成的指纹识别系统中包括：指纹输入、指纹图像压缩、指纹自动比较等八个子系统。由于开始指纹识别系统是建立在大型计算机系统的基础上的，一直难于普及。直至近几年随着 VLSI 的迅速发展，才使指纹识别系统小型化，进入了广泛应用的阶段。

我国也开展了这方面的研究，并已开发出了嵌入式指纹识别系统。该系统利用 DSP（数字信号处理器）芯片进行图像处理，并可将指纹的录入、指纹的匹配等处理功能全部集成在仅有半张名片大小的电路板上。指纹录入的数量可达 3 500 枚，甚至更多，而搜索 1 000 枚指纹的时间仅需 1 s。在我国指纹识别系统，已经在计算机登录系统、身份识别系统和保管箱系统等处获得应用。

8.4.3　基于公开密钥的认证技术

要利用 Internet 来开展电子商务，特别是金额较大的电子购物，则要求网络能确保电子交易的安全性。这不仅需对网络上传输的信息进行加密，而且还应能对双方都进行身份认证。近几年，已开发出许多种用于进行身份认证的协议，如 Kerberos 身份认证协议、安全套接层（SSL）协议、安全电子交易（SET）等协议。

SSL 协议是由 Netscape 公司提出的一种 Internet 通信安全标准，用于提供在 Internet 上的信息保密、身份认证服务。目前，SSL 已成为利用公开密钥进行身份认证的工业标准。

1. 申请数字证书

由于 SSL 所提供的安全服务，是基于公开密钥证明书（数字证书）的身份认证，因此，凡是要利用 SSL 的用户和服务器都必须先向认证机构（CA）申请公开密钥证明书。

（1）服务器申请数字证书。首先由服务器生成一密钥对和申请书，服务器一方面将密钥和申请书的备份保存在安全之处，一方面则向 CA 提交包括密钥对和签名证明书申请（CSR）的加密文件（通常以电子邮件方式发送）。CA 接收并检查该申请的合法性后，将会把数字证书以电子邮件方式寄给服务器。

（2）客户申请数字证书。首先由浏览器生成一密钥对，私有密钥被保存在客户的私有密钥数据库中，将公开密钥连同客户提供的其他信息，一起发往 CA。如果该客户符合 CA 要求的条件，CA 将会把数字证书以电子邮件方式寄给客户。

2. SSL 握手协议

客户和服务器在进行通信之前，必须先运行 SSL 握手协议，以完成身份认证、协商密码算法和加密密钥。

（1）身份认证。SSL 协议要求通信的双方都利用自己的私有密钥对所要交换的数据进行数字签名，并连同数字证书一起发送给对方，以便双方相互检验来认证对方的身份是否真实。

（2）协商加密算法。为了增加加密系统的灵活性，SSL 协议允许采用多种加密算法。客户和服务器在通信之前，应先协商好使用哪种加密算法。通常先由客户提供自己能支持的所有加密算法清单，由服务器从中选择出一种最有效的加密算法并通知客户。

（3）协商加密密钥。先由客户机随机地产生一组密钥，再利用服务器的公开密钥对这组密钥进行加密，然后送往服务器，由服务器从中选择四个密钥并通知客户机，将其用于对传输的信息进行加密。

3. 数据加密和检查数据的完整性

（1）数据加密。在客户机和服务器之间传送的所有信息都应利用协商好的加密算法和密钥进行加密处理，以防止被攻击。

（2）检查数据的完整性。为了保证经过长途传输后所收到的数据是可信任的，SSL 协议还利用某算法对所传送的数据进行计算，以产生能保证数据完整性的数据识别码（MAC），再把 MAC 和业务数据一起传送给对方；而收方则利用 MAC 来检查所收到数据的完整性。

8.5 防火墙技术

防火墙(Firewall)是伴随着 Internet 和 Intranet 的发展而产生的一种专门用于保护 Intranet 安全的软件。所谓防火墙，是指在某企业网络和外部网络之间的界面上，利用专用软件所构建的网络通信监控系统，它可用来监控所有进出 Intranet 的数据流，以达到保障 Intranet 安全的目的。该网络通信监控系统俗称防火墙。

利用防火墙来保障网络安全的基本思想是：无需对网络中的每台网络设备加以保护，只需为整个 Intranet 设置一道"围墙"，并开一道"门"，在"门"前设置一"检查站"，所有对 Intranet 的访问都必须通过这道"门"并接受检查。只有能通过检查并进入这道"门"的访问才是合法的，即只有通过这道"门"的信息流才真正能实现对 Intranet 的访问；而未能通过检查的访问将被"拒之门外"。

用于实现防火墙功能的技术可分为两类：包过滤技术，基于该技术所构建的防火墙简单价廉；代理服务技术，基于该技术所构建的防火墙安全可靠。由于两者有很强的互补性，因而在 Intranet 上经常同时采用这两种防火墙技术来保障网络的安全。

8.5.1 包过滤防火墙

1. 包过滤防火墙的基本原理

所谓包过滤技术，是指将一个包过滤防火墙软件置于 Intranet 的适当位置（通常是在路由器或服务器中）来对进出 Intranet 的所有数据包按照指定的过滤规则进行检查的过滤技术，它只准许符合指定规则的数据包通行，否则就会将这些数据包抛弃。基于包过滤技术的防火墙的位置如图 8-8 所示。

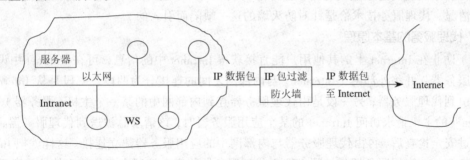

图 8-8 包过滤防火墙

包过滤防火墙工作在网络层。在 Internet 和 Intranet 中，由于网络层所传输的是 IP 数据包，所以包过滤是对 IP 数据包进行检查并加以过滤。包过滤器在收到 IP 数据包后，先扫描该数据包的包头，对其中的某些字段进行检查，这些字段包括数据包的类型（TCP 或 UDP 等）、源 IP 地址、目标 IP 地址、目标 TCP/IP 端口等。然后，利用系统中事先设置好的过滤规则（或称逻辑，通常是访问控制表）来检查数据包的有关字段，把能满足过滤规则的数据包都转发到相应的目标地址端口，将不能满足的数据包从数字流中删除。

2. 包过滤防火墙的优缺点

利用包过滤技术来建立防火墙，是当前用得最广泛的一种网络安全措施。其主要优点为：

（1）有效灵活。利用包过滤技术建立的防火墙能有效地防止来自外部网络的入侵。这是因为凡是要进入内部网络的数据包都要接受包过滤器的检查，而包过滤器又非常灵活，可以通过修改包过滤规则的办法来适应需求的不断变化。

（2）简单易行。与其他网络安全方法相比，这种防火墙的建立非常简单易行，特别是在利用适当的路由器来实现防火墙功能时，往往无须再额外增加软硬件配置。

然而，包过滤防火墙并不十分安全可靠，因为其机制本身存在固有的缺陷：

（1）不能防止假冒。对于熟悉包过滤防火墙性能的攻击者而言，他可以先窃取真正的源 IP 地址，然后将该地址加入到他恶意构成的 IP 数据包的包头中。由于防火墙不具有鉴别真伪 IP 源地址的能力，因而该包可以骗过防火墙而进入被保护网络的主机中。

（2）只在网络层和传输层实现。仅局限在网络层和传输层实现的包过滤技术，只能识别和处理网络层和传输层协议；对于高层的协议和信息，由于包过滤防火墙无识别和处理能力，因而使它对于通过高层进行的入侵无防范能力。

（3）缺乏可审核性。包过滤器只是对未能通过检查的数据包做简单的删除，并不记录该入侵包的情况，也不向系统报告，使系统不能掌握这些非法数据包的情况，从而不具有安全保障系统所要求的可审核性。

（4）不能防止来自内部人员造成的威胁。防火墙虽能防止来自外部的入侵，但不能抵御由内部人员造成的威胁。例如，防火墙不能防止内部人员将某文件或数据复制到磁盘或磁带上之后带走。

8.5.2 代理服务技术

包过滤器还有一个重要的特点是，只要特定的数据包能符合过滤规则，它就在防火墙内外的计算机系统之间建立直接链路，使外部网或 Internet 上的用户能够获得内部网络的结构和运行情况。代理服务技术恰是针对防火墙的这一缺陷而引入的。

1. 代理服务的基本原理

为了防止在 Internet 上的其他用户能直接获得 Intranet 中的信息，可在 Intranet 中设置一个代理服务器，并将外部网（Internet）与内部网之间的连接分为两段，一段是从 Internet 上的主机引到代理服务器；另一段是由代理服务器连到内部网中的某一个主机（服务器）。每当有 Internet 的主机请求访问 Intranet 的某个应用服务器时，该请求总被送到代理服务器，并在其中通过安全检查后，再由代理服务器与内部网中的应用服务器建立连接。这样就把 Internet 主机对 Intranet 应用服务器的访问，置于代理服务器的安全控制之下，从而使访问者无法了解到 Intranet 的结构和运行情况。

2. 应用层网关的类型

代理服务技术是利用一个应用层网关作为代理服务器的。应用层网关可分三种类型：双穴主机网关、屏蔽主机网关、屏蔽子网网关。这三种网关都要求有一台主机，通常称该主机为"桥头堡主机"，它起着防火墙的作用，也起着 Internet 与 Intranet 之间的隔离作用。

1）双穴主机网关

双穴主机网关的结构如图 8-9（a）所示。其中，桥头堡主机充当应用层网关。在主机中需要插入两块网卡，用于将主机连接到被保护网和 Internet 上。在主机上运行防火墙软件，被保护网与 Internet 之间的通信必须通过主机，因而可以将被保护网很好地屏蔽起来。Intranet 可以通过"桥头堡主机"获得 Internet 提供的服务。这种应用层网关能有效地保护和屏蔽 Intranet，且要求的硬件较少，因而是目前应用较多的一种防火墙；但桥头堡主机本身缺乏保护，容易受到攻击。

2）屏蔽主机网关

为了保护桥头堡主机而将置入被保护网的范围中，在被保护网与 Internet 之间设置一个屏蔽路由器。它不允许 Internet 对被保护网进行直接访问，只允许对桥头堡主机进行访问，屏蔽路由器也只接收来自桥头堡主机的数据，并且要在桥头堡主机上运行防火墙软件。图 8-9（b）所示为屏蔽主机网关的结构。

屏蔽主机网关是一种更为灵活的防火墙软件，它可以利用屏蔽路由器来做更进一步的安全保护。但此时的路由器又处于易受攻击的地位。另外，网络管理员应该管理在路由器和桥头堡主机中的访问控制表，使两者协调一致，避免出现矛盾。

3）屏蔽子网网关

不少被保护网有这样一种要求，即它能由 Internet 上的用户提供部分信息。这部分存放在公用信息服务器上的信息应允许由 Internet 上的用户直接读取。针对这种情况，应当在被保护网与 Internet 之间建立一个小型的独立子网，同时再增加一个外部路由器来对该子网进行保护。这样，Internet 上的用户要访问公共信息服务器时，只需通过外部路由器。但若该用户要访问 Intranet 中的信息时，则需通过外部和内部路由器先去访问桥头堡主机，再通过主机访问 Intranet。图 8-9（c）所示为屏蔽子网网关的结构。

3. 代理服务技术的优缺点

代理服务技术的主要优点如下：

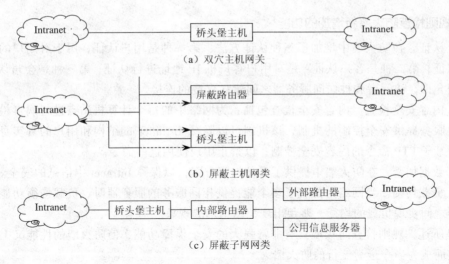

（a）双穴主机网关

（b）屏蔽主机网类

（c）屏蔽子网网类

图 8-9　应用层网关

（1）屏蔽被保护网。由于 Internet 用户只能通过代理服务器方式，即通过桥头堡主机来访问 Intranet，因此，它们无法了解 Intranet 中的情况，如主机的名称、IP 地址、信息的分布情况等，因而使用代理服务器能很好地屏蔽受保护网，加强了网络的安全性。

（2）对数据流的监控。基于代理服务技术的防火墙软件可将所有通过它的正常的、异常的和非法的数据包详细记录下来，以实现对进出数据流的监控，并可利用统计资料及时发现在 Intranet 中的不安全因素。

代理服务技术的主要缺点是：

（1）实现起来比较复杂。由于应用级网关只允许有代理服务的访问通过，因而它要求为每种网络信息服务专门设计和开发代理软件，以实现相应的监控过滤功能。

（2）需要特定的硬件支持。代理服务具有相当多的工作量，因而通常需要用专门的高性能计算机来支持，如前面所述的桥头堡主机、屏蔽路由器等硬件。

（3）增加了服务的延迟。在采用代理服务技术后，内部网和外部网之间的通信开始之前，需建立两次连接，其信息的输入和输出也分为两个步骤完成。例如，当 Internet 上的主机对 Intranet 的应用服务器进行访问时，第一步是把由 Internet 主机所发出的访问信息送应用级网关；第二步是由网关将所复制的数据传送到 Intranet 中的服务器上。无疑，在此情况下产生的时间延迟，比在 Internet 和 Intranet 之间直接连接时的时间延迟大。

8.5.3　规则检查防火墙

1. 规则检查防火墙的引入

包过滤防火墙和应用级网关分别工作在 OSI/RM 的不同层次上，且采用了不同的方法来保障网络的安全。这两种方法各自有自己的优点，但也都存在某些不足之处。规则检查防火墙则是集这两种防火墙技术的优点而形成的另一种防火墙。它能像包过滤防火墙一样，在网络层上通过检查 IP 地址等手段，过滤掉对 Intranet 进行访问的非法数据包；它也能像应用级网关一样，对服务的类型和服务信息的内容进行检查，过滤其中的非法访问。可见，规则检查防火墙已是一种性能更好的防火墙。为了进一步提高防火墙的性能，在规则检查防火墙中又增加了用于保障网络安全的新功能。

2. 规则检查防火墙新增加的功能

（1）认证。在防火墙中增加了三种认证方法：第一种是用户认证，用于对用户的访问权限进行认证；第二种是客户认证，是对用户客户机 IP 地址进行认证；第三种是会晤认证，是审查是否允许在访问者和被访问服务器之间建立直接的连接。

（2）内容安全检查。内容安全检查包括：为网络中的每个计算机站点进行病毒检查、为电子邮件服务提供安全控制的机制，该机制可以隐藏 Intranet 的结构和用户的真实身份，还可以进行基于 FTP 命令的内容安全控制，以禁止用户使用这些命令。

（3）数据加密。在防火墙中提供了多种加密方案，以保障 Intranet 中信息的安全。

（4）负载均衡。当网络上配置了多个能提供相同服务的服务器时，负载均衡功能可在多个服务器之间实现负载的均衡，避免出现忙闲不均的现象。

综上所述，规则检查防火墙具有非常强大的安全保障功能，使防火墙的性能又上了一个台阶，从而成为当今最为流行的防火墙。

8.6   安全操作系统的设计与实现

人们在对操作系统安全性研究的基础上提出了可信计算机系统的概念，进而提出了一系列的可信（安全）系统测评标准。基于这些测评标准，不仅可以对操作系统进行安全评测，还可以对各种计算机及其相关产品、信息系统进行评测，认定其可信级别并确认该产品或系统的安全性能。在介绍安全操作系统的设计与实现之前，先介绍安全操作系统中的一些常用术语。

计算机信息系统（Computer Information System）：计算机信息系统是由计算机及其相关和配套的设备、设施（含网络）构成的，按照一定的应用目标和规则对信息进行采集、加工、存储、传输和检索等处理的人机系统。

计算机信息系统可信计算基（Trusted Computing Base of Computer Information System）：计算机系统内保护装置的总体，包括硬件、固件、软件和负责执行安全策略的组合体。它建立了一个基本的保护环境并提供一个可信计算系统所要求的附加用户服务。

客体（Object）：信息的载体。

主体（Subject）：引起信息在客体之间流动的人、进程或设备等。

敏感标记（Sensitivity Lable）：表示客体安全级别并描述客体数据敏感性的一组信息，可信计算基中把敏感标记作为强制访问控制策略的依据。

安全策略（Security Policy）：有关管理、保护和发布敏感信息的法律、规定和实施细则。

信道（Channel）：系统内的信息传输路径。

隐蔽通道（Covert Channel）：允许进程以危害系统安全策略的方式传输信息的通信信道。

引用监视器（Reference Monitor）：监控主体和客体之间授权访问关系的部件。

8.6.1   操作系统安全设计原理

操作系统的可信性依赖于安全功能实现的完整性和测试的完备性。操作系统由内核程序和应用程序组成。其中，内核直接和硬件打交道，应用程序为用户提供命令和接口。显而易见，实现和验证这样一个大型软件的安全性是十分困难的。

因此，可以考虑用尽量小的操作系统部分控制整个操作系统的安全性，即通过实现和验证这一小部分软件，来保证整个操作系统的可信性。从可信计算基的概念来讲，一个计算机信息系统可信计算基的软件部分就是操作系统的安全性实现部分，它包括可信应用软件和安全核心。

由于对资源的访问控制是操作系统安全性最主要的内容，因此，对操作系统安全性的设计都是围绕这一功能开展的。其中，最基本的理论就是引用监视器（Reference Monitor）概念。引用监视器是一种负责实施安全策略的软件和硬件的结合体，如图 8-10 所示。引用监视器对访问请求的判定是以安全策略库中的信息为依据的，访问结果判定是安全策略的具体表现。安全策略库包含有关主体访问客体方式的信息。该数据库是动态的，它随着主体和客体的产生或删除，以及权限的修改而改变。引用监视器的关键要求是能够控制主体到客体的每一次访问，并将重要的安全事件存入审计数据库之中。

引用监视器只是一个理论上的概念，并没有一种实用的实现方法。一般人们把引用监视器概念和安全内核、可信软件等同起来，称为安全核。从技术实现角度考虑，国内外研发安全操作系统一般有两种方式。一种是根据安全需求对整个操作系统的内核进行分解，其中安全核是从内核分离的部分软件，可以进行严格的安全性验证，这样可以开发全新的安全操作系统。但是这种方式开发周期长、代价大，并且需要兼容目前主流的操作系统（UNIX 或 Windows 等）来保证系统易用性。另一种方式是在主流操作系统上增强安全机制，这样，系统的兼容性就可以得到有效的保证。这种方式不再对操作系统内核进行分解，安全核就是内核。

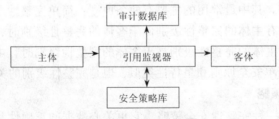

图 8-10　引用监视器

无论选择哪种方法，安全核的设计和实现应当符合以下基本原则：

（1）完整性。完整性原则要求主体访问客体必须通过安全核。

（2）隔离性。隔离性原则要求安全核具有防篡改的能力，要保护自己不被破坏。

（3）可验证性。系统的安全性有形式化的安全策略描述，可建立安全模型进行分析和一致性验证。

8.6.2　安全策略

所谓安全策略，是指由系统明确实施的安全规则的集合。操作系统能满足给定的安全策略时，我们就说这个操作系统是安全的。一个操作系统采用的安全策略取决于其应用环境和安全需求。下面介绍一些常用的操作系统安全策略。

1.　自主访问控制和强制访问控制

如"8.2.4 访问控制"所述，访问控制是对所有资源的访问请求的管理，即根据安全策略的要求对每个资源访问请求做出是否许可的判断，以有效防止非法用户访问系统资源和合法用户非法使用资源。访问控制主要有自主访问控制（DAC）和强制访问控制（MAC）两种策略，表 8-2 为两种策略的主要特点对比。

表 8-2　DAC 和 MAC 的区别

访问控制类型	安全设置人	安全设置规则
自主访问控制	文件主	任意设置
强制访问控制	系统安全管理员	依据一定的规则

　　自主访问控制的优点是其自主性为用户提供了极大的灵活性，从而使其在当前通用操作系统中被广泛采用。但也正是这种自主性，使特洛伊木马可以通过共享客体窃取机密信息。强制访问控制是针对特洛伊木马的威胁而提出的。其中，BLP 是经典的多级强制访问控制安全策略，其主要目的是在军事应用领域防止信息的非法泄露，并最早在 Multics 安全操作系统中得到了成功应用。

2. Biba 策略

　　Biba 策略是一种多级安全策略，它侧重于对信息完整性的保护。与 BLP 策略类似，它将系统中的主体和客体划分为不同的完整性级别。每个完整性级别由两部分组成：密级和范畴。其中，密级是以下全序集合的一个元素：{极重要（Crucial，C），非常重要（Very Important，VI），重要（Important，I）}，而范畴的定义与 BLP 策略类似。Biba 策略提供四种访问方式：Modify，向客体写；Invoke，允许主体相互通信；Observe，从客体读；Execute，执行客体。

　　Biba 策略并不是一个单一的安全策略，而是一个安全策略集。每种安全策略采用不同原则来保证信息的完整性。其中最常用的主要有两条原则：简单完整性原则和完整性星原则。简单完整性原则是指只有主体的完整性级别低于客体的完整性级别时，主体可以读客体；完整性星原则是指只有在主体的完整性级别高于客体的完整性级别时，主体可写客体。这两条原则与 BLP 策略中的简单安全原则和星特性类似，但是完整性级别的关系正好相反。

3. Clark-Wilson 策略

　　Clark-Wilson 也是一种完整性安全策略，它更关心数据的正确性和预防欺诈。受保护的数据称为受约束数据项（Constrained Data Item，CDI）。CDI 的正确性一般通过两种途径保证：一种是完整性确认过程（IVP）；一种是只能允许某些转换过程（TP）更改 CDI。

　　一个 IVP 可以通过三种方式确认 CDI 的完整性：某个特定 CDI 的内部一致性，CDI 之间的一致性，以及 CDI 与外部世界的一致性。

　　而 TP 是将 CDI 的状态转换为正确的状态，正确性的定义随特定应用而不同。预防欺诈由责任分离机制保证，将任务和相关权限分离，要求几个用户协同完成敏感任务，以减小欺骗行为。只有指定的用户才可通过特定的 TP 更改 CDI。

4. 中国墙策略

　　中国墙策略（Chinese Wall Security Policy）是针对商业应用领域的特点提出的一种基于不同机构间利益冲突的安全策略，主要应用于提供商业服务的金融机构，如保险公司之间。在 BLP 安全策略中，数据访问是以数据的安全级别为依据。而在中国墙策略中，数据访问受到主体已拥有的那些数据权限的限制。该策略的基本思想是将数据分成不同的"利益冲突类"，然后"强制规则"规定所有主体只可以访问每个利益冲突类中至多一个数据集。至于选择哪个数据集则没有限制，只要满足强制规则即可。

8.6.3　安全模型

安全模型可用于系统安全的定义、设计和验证，是对安全系统的形式化描述方法，而安全策略最终是通过安全模型来实现的。从安全模型出发进行系统的安全设计和开发，可以使系统的安全结构清晰且易于验证。随着对计算机安全研究的不断深入，已经出现了各种各样的安全模型，下面介绍几种主要的操作系统安全模型。

1. 有限状态机模型

有限状态机模型将系统描述成一个抽象的数学状态机。其中，状态变量（State Variables）表征计算机状态，转移函数（Transition Functions）描述状态变量如何变化。只要该模型的初始状态是安全的，并且所有转移函数也是安全的（即一个安全状态通过状态转移函数只能达到新的安全状态），那么数学推理的必然结果是：系统只要从某个安全状态启动，无论按照何种顺序调用系统功能，系统将总是保持在安全状态。注意：转移函数是原语性质的，认为它们的执行不花时间。

有限状态机模型是一种相当古老而又基本的模型，其概念已渗透到很多技术领域。由于做建模工作的研究人员都能理解状态机模型，因此很方便其在实际工作中的使用。但是，对操作系统的所有可能状态变量建模是不现实的，所以该模型直接应用在操作系统的开发过程中是很困难的。而由于安全模型仅涉及与安全有关的状态变量，因此，有限状态机模型要简单得多。事实上，有限状态机模型是大多数安全模型的基础，相当多的安全模型的实质都是有限状态机模型。

2. 访问矩阵模型

访问矩阵模型是有限状态机模型的一种。它主要用于对操作系统安全机制进行抽象，而不是直接对安全策略进行形式化定义，因此，它是对操作系统保护机制的通用化描述。由于其在操作系统安全性设计中的简单性和通用性，因此得到广泛应用。

访问矩阵模型将系统的安全状态表示成一个大的矩阵阵列：每个主体拥有一行，每个客体拥有一列，交叉项表示主体对客体的访问模式。访问矩阵定义了系统的安全状态，而这些状态又被状态转移规则（即有限状态机模型中的状态转移函数）引导到下一个状态。这些规则和访问矩阵构成了这种保护机制的核心。这种模型只限于为系统提供机制，具体的控制策略则包含在访问矩阵的当前状态中，这使依据这种方法实现一个系统时，可以很好地实现机制与策略的分离。

在实际的计算机系统中，当把访问矩阵作为一个二维数组来实现时，它往往是一个稀疏矩阵。因此，在实际应用中，直接将使用访问矩阵显然是低效和不可取的。目前，对访问矩阵的存放有三种方法：

（1）按行存放，又称权限表法。它是利用在主体上附加一个客体明细表的方法来实现访问矩阵的。在这种方法中，每个主体都有一个权限表，用于表示该主体可对哪些客体进行何种方式的访问。

（2）按列存放，又称访问控制表法。它利用在客体上附加一个主体明细表的方法来表示访问矩阵。在这种方法中，每个客体都有一个访问控制表，它表示可访问该客体的所有主体和这些主体对该客体的访问权限。

（3）授权关系表。授权关系表中的每一项都是一个三元组，它定义了一个主体和一个客体及主体对客体的访问权限。如果按照主体来检索授权关系表，则得到权限表的效果；如果按照客体来检索授权关系表，则得到存取控制表的效果。

权限表法或访问控制表法常将主体对客体的存取权限交给客体的拥有者去制定，因而这两种方法常常和自主访问控制安全策略联系在一起。而授权关系表是上述两种方法的综合。

3. 基于角色的访问控制模型

基于角色的访问控制（Role Based Access Control，RBAC）模型包括用户（User）、角色（Role）、会话（Session）和权限（Permission）等要素。其结构如图 8-11 所示。

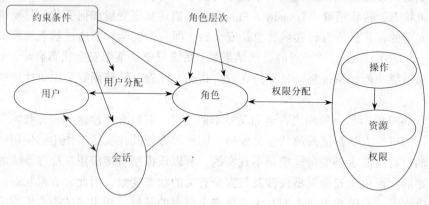

图 8-11　RBAC 模型

RBAC 模型的思想是根据用户所属角色来决定用户是否有权在系统中进行某种访问。在 RBAC 模型中，根据各用户在系统中的不同工作职责而为其分配拥有不同访问控制权限的角色。这样，用户只有属于相应的角色才能获得该角色所拥有的访问控制权限，否则用户就无权进行这些访问。RBAC 模型中的访问控制权限的含义和传统访问控制中的含义有所不同，它并不仅仅是传统意义上的读、写和执行等，还表示允许用户进行某种方式的访问或者在系统中进行某种活动，其含义是多种多样的，一般与实际应用中对客体资源的处理有关。例如，在一个银行系统中，权限可以定义为"允许进行存款操作"。

用户和角色之间是多对多的关系，一个用户可以被分配给多个角色，一个角色也可以包括多个用户。角色和访问权限之间也是多对多的关系，一个角色可以拥有多个访问权限，不同的角色可以拥有同样的访问权限。角色和角色之间是一个层次关系。用户要访问系统资源时，必须建立一个会话。一次会话仅对应一个用户，但是这个用户在这次对话中可以激活几个被分配的角色，也就是说，用户可以同时扮演几个角色。同时，安全管理员可以对以上各个环节制定约束条件（Constraint）。

通过对模型元素关系的限定，RBAC 模型可以进一步细化为四个子模型：RBAC0～RBAC3。RBAC0 模型定义了运行基于角色访问控制的最小需求，体现了最基本的角色控制的思想；RBAC1 模型在 RBAC0 的基础上引入角色层次关系，也就是角色间权限继承关系，高级角色将继承低级角色的权限；RBAC2 模型主要在 RBAC0 模型的基础上定义了描述权限分离安全策略的约束条件，如用户不能同时担任会计和出纳这两个角色等；RBAC3 模型综合了RBAC1 和 RBAC2 中所有内容。

在 RBAC 模型中，用户对客体资源的访问并不是自主的。为了对一个对象执行一种操作，一个用户必须扮演某种角色。RBAC 模型提供了安全管理员对角色授权、角色激活和操作执行等进行约束的能力。这些约束是多种多样的，包括基数约束和互斥规则等。因此，RBAC 模型只是提供了一条结合安全策略的途径而并不具体体现某个特定的安全策略。在某个系统中实施的安全策略是在安全管理员的指导下，通过 RBAC 元素间的相互作用和对这些元素的不同配置组合得到的。合理配置的 RBAC 模型可以实现不同的安全策略，如最小权限、责任分离和多级强制访问控制等。

8.6.4 安全体系结构

在早期的操作系统安全性设计中，安全核对安全策略的支持机制往往是针对具体策略的。随着计算机系统的广泛应用和安全需求的多样化发展，实现不局限于具体安全策略的开放式操作系统支持框架更具有实际意义。自 20 世纪 90 年代初，一些研究机构和学者就开始研究对安全策略的灵活支持机制，并提出了一些开放式体系结构，其中最著名的有通用访问控制框架（GFAC）和 Flask 结构。

1. 通用访问控制框架

通用访问控制框架是 Abrams 和 LaPadula 于 1990 年提出的一种用于在一个系统中实现多重安全策略的方法。其实质是一种规则集模型化方法，通用访问控制框架系统结构如图 8-12 所示。

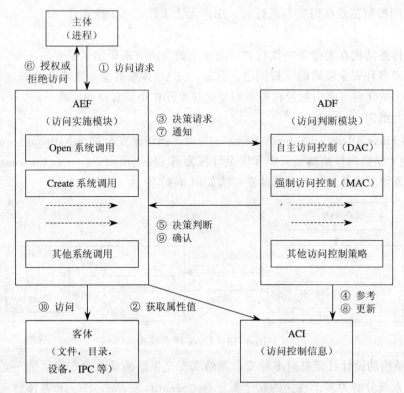

图 8-12　基于 GFAC 框架的访问控制框架

目前，大多数安全模型都基于有限状态机模型。在这种传统的模型化方法中，安全模型规则既描述访问控制策略也描述系统行为。而规则集模型化方法是将访问控制策略看作一些通过安全属性来表达的规则，从而将这些访问控制规则与系统访问行为分开。一个系统访问可以分为访问判定和访问实施两个部分。在 GFAC 中，访问控制判定部件称为 ADF（Access control Decision Facility），而访问控制实施部件称为 AEF（Access control Enforcement Facility）。ADF 相当于一个访问控制规则集，将每种访问策略描述成规则集中的一组规则。ADF 接受来自 AEF 的请求，并根据规则集中的规则来判定主体的访问请求是否符合安全策略并负责 ACI（Access Control Information）的更新。ACI 中存放有关访问控制的信息，如与规则判定有关的主体和客体安全属性等。AEF 所对应的是对系统的操作，它截获主体对客体的访问，并向 ADF 发出访问判定请求，然后根据请求结果来控制对客体的访问。AEF 不局限于特定的 ADF，可以根据访问控制策略的需要灵活改变所依赖的 ADF。

系统每次访问的处理过程描述如下：① 实施访问的主体向 AEF 发出访问请求（请求系统调用）；② AEF 接收到请求，从 ACI 中查找有关此次访问的安全属性；③ AEF 向 ADF 发出访问判定请求，参数包括访问模式、主体的标识符及想要访问的客体的类型等；④ ADF 接受请求，参考 ACI 中的相关安全属性；⑤ ADF 根据相应的安全规则来决定是否允许访问，并向 AEF 返回决定结果；⑥ AEF 根据 ADF 的决定向发出请求的主体返回允许访问或者拒绝访问的信息；⑦ 如果是允许访问，AEF 在完成访问后通知 ADF；⑧ ADF 根据需要更新 ACI 中的安全属性；⑨ ADF 更新任务后向 AEF 发确认通知；⑩ 如果是允许访问，则 AEF 实施访问（完成系统调用）。

以上访问控制都是在内核态进行的，用户无法干涉。在系统调用完成之后，控制权才返回给用户。

GFAC 体系结构在安全策略执行和访问实施的分离方面迈出了重要的一步，有效地解决了操作系统对多种安全策略的支持问题。但是，GFAC 体系对安全策略的动态变化考虑不够，安全策略发生变化时可能引起授权关系的变化在 GFAC 中没有得到反映。

2. Flask 结构

Flask（Fluke Advanced Security Kernel）是由美国国家安全局（National Security Agency，NSA）、犹他大学微内核结构研究组和安全计算公司（Security Computing Corporation）等联合开发的操作系统安全体系结构，其体系结构如图 8-13 所示。

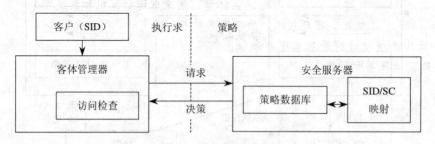

图 8-13 Flask 体系结构

Flask 结构的设计目标是对多种安全策略和安全策略的动态改变提供统一支持。它的基本思想是把系统分解为多个独立的安全服务器（Security Server，SS）和客体管理器，前者负责形成策略判定结果，后者根据策略判定结果实施具体的资源管理。SS 通过进程间通信（IPC）机制与系统的客体管理器相联系。显然，在访问决策和访问执行的功能分离上，Flask 结构与 GFAC 框架并没有本质的区别。Flask 体系结构的主要贡献在于对策略动态变化的支持、策略无关的属性标识及传递接口。

为实现对策略动态变化的支持，Flask 体系结构为客体管理器提供了接收安全策略变化通知的能力。Flask 结构引入两种与具体策略无关的数据类型作为客体管理器和安全服务器间的交互接口：抽象数据类型"安全上下文"（Security Context，SC），用来描述包含用户 ID、安全等级等安全属性；"安全标识符"（Security Identifier，SID），用来唯一标识主动或被动实体。客体管理器以主体和客体的 SID 作为参数，向 SS 询问指定的操作是否能够执行。SS 把 SID 映射为特定的 SC，并根据策略库判断指定的操作是否可以执行。由 Flask 安全服务器封装的安全策略通过两种形式定义：直接通过程序代码定义和通过策略规则数据库定义。能够由策略数据库语言描述的安全策略可以通过调整策略数据库实现支持，否则需要修改程序代码或重写安全服务器以改变安全服务器的内部策略框架。但是，不论是否需要修改安全服务器的程序代码，都无需对客体管理器做任何修改，从而实现了体系结构的开放性。

Flask 体系结构已经在多种原型操作系统中得以应用。但是，目前依靠修改策略数据库就能实现的安全策略还非常有限，这主要是由于缺乏实用的策略描述语言和策略配置工具。

小　　结

人们对计算机操作系统的安全越来越重视，操作系统安全的本质就是为数据处理系统从技术和管理上采取安全保护措施，以保护计算机硬件、软件和数据不因偶然的因素或恶意的攻击而遭到破坏，使整个系统能够正常可靠地运行。系统安全性包括三个方面的内容，即物理安全、逻辑安全和安全管理。

为了能有效地以工业化方式构造可信任的安全产品，国际标准化组织采用"信息技术安全评价公共准则（CC）"作为国际标准。CC 为相互独立的机构对相应信息技术安全产品的评价提供了可比性。

操作系统的安全性主要是要保证系统能够按照指定的安全策略对用户的操作进行控制，防止用户对计算机资源的非法使用，保证系统中数据的完整性和保密性等。要实现这些目标，就需要建立相应的安全机制，其中主要包括标识与鉴别、可信路径、最小特权管理、访问控制、隐蔽通道检测与控制及安全审计等。具体地，用来保障计算机和系统安全的基本技术有认证技术、访问控制技术、密码技术、数字签名技术、防火墙技术等。

安全操作系统设计的最基本理论是引用监视器概念，其设计和实现应符合完整性、隔离性、可验证性等基本原则。常用操作系统安全策略有自主访问控制和强制访问控制策略、Biba 策略、Clark-Wilson 策略、中国墙策略等，主要安全模型有有限状态机模型、访问矩阵模型、基于角色的访问控制模型等，常用安全体系结构有通用访问控制框架、Flask 结构等。

实训 6　Windows 7 操作系统的安全机制

（实训估计时间：2 课时）

一、实训目的

通过本实训，了解和熟悉 Windows 7 操作系统的网络安全特性和 Windows 7 操作系统提供的安全措施，并学习和掌握 Windows 7 操作系统安全特性的设置方法。

二、实训准备

（1）有关操作系统安全的背景知识。

（2）一台运行 Windows 7 操作系统的计算机。

三、实训要求

1. 设置安全区域

（1）在 Windows 7 操作系统控制面板中双击"Internet"，打开其属性对话框，选择"安全"选项卡。如果将网络按区域划分，可分为哪四大区域，各区域分别包含哪类站点？

（2）指定"本地 Internet"区域，单击"站点"按钮，了解此类站点可进行哪三类设置选择。

（3）尝试为每个区域设置不同的安全级，各级别的含义分别是_____。

（4）指定自定义级别。

（5）恢复各区域系统默认级别。

2. 设置"证书"

（1）在 Windows 7 操作系统控制面板的"Internet 属性"对话框中选择"内容"选项卡。分别描述其中包含的内容（分级审查、证书、个人信息）。

（2）在"证书"栏中单击"证书"按钮，其对话框中的选项卡分别是_____。

3. "高级"安全设置

在 Windows 7 操作系统控制面板的"Internet 属性"对话框中选择"高级"选项卡。其对话框中列举了可以进行设置的高级安全项目。将其主要项目及其当前值填入表 8-3 中。

4. 设定目录权限

（1）在"Windows 资源管理器"中选择要设置权限的目录，如 Office 目录。

表 8-3　实训记录 1

序　　号	项 目 内 容	当前是否选中
1		
2		
3		
4		
5		
6		

（2）右击所选目录，在弹出的快捷菜单中选择"属性"命令，打开"属性"对话框，选择"安全"选项卡。

在"名称"栏中当前有哪些用户和组，请记录_____。

在"权限"栏中直接显示了哪些基本权限选项，请记录_____。

（3）要添加允许访问该项目录的用户和组，可单击"添加"按钮，打开"选择用户、计算机或组"对话框来选择组或用户名以便赋予它们访问权限，并单击"确定"按钮关闭对话框。请记录本地计算机"选择用户、计算机或组"栏中列举了哪些可供选择的用户和组_____。

（4）要删除用户和组的目录权限，在"名称"列表框中选择组或用户名，单击"删除"按钮即可。

（5）要设置用户和组的权限，先在"名称"列表框中选择该用户或组，然后在"权限"文本框中设置用户和组的权限。

（6）要为用户和组设置其他权限，可单击"高级"按钮，打开"访问控制设置"对话框。该对话框中有哪几个选项卡？

（7）单击"查看/编辑"按钮，打开"权限项目"对话框。记录当前系统中系统管理员组具有哪些权限_____。

5. 获得文件和目录的所有权

用户在 NTFS 卷中创建文件或目录后，自己就是该文件或目录的所有者，通过赋予权限可以控制文件或目录的使用方式。用户可将对其文件和目录的所有权赋予另一个用户，使其具有控制文件和目录的使用方式的权限。

（1）在"Windows 资源管理器"中选择要设置所有权的文件或目录，右击并在弹出的快捷菜单中选择"属性"命令，打开"属性"对话框。

（2）选择"安全"选项卡，单击"高级"按钮，打开"访问控制设置"对话框。

（3）单击"所有者"按钮，在"目前该项目的所有者"文本框中显示出文件或目录的所有权。如果要更改所有者，可在"将所有者更改为"列表框中选择一个所有者。

记录目前该项目的所有者_____。

记录可以将所有者更改为_____。

本 章 习 题

一、选择题

1. 下列关于对称和非对称加密算法的描述中错误的是（　　　）。
   - A. 对称加密算法的实现速度快，因此，适合大批量的数据的加密
   - B. 对称加密算法的安全性将依赖于密钥的秘密性，而不是算法的秘密性
   - C. 从密钥的分配角度看，非对称加密算法比对称加密算法的密钥需求量大
   - D. 非对称加密算法比对称加密算法更适合于数字签名

2. 下列数字签名的论述中正确的是（　　　）。
   - A. 简单的数字签名可通过下列方式进行：发送者利用接收者的公开密钥对明文进行加密，接收者利用自己的私有密钥对接收到的密文进行解密
   - B. 简单的数字签名可通过下列方式进行：发送者利用自己的私有密钥对明文进行加密，接收者利用自己的私有密钥对接收到的密文进行解密
   - C. 数字签名和数字证明书可用来对签名者的身份进行确认，但无法让接收者验证接收到的信息在传输过程中是否被他人修改过
   - D. 数字签名和数字证明书可用来对签名者的身份进行确认，并且可以让接收者验证接收到的信息在传输过程中是否被他人修改过

3. 包过滤防火墙工作在网络层，下列选项中不属于包过滤检查的是（　　　）。
   - A. 源地址和目标地址
   - B. 源端口和目标端口

  C．协议   D．数据包的内容

4．下面关于包过滤防火墙的描述中正确的是（   ）。

  A．包过滤防火墙能鉴别数据包 IP 源地址的真伪

  B．包过滤防火墙能在 OSI 最高层上加密数据

  C．通常情况下，包过滤防火墙不记录和报告入侵包的情况

  D．包过滤防火墙能防止来自企业网内部的人员造成的威胁

5．下面关于代理服务技术的描述中正确的是（   ）。

  A．代理服务技术需要为每种不同的网络信息服务开发不同的、专门的代理软件

  B．代理服务技术允许 IP 数据包直接从 Internet 中的主机传送到内部网的应用服务器中

  C．代理服务技术允许 IP 数据包直接从内部网的应用服务器传送到 Internet 中的主机中

  D．虽然代理服务技术需要特定的硬件支持，但其几乎没有服务上的延迟，因此其效率很高

二、填空题

1．对计算机系统硬件的主要威胁在_____方面。而对软件的主要威胁既可在_____方面，如软件被有意或无意的删除；也可在_____方面，如生成了一份未经授权的软件副本；还可在_____方面，如由于软件被非法更改而导致执行了一些非预想的任务。

2．在远程通信中的安全威胁可分为_____和_____两类，其中_____包括攻击者通过搭接通信线路来截获信息和_____等方式，对付它的最有效的方法是_____。

3．在计算机系统和网络中，可有多种技术进行身份认证，其中口令技术是根据_____来进行身份认证的，IC 卡是根据_____来进行身份认证的，指纹识别技术是根据来进行身份认证的。

4．采用代理服务技术的防火墙工作在_____，一般来说，采用代理服务技术的防火墙比包过滤防火墙_____安全可靠。

三、简答题

1．对系统安全性的威胁有哪几种类型？

2．操作系统中标识与鉴别机制的功能是什么？

3．隐蔽通道有哪两种？请举例说明。

4．什么是最小特权管理？

5．什么是对称加密算法和非对称加密算法？

6．什么是易位法和置换算法？

7．什么是链路加密？其主要特点是什么？

8．什么是端对端加密？其主要特点是什么？

9．可利用哪几种方式来确定用户身份的真实性？

10．什么是包过滤技术？简要说明其基本原理。

11．讨论自主访问控制和强制访问控制的区别。

12．说明引用监视器的基本原理。

13．简述 BLP 策略的基本原则。

第9章

➡ **典型操作系统介绍**

引子：驿寄梅花，鱼传尺素

所谓"驿寄梅花，鱼传尺素"，古老的书信不仅可以表情达意，还可以救人性命。明张萱《疑耀》卷二记载：中统年间，郝经以宣慰副使使宋，被扣于真州，十六年不还。经畜一雁，甚驯。一日经书诗于尺帛曰："露冷风高恣所如，归期回首是春初，上林天子援弓缴，穷海累臣有帛书。"系雁足而纵之。雁为猎者所获，献之元主，元主恻然，遂向南进军，越二年，宋亡。

1493年，航行海上的哥伦布给西班牙女皇伊萨贝拉写了一封信，他把信密封后装进玻璃瓶里，投入大西洋。然而，这封信在海上漂浮了359年，直到1832年，才被美国船长发现。

可见，如果希望信息畅通，选择一种适当的传送信息的方式尤为重要。

网络操作系统 NOS（Network Operating System）是网络用户和计算机网络之间的一个接口，配置网络操作系统的主要目的是为了管理网络中的共享资源，实现网络用户的通信和方便用户对网络的使用。分布式计算机系统是由一组松散的计算机系统，经互连网络连接而成的"单计算机系统映像"。嵌入式系统在一定程度上改变了通用计算机系统的形态与功能，μC/OS-II是一个源码开放的嵌入式实时操作系统的内核。

本章要点：

- 网络操作系统简介。
- 分布式操作系统简介。
- 嵌入式实时操作系统简介。

9.1 网络操作系统

计算机网络系统除了硬件，还需要有系统软件，这两者结合就构成了计算机网络的基础平台。系统软件中最重要的是操作系统，它管理硬件资源、控制程序执行、合理组织计算机的工作流程，为用户提供一个功能强大、使用方便、安全可靠的运行环境。

9.1.1 网络操作系统概述

网络操作系统是网络用户和计算机网络之间的一个接口，它除了应该具备通常操作系统所应具备的基本功能外，还应该具有连网功能，支持网络体系结构和各种网络通信协议，提供网络互连能力，支持有效可靠安全地数据传输。

早期网络操作系统功能较为简单，仅提供基本的数据通信、文件和打印服务等。随着网络的规模化和复杂化，现代网络的功能不断扩展，性能大幅度提高，很多网络操作系统把通信协议作为内置功能来实现，提供与局域网和广域网的连接。

1. 网络操作系统的特征

一个典型的网络操作系统应有以下特征：

（1）硬件独立性。网络操作系统可以运行在不同的网络硬件上，可以通过网桥或路由器与其他网络连接。

（2）多用户支持。能同时支持多个用户对网络的访问，对信息资源提供完全的安全和保护功能。

（3）支持网络实用程序及其管理功能，如系统备份、安全管理、容错和性能控制。

（4）多种客户端支持，例如，微软的 Windows NT 网络操作系统可以支持 MS-DOS、OS/2、Windows 98、Windows for Workgroup、UNIX 等多种客户端，极大地方便了网络用户的使用。

（5）提供目录服务，以单一逻辑的方式让用户访问可能位于全世界范围内的所有网络服务和资源的技术。

（6）支持多种增值服务，如文件服务、打印服务、通信服务、数据库服务、WWW 服务等。

（7）可操作在性。这是网络工业的一种趋势，允许多种操作系统和厂商的产品共享相同的网络电缆系统，且彼此可以连通访问。

2. 网络操作系统的类型

网络操作系统可分为三种类型。

1）集中模式

集中式操作系统是由分时操作系统加上网络功能演变而成的，系统的基本单元是一台主机和若干台与主机相连的终端构成，把多台主机连接起来就形成了网络，而信息的处理和控制都是集中的，UNIX 操作系统是这类操作系统的典型例子。

2）客户机/服务器模式

这是现代网络的流行模式。网络中连接许多台计算机，其中一部分计算机称为服务器，这些服务器提供文件、打印、通信、数据库访问等功能，提供集中的资源管理和安全控制。而另外一些计算机称为客户机，它们向服务器请求服务，如文件下载和信息打印等。服务器通常配置高，运算能力强，有时还需要专职网络管理员维护。客户机与集中式网络中的终端不同的是，客户机有独立处理和计算能力，仅在需要某种服务时才向服务器发出请求。这一模式的特点是信息的处理和控制都是分布的，因而又称分布式处理系统，NetWare 和 Windows NT 是这类操作系统的代表。

客户机/服务器模式在逻辑上归入星状结构。它以服务器为中心，与各客户间采用点到点通信方式，各客户间不能直接通信。当今两种主要客户机/服务器模式为文件服务器 C/S（Client/Server）模式和数据库服务器 C/S 模式。无论哪一种模式，客户在请求服务器服务时，双方都要通过多次交互：客户机发送请求包、服务器接收请求包、服务器回送响应包、客户机接收响应包。客户机/服务器模式的主要优点是数据分布存储、数据分布处理和应用编程较为方便等。

3）对等模式（Peer-to-Peer）

对等模式是指各主机地位相同，安装相同的协议栈，彼此之间直接共享设定的网络资源。

此时，网络中的每台计算机都同时具有客户机和服务器两种功能，既可以向其他计算机提供服务，又可以向其他计算机请求服务，而且网络中没有中央控制手段。对等模式适用于工作组内几台计算机之间仅需提供简单的通信和资源共享的场合，也适用于把处理和控制分布到每台计算机的分布式计算模式。NetWare lite 和 Windows for Workgroup 是这类网络操作系统的代表。对等模式的主要优点是平等性、可靠性和可扩展性较好。

9.1.2　网络操作系统的功能

随着计算机网络应用的普及，对网络上所配置的网络操作系统的要求也越来越高，这使网络操作系统所能提供的功能也在不断增加。除了需具有数据通信和资源共享两个最基本的功能外，还应具有网络管理功能、应用互操作功能及实现网络开放性的功能等。

1. 网络通信功能

这是网络的基本功能。网络操作系统负责在源主机和目的主机之间建立一条暂时性的通信链路，并在数据传递期间进行必要的控制，如数据检错纠错、数据流量控制及传输路由选择等。具体地，为了在不同的计算机之间实现数据通信，网络操作系统应具有以下几个基本功能：

（1）建立与拆除连接。在计算机网络中，为使源主机与目标主机进行通信，通常应首先在两主机之间建立连接，以便通信双方能利用该连接进行数据传输；在通信结束或发生异常情况时，拆除已建立的连接。

（2）控制数据的传输。为使用户数据在网络中能正常传输，必须为数据配上报头，其中含有用于控制数据传输的信息，如目标主机地址、源主机地址等。网络根据报头中的信息控制报文的传输。此外，传输的控制还应包括对传输过程中所出现的各种异常情况进行及时处理的功能。

（3）检测差错。数据在网络中传输时，难免会出现差错。因此，网络中必须具有差错控制设施，以完成下述两个具体任务：一是检测差错，即发现数据在传输过程中所出现的错误；二是纠正错误，即对已发现的错误加以纠正。

（4）控制流量。这是指控制源主机发送数据报文的速度，使其与目标主机接收数据报文的速度相匹配，以保证目标主机能够及时地接收和处理所到达的数据报文；否则可能使接收方缓冲区中的缓冲全部用完，造成数据的丢失。

（5）选择路由。在公用数据中，由源站到目标站之间，通常都有多条路由。分组在网络中传输时，每到一个 PSE，该结点中的路由控制机制便按照一定的策略（如传输路径最短、传输时延最短或传输费用最低等）为被传输的分组选择一条最佳传输路由。

（6）多路复用。为提高传输线路的利用率，通信系统都采用了多路复用技术。所谓多路复用，是指将一条物理链路虚拟为多条虚电路，把每一条虚电路供给一个"用户对"进行通信，这样便允许多个"用户对"多路复用一条物理链路来传输数据。

2. 资源共享功能

在计算机网络中，可供共享的资源很多，如文件、数据及各种类型的硬件资源等。网络操作系统必须对网络中的共享资源进行有效管理。当前可采用两种方式来实现对文件和数据的共享：数据迁移方式和计算迁移方式。

1）数据迁移（Data Migration）方式

假如系统 A 中的用户希望去访问系统 B 中的数据，可采取以下两种方法之一实现数据的传送：

第一种方法是将系统 B 中的指定文件送到系统 A。这样以后，凡是系统 A 中的用户要访问该文件时，都变成了本地访问。当用户不再需要此文件时，如果被修改则需将修改后的复件进行回送，否则不必将它返回给系统 B。

第二种方法是把文件中用户当前需要的那一部分从系统 B 传送到系统 A。如果以后用户又需要该文件的另一部分，可继续将另一部分从 B 传送到 A。当用户不再需要此文件时，也只需把修改的部分进行回送。这种方法类似于存储管理中的请求调段方式。

2）计算迁移（Computation Migration）方式

在有些情况下，传送计算要比传送数据更有效。例如，有一个作业，它需要访问多个驻留在不同系统中的大文件以获得这些文件的摘要。此时若采取数据迁移方式，则要传送的数据量相当大。但如果采用计算迁移方式，则只需分别向各个驻留了所需文件的系统发送一条远程命令，然后由各系统将结果返回。此时经过网络所传输的数据量相当小。

3. 网络管理功能

当网络扩大到一定规模时，如何管好和用好网络，便显得尤为重要。为此，在网络中引入了网络管理功能，其目的在于最大限度地增加网络的可用时间，提高网络设备的利用率，改善网络的服务质量，保障网络的安全性等。

网络管理功能涉及网络资源和活动的规划、组织监视、计算和控制等方面。国际标准化组织为网络管理定义了差错、配置、性能、计费和安全五大管理功能。

（1）配置管理。配置管理涉及定义、收集、监视和控制及使用配置数据。配置数据包括网络中重要资源的静态和动态信息，这些数据要被广泛使用。配置管理用来监控网络的配置数据，允许网络管理员能生成、查询和修改软硬件的运行参数和条件，以保证网络的正常运行。

（2）故障管理。故障管理设施通常用来检测网络中所发生的异常事件，以发现故障所在，然后根据故障的现象采取相应的跟踪、诊断和测试措施；还要在日志上记录下故障情况。

（3）性能管理。通过收集网络各部分使用情况的统计数据，来分析网络的运行情况，如网络的响应时间、网络的吞吐量、网络的阻塞情况及网络的运行趋势等，从而可以得出对网络的整体和长期的评价；也可以通过性能管理，将网络性能控制在用户能接受的水平。

（4）安全管理。根据安全策略来实现对受限资源的访问。在安全管理中所涉及的技术和方法有认证技术、访问控制技术、数据加密技术、密钥分配和管理、安全日志的维护和检查、审计和跟踪、防治病毒等。

（5）计费管理。计费管理用于监视和记录用户使用网络资源的种类、数量和时间，必要时应调整用户使用网络资源的配额，对用户所分配到的资源的使用进行计算。在计费管理中所涉及的具体功能有搜集计费记录、计算用户账单、网络经济预算、检查资费变更情况、分配网络运行成本等。

4. 应用互操作功能

应用互操作系统是指不同网络各主机之间能够以透明方式访问对方的文件系统。因此，在一个由若干个不同网络互连所形成的互连网络中，必须提供一种应用互操作功能，以实现信息互通性和信息互用性。

所谓信息的互通性，是指在不同网络的结点之间能实现通信。为了实现信息互通，要求为互联网中各网站，配置同一类型的传输协议。目前主要是利用 TCP/IP 传输协议来实现信息的互通性。

在实现了不同网络之间信息的互通性之后，就可以在各网络之间进行通信了，比如可以将某一网络中的一个文件传送到另一个网络中去。但是，一个网络中的用户不能去访问另一网络文件系统中的文件，即未实现信息的互用性。这是因为在不同网络中所配置的网络文件系统各不相同，因而由一个源网络中的用户发往一个目标网络去的文件访问命令，不能被目标网络所识别。这时必须有一个网络文件系统协议来沟通不同网络中的文件系统，目前比较流行的是由 Sun 公司推出的网络文件系统协议 NFS。

9.1.3　网络操作系统提供的服务

为了方便用户使用网络，网络操作系统提供了一系列非常有效的服务，其中包括电子邮件服务、文件传输服务和目录服务，以及近几年在 Internet 中所使用的 Gopher、Archie、Web 等信息检索服务。

1. 电子邮件服务

电子邮件服务最早出现在电信系统中，之后又被引入到广域网和局域网中，如今电子邮件已经成为网络中使用得最多的一种网络服务之一。之所以引入电子邮件服务，主要是为了提高邮件的传送速度和提高通信系统的利用率。其基本功能包括发送电子邮件、接收电子邮件、邮件的分发等。

最早出现的电子邮件仅限于文字型；随后又出现了语音型电子邮件和图像型电子邮件；当前的电子邮件是将文字、语音和图像集成在一起，组成图文、声音并茂的多媒体电子邮件。

2. 文件传输服务

文件传输服务同样是一种十分有用的信息服务。网络用户可利用该服务来实现对远程网络主机或服务器的访问、存取远程文件系统中的文件和执行文件传送操作。所传送的文件可以是文本文件、二进制可执行文件和多媒体文件等。

3. 目录服务

在 20 世纪 90 年代中期推出的企业网络操作系统都毫无例外地配置了目录服务功能。当前，人们已把在网络操作系统中所提供的目录服务视为现代分布式网络中的中枢神经系统，并把该服务作为衡量企业网络操作系统水平的重要标志。

目录服务管理的对象是网络中的物理设备、网络服务和用户三类资源。企业网环境下的目录记录了网络中这三大资源的名字、属性及它们的当前位置和习惯位置，并对它们实施有效的管理。目录服务简化了网络管理、方便了用户入网和访问、提高了网络的可用性。其具体功能如下：

（1）用户管理。用户管理的主要任务是保证核准用户能够方便地访问各种网络服务，禁止非核准用户的访问。对用户的管理采用注册和登录的方式。

（2）分区和复制功能。对于一个在地理上很分散的分布式系统而言，一种行之有效的方法是将一个庞大的目录库分成若干个分区,再将这些分区的目录库分别复制到多台服务器中，且使每个分区被复制的位置尽量靠近最常使用这些对象的用户，在有的目录服务中还允许在一台服务器上存放多个不同分区的复件。

（3）创建、扩充和继承功能。由于当前的一些目录服务都采用了面向对象的结构，因此，对目录对象的管理变得简单而有效。在这种管理中包括三方面的功能：创建，在目录中创建新的对象，并对新的对象进行属性设置；扩充，指对原有的目录服务进行功能上的扩充；继承，目录管理下的继承是指目录对象继承其他对象的属性和权力的能力。

（4）多平台支持功能。支持多种类型平台的能力，体现在两个方面：一方面是目录服务能支持在服务器上配置多种类型的操作系统；另一方面是目录服务应能支持在客户机上配置不同类型的操作系统。

9.2 分布式操作系统

9.2.1 分布式系统概述

分布式计算机系统是由一组松散的计算机系统，经互连网络连接而成的"单计算机系统映像"。它与计算机网络系统的基础都是网络技术，它们在计算机硬件连接、系统拓扑结构和通信控制等方面基本一样，都具有数据通信和资源共享功能。分布式系统与网络系统的主要区别在于：在网络系统中，用户在通信或资源共享时必须知道计算机及资源的位置，并且通常通过远程登录或让计算机直接相连来传输信息或进行资源共享；而分布式系统中，用户在通信或资源共享时并不知道有多台计算机存在，其数据通信和资源共享和在单计算机系统上一样，此外，互连的各计算机可互相协调工作，共同完成一项任务，可把一个大型程序分布在多台计算机上并行运行。

1. 分布式系统的特点

通常分布式计算机系统满足以下条件：

（1）系统中任意两台计算机可以通过系统的安全通信机制来交换信息。

（2）系统中的资源为所有用户共享，用户只要考虑系统中是否有所需资源，而无需考虑资源在哪台计算机上，即为用户提供对资源的透明访问。

（3）系统中的若干台计算机可以互相协作来完成同一个任务，换句话说，一个程序可以分布于几台计算机上并行运行。一般的网络是不满足这个条件的，所以，分布式系统是一种特殊的计算机网络。

（4）系统中的一个结点出错不影响其他结点运行，即具有较好的容错性和健壮性。

2. 分布式系统的实现技术

分布式计算机系统要让用户使用起来像一个"单计算机系统"。实现分布式系统以达到这一目标的技术称为透明性。透明的概念适用于分布式系统的各个方面：

（1）位置透明性（Location Transparency）。指用户不知道包括硬件、软件及数据库等在内的系统资源所在的位置，资源的名字中也不应包含位置信息。

（2）迁移透明性（Migration transparency）。指资源无需更名就可以从一个结点自由自在地迁移到另一个结点，并且程序和用户获取该文件的路径和名称还是和原来一样。

（3）复制透明性（Replication Transparency）。指系统可任意地复制文件或资源的多个复件，而用户都不得而知。

（4）并发透明性（Concurrency Transparency）。指用户不必也不会知道系统中同时还存在其他许多用户与其竞争使用某个资源。此时，必须采用某些措施来解决几个用户共同使用同一资源的问题。操作系统必须提供一个机制，在用户使用/释放一个资源时进行加锁/解锁。

（5）并行透明性（Parallelism Transparency）。指在分布式系统中解决大型应用时，可由系统（编译、操作系统）自动找出潜在并行模块去分布并执行，而不为用户所察觉，这是分布式系统追求的最高目标。

3. 分布式操作系统的功能

用于管理分布式系统的操作系统称为分布式操作系统，分布式操作系统应该具备四项基本功能：

（1）进程通信。提供有力的通信手段，让运行在不同计算机上的进程可以通过通信来交换数据。

（2）资源共享。提供访问其他计算机资源的功能，使用户可以访问或使用位于其他计算机上的资源。

（3）并行运算。提供某种程序设计语言，使用户可编写分布式程序，该程序可在系统中多个结点上并行运行。

（4）网络管理。高效地控制和管理网络资源，对用户具有透明性，即使用分布式系统与传统单机系统相似。分布式计算机系统的主要优点即是坚定性强、扩充容易、可靠性好、维护方便和效率较高。

为了实现分布式系统的透明性，分布式操作系统至少应具有以下特征：一是有一个单一全局性进程通信机制，在任何一台计算机上进程都采用同一种方法与其他进程通信；二是有一个单一全局性进程管理和安全保护机制，进程的创建、执行和撤销及保护方式不因计算机不同而有所变化；三是有一个单一全局性的文件系统，用户存取文件和在单机上没有两样。

9.2.2 分布式进程通信

分布式系统的主要特性之一是分布性，分布性源于应用的需求，且一个应用可以分布于分散的若干台计算机上运行。而通信则来源于分布性，因为计算机的分散而必须通过通信来实现进程的交互、合作和资源共享。可见，分布式系统中通信机制是十分重要的。集中式操作系统中的通信方式在分布系统中大多已不适用。

目前，分布式系统中的进程通信可以分成三种：一是消息传递机制，它类似于单机系统中发送消息和接收消息操作；二是远程过程调用（RPC）；三是套接字 socket。

1. 消息传递机制

在分布式系统中，进程之间的通信可通过分布式操作系统提供的通信原语完成，最简单的分布式消息传递模型称客户机/服务器模型。一个客户进程请求服务，例如，读入数据、打印文件，向服务器进程发送一个包含请求的消息，这种消息按通信协议的规定来传递，服务器进程完成请求，做出回答和返回结果。最简单的消息传递模型只需发送和接收两个通信原语。发送原语 send 说明一个目标和消息内容，接收原语 receive 说明消息来源和为消息存储提供一个缓冲区。在设计分布式消息传递机制时，需妥善解决目标进程寻址和通信原语的设计问题。

2. 远程过程调用

远程过程调用 RPC 是目前在分布式系统中被广泛采用的进程通信方法，它把单机环境下的过程调用拓展到分布式环境中，允许不同计算机上的进程使用简单的过程调用和返回结果的方式进行交互，但这个过程调用是用来访问远程计算机上提供的服务的，看上去用户却感觉像在执行本地过程调用一样。

远程过程调用的基本原理如图 9-1 所示。上述 RPC 仅适用于同构形分布式系统，即在同种类型计算机上，运行相同的操作系统，采用同一种程序设计语言，所以对参数表示的要求没有什么问题。反之，对异构型分布式系统来说，不同系统对数据的表示方式不同会导致客户机和服务器无法交互，故应该在 RPC 设施中增加一种参数表示的转换机制。例如，对于像整数、浮点数、字符和字符串可以提供一个标准格式，这样，任何计算机上的本地数据和标准表示只要作相应转换就可以了。

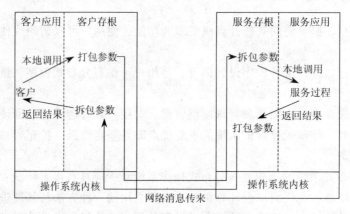

图 9-1　远程过程调用机制

3. 套接字（socket）

套接字（socket）是在 UNIX BSD 中首创的网络通信机制。socket 类似于电话机，通电话的双方好比相互通信的两个进程，区号是它的网络地址。区内电话交换局的交换机相当于一台主机，交换机分配给每个用户的局内号码相当于 socket 号。任一用户在通话需占用一部电话机，这相当于申请一个 socket。用户通话前应知道对方的号码，号码相当于对方的一个固定的 socket，然后向对方拨号呼叫，这相当于发出连接请求，若连接成功就可以通话了。双方通话的过程是一方电话机发出信号而对方电话机接收信号，相当于向 socket 发送数据和从 socket 接收数据。通话结束后，一方挂起电话相当于关闭 socket，撤销连接。

9.2.3　分布式资源管理

资源的管理和调度是操作系统的一项主要任务。单机操作系统往往采用一类资源由一个资源管理者进行管理的集中式管理方式，而在分布式计算机系统中，由于系统的资源分布在各台计算机上，若采用上述方法进行管理则会使性能很差。例如，系统中各台计算机的存储资源由位于某台计算机上的资源管理者来管理，那么不论谁申请存储资源，即使申请的是自己计算机上的资源，都必须发信给存储管理者，这就大大增加了系统开销；如果存储管理所在那台计算机坏了，系统便会瘫痪。由此可见，分布式操作系统如采用集中式资源管理，不仅开销大，而且稳定性差。

通常，分布式操作系统采用一类资源多个管理者的方式，该方式可以分成集中分布式管理和完全分布管理两种。它们的主要区别在于：前者对所管资源拥有完全控制权，对一类资源中的每一个资源仅受控于一个资源管理者；后者对所管理资源仅有部分控制权，不仅使一类资源存在多个管理者，而且该类中每个资源都由多个管理者共同控制。

由于资源管理者分布在不同计算机上，系统必须制定一个资源搜索算法，使资源管理者按此算法帮助用户找到所需资源。设计分布式资源搜索算法应尽量满足效率高、开销小、避免饿死、资源使用均衡、具有坚定性等。常用的分布式资源搜索算法有投标算法、由近及远算法和回声算法等。

9.2.4 分布式进程同步

由于在分布式系统中，各计算机相互分散，没有共享内存，因而在单处理机系统中采用的种种进程同步方式已不再适用。例如，两个进程通过信号量相互作用，它们必须要能访问信号量。如果两个进程运行在同一台计算机上，那么它们都能共享内核中的信号量，并通过执行系统调用来访问。如果它们运行在不同计算机上，这种方法就不适用了。采用完全分布式管理方式时，每个资源由位于不同结点上的资源管理共同来管，每个资源管理在决定分配它管理的资源以前，必须和其他资源管理者协商，对于由各计算机共享和要互斥使用的各种资源都要采用这种管理模式。因此，采用这种管理方式时必须设计一个算法，各资源管理者按此算法共同协商资源的分配。这个算法应满足资源分配的互斥性、不产生饿死现象、且各资源管理者处于平等地位而无主控者。通常把这种资源分配算法称分布式算法，由同步算法构成的机制称分布式同步机制。

分布式系统中各计算机没有共享内存区，导致进程之间无法通过传统公共变量（如锁变量或信号量）来进行通信。实现分布式进程同步比实现集中式进程同步复杂得多，由于进程分散在不同计算机上，因此，进程只能根据本地可用的信息做出决策，此时系统中没有公共的时钟。进程之间通过网络通信联系且时间消息通过网络传递后也会有延迟，因此会出现资源管理程序接到不同计算机上的进程同时发来的资源申请时，可能先接到的申请的提出时间晚于后接到的申请的提出时间的情况。所以，必须先解决对不同计算机中发生的事件进行排序的问题，然后再设计出性能优越的分布式同步算法。

9.2.5 分布式系统中的死锁

在网络和分布式系统中，除了因竞争可重复使用资源而产生死锁外，更多地会因竞争临时性资源而引起死锁。虽然对于死锁的防止、避免和解除等基本方法与单处理机相似，但难度和复杂度要大得多。由于分布式环境下进程和资源的分布性，竞争资源的诸进程来自不同结点，和拥有共享资源的每个结点通常只知道本结点中的资源使用情况，因而检测来自不同结点中进程在竞争共享资源是否会产生死锁显然是很困难的。

1. 分布式系统的死锁分类

分布式系统中的死锁可以分成资源死锁和通信死锁。

资源死锁是由于竞争系统中可重复使用的资源（如打印机、磁带机及存储器等）引起的。

一组进程会因竞争这些资源的推进顺序不当，导致发生系统死锁。在集中式系统中，如果进程 A 发送消息给进程 B，进程 B 发送消息给 C，而进程 C 又发送消息给 A，那么就会发生死锁。在分布式系统中，通信死锁指的是在不同结点中的进程为发送和接收报文而竞争缓冲区，出现了既不能发送，又不能接收的僵持状态。

2. 分布式死锁检测与预防

分布式系统有两种检测死锁的方法，一是集中式死锁检测，在分布式系统中，每台计算机都有一张进程资源图描述进程及其占有资源状况，而一台中心计算机上则拥有一张整个系统的进程资源图，当它检测进程检测到环路时，就中止一个进程以解决死锁；二是分布式死锁检测，此算法无需在网络中设置掌握全局资源使用情况的检测进程，只需通过网络中竞争资源的进程相互协作即可实现对死锁的检测。

为了防止在网络中出现死锁，可以采取破坏产生死锁的四个必要条件之一的方法来实现。第一种方法是采用静态分配方法，让所有进程在运行之前一次性地申请其所需的全部网络资源，以破坏占用和等待条件；第二种方法是按序分配，把网络中可供共享的资源进行排序，要求所有进程对网络资源的请求严格按照资源号从小到大的次序提出，以防止在分配图中出现循环等待事件；第三种方法主要解决报文组装、存储和转发造成缓冲区溢出而产生的死锁。

9.2.6 分布式文件系统

分布式文件系统是分布式系统的重要组成部分，允许通过网络来互连，使不同计算机上的用户共享文件。它的任务是存储和读取信息，并且它的许多功能与传统的文件系统相同。它是一个相对独立的软件系统，被集成到分布式操作系统中，并为其提供远程访问服务，具有网络透明性和位置透明性两个特点。

文件服务是文件系统为其客户提供的各种功能描述，如可用的原语、它们所带的参数和执行的动作等，文件服务提供了文件系统与客户之间的接口。文件服务器是运行在网络中某台计算机上的一个实现文件服务的进程，一个系统可以有一个或多个文件服务器，但客户并不知道有多个文件服务器及它们的位置和功能。

1. 文件系统的组成

分布式文件系统为系统中的客户机提供共享的文件系统，为分布式操作系统提供远程文件访问服务。

分布式文件系统由两部分组成：运行在服务器上的分布式文件系统软件和运行在每个客户机上的分布式文件系统软件。这两部分程序代码在运行中都要与本机操作系统的文件系统紧密配合，共同起作用。由于现代操作系统都支持多种类型的文件系统，因此，本机上的文件系统均是虚拟文件系统，而它就可以支持多个实际的不同文件系统，分布式文件系统将通过虚拟文件系统和虚拟结点与本机文件系统交互作用。

2. 文件系统的体系结构

分布式文件系统的体系结构目前多数采用客户机/服务器模式，客户机是要访问文件的计算机，服务器是存储文件并且允许用户访问这些文件的计算机。分布式文件系统中需要解决的另一问题是命名的透明性，大致有三种方法：一是通过"计算机名+路径名"来访问文件；二是将远程文件系统安装到本机文件目录上，这样用户可以自己定制文件名字空间；三是让所有计算机上看起来有相同的单一名字空间，这种方法实现难度较大。

9.2.7 分布式进程迁移

在计算机网络中，允许程序或数据从一个结点迁移到另一个结点上。在分布式系统中，更是允许将一个进程从一个系统迁移到另一个系统中。进程迁移是计算迁移的一种延伸，当一个新进程被启动执行后，并不一定始终都在同一处理机上运行，它也可以被迁移到另一台计算机上继续运行。

1. 引入进程迁移的原因

引入进程迁移的原因如下：

（1）负载均衡。分布式系统中，各个结点的负荷经常不均匀，此时可以通过进程迁移的方法来均衡各个系统的负荷，把重负荷系统中的进程迁移到轻负荷的系统中去，以改善系统性能。

（2）通信性能。对于分布在不同系统中而彼此交互性又很强的一些进程，应将它们迁移到同一系统中，以减少由于它们之间频繁地交互而加大通信开销。

（3）加速计算。对于一个大型应用，如果始终在一台处理机上执行，可能要花费较多时间，作业周转时间也会延长。但如果能为该作业建立多个进程，并把这些进程迁移到多台处理器上执行，会大大加快该作业的完成时间，从而缩短作业的周转时间。

（4）特殊功能和资源的使用。通过进程迁移来利用特殊结点上的硬件或软件功能或资源。此外，在分布式系统中，如果某个系统发生了故障，而该系统中的进程又希望继续下去，则分布式操作系统可以把这些进程迁移到其他系统中去运行，提高了系统的可用性。

2. 进程迁移机制

为了实现进程迁移，在分布式系统中必须建立相应的进程迁移机制，主要负责解决三个问题：谁来发动进程迁移？如何进行进程迁移？如何处理未完成的信号和消息等问题。

进程迁移的发动取决于进程迁移机制的目标，如果目标是平衡负载，则由系统中的监视模块负责在适当时刻进行进程迁移；类似地，如果进程迁移是为了其他目标，则分布式系统中的其他相应部分成为进程迁移的发动者。

在进程进行迁移时，应将系统中的已迁移的进程撤销，在目标系统中建立一个相同的新进程。进程迁移时所迁移的是进程映像，包括进程控制块、程序、数据和栈。此外，被迁移进程与其他进程之间的关联应做相应修改。

进程迁移的过程并不复杂，但需花费一定的通信开销，其困难在于如何传送进程地址空间和处理已经打开的文件。由于现代操作系统均采用虚拟存储技术，对于进程地址空间可使用如下两种办法：一是传送整个地址空间，二是仅传送内存中的已修改了的那部分地址空间。

在一个进程由源系统向目标系统迁移期间，可能会有其他进程继续向源系统中已迁移的进程发来消息或信号，一种可行的处理办法是在源系统中提供一种机构，用于暂时保存这类信息，和被迁移进程所在目标系统的新地址。当被迁移进程已在目标系统中被建成新进程后，源系统便可将已收到的相关信息转发至目标系统。

9.3 嵌入式实时操作系统

随着计算机技术的进步，在工业生产及人们的日常生活中，很多设备和装置都内置了计算机系统。这些内置的计算机系统使这些设备或装置具有很高的自动化性能和某种程度的智能性，从而极大地满足了人们生产和生活的需要。目前，随着这种应用的迅速普及，一项被称为"嵌入式系统"的技术又应运而生。

9.3.1 嵌入式系统的基本概念

1. 嵌入式系统的定义

继桌面计算机之后，最重要的 IT 技术产业当属嵌入式系统。自从 1946 年电子计算机诞生以后，在相当长的一段时间里，计算机仅仅是一种供养在技术要求极高、价格极其昂贵的特殊机房中实现数值计算的大型昂贵设备。直到 20 世纪 70 年代，由于微处理机的出现，才使计算机的应用出现了历史性的变化。以微处理器为核心的微型计算机，以其小型、价廉、高可靠性及具有高速数值计算能力等特点，迅速引起自动控制领域专业人员的极大兴趣和关注。专业人员发现，把微型机嵌入到一个对象体系（如汽车、火箭等）中，可以很方便地实现对这个对象体系的智能化控制。例如，将微型计算机经电气加固、机械加固，并配置各种外围接口电路之后，安装到飞机中，就可以构成智能化的自动驾驶仪或发动机状态监测系统；安装到洗衣机中，就可以使洗衣机根据所要洗涤衣物的具体状况而自动采取不同的洗涤模式，从而提高洗涤效率和效果；安装到照相机中，照相机就可以根据拍摄环境自动进行技术参数调整，以获得高质量的照片；安装到音像设备中，就可以获得高保真的音响和影像等。

显然，嵌入式系统在一定程度上改变了通用计算机系统的形态与功能。因此，为了对两者进行区分，人们把嵌入到对象体系中的、以实现对象体系智能化控制的计算机系统称为嵌入式计算机系统，简称嵌入式系统。

因此，所谓嵌入式系统，是指对对象进行自动控制而使其具有智能化并可嵌入对象体系中的专用计算机系统。其中，嵌入性、专用性及计算机系统为嵌入式系统的三个基本要素。而对象系统是指上述移动电话、数字电视、汽车、舰船、火箭、PDA、洗衣机、医疗设备、工业自动生产线等。对象系统又称嵌入式系统的宿主对象系统。

2. 嵌入式系统的发展历程

由于嵌入式系统要嵌入到对象体系中，实现的是对象的智能化控制。因此，嵌入式系统有着与通用计算机系统完全不同的技术要求与技术发展方向。

通用计算机系统的技术要求是高速、海量的数值计算，技术发展方向是总线速度的无限提升、存储容量的无限扩大等；而嵌入式系统的技术要求则是对象的智能化控制能力，技术发展方向是与对象系统密切相关的嵌入性能、控制能力和控制的可靠性等。

嵌入式系统起源于微型计算机时代。微型计算机小巧的体积、低廉的价格、良好的可靠性、强大的计算能力，让人们把它装置在计算机设备内来完成对计算机设备的控制工作，从而出现了专门为工业控制定制的工业控制机（简称工控机）。虽然工控机的出现为计算机控制技术的发展做出了不可磨灭的贡献，但随着时代的进步，基于通用计算机体系结构的微型计算机在体积、价位、可靠性方面都无法满足广大对象系统日益增长的要求。因此，嵌入式系统自然地走上了它的独立发展道路——系统芯片化，即力求将 CPU 与包括存储器、接口在内的计算机系统集成在一个芯片上，从而开创了嵌入式系统独立发展的新时代。

嵌入式系统独立发展的初期是单片机时代。在探索单片机的发展道路时，有过两种模式：Σ模式与创新模式。Σ模式是将通用计算机系统中的基本单元根据应用的需要进行裁剪后，集成在一个芯片上，构成单片微型计算机；创新模式则要在体系结构、微处理器、指令系统、总线方式、管理模式等方面完全按嵌入式应用要求设计全新的、满足嵌入式应用要求的芯片。Intel 公司的 MCS–48、MCS–51 是按创新模式发展起来的单片形态的嵌入式系统，而 MCS–51 单片机的体系结构更是成为嵌入式系统的一种主要的典型结构体系。

自 20 世纪 70 年代末以来，单片形态的嵌入式系统硬件大致可分为微控制器（MCU）、单片系统 SoC 两个阶段。

微控制器（Micro Controller Unit，MCU）阶段的主要技术发展方向是：不断地在一个芯片上扩展满足宿主对象系统所要求的各种外围电路与接口电路（如并行接口、串行接口、定时器等），以增强其对宿主对象的智能化控制能力。典型产品是 Intel 公司的 MCS–51 系列单片机。

单片系统（System on Chip，SoC）阶段。发展 SoC 的重要动因是人们寻求应用系统在芯片上的最大化解决方案。因此，在通用串行接口（USB）、数字信号处理器（DSP）、TCP/IP 通信模块、GPRS 通信模块、蓝牙模块接口等功能模块出现之后，人们又根据应用的需要把这些功能模块与 MCU 进行有机结合，制造出集成度更高的系统级的芯片，这些芯片就称为 SoC 系统。目前，随着现代微电子技术、IC 设计、EDA 工具的飞速发展，基于 SoC 的单片应用系统正在成为嵌入式系统的主流器件。

3. 嵌入式系统的特点

从嵌入式系统的构成上看，嵌入式系统是集软硬件于一体的、可独立工作的计算机系统；从外观上看，嵌入式系统像是一个"可编程"的电子"器件"；从功能上看，它是对宿主对象进行控制，使其具有"智能"的控制器。

嵌入式系统的硬件部分包括处理器/微处理器、存储器及外设器件和 I/O 端口、图形控制器等。这种系统有别于一般的计算机处理系统，例如，它通常不使用像硬盘这种大容量的存储介质，而大多使用 EPROM、EEPROM 或闪存（Flash Memory）作为存储介质。

嵌入式系统的软件包括操作系统软件和应用软件。操作系统一般应该具有较强的实时性，并可以对多任务进行管理；而应用软件则都是一些专门性很强的应用程序。

嵌入式系统与通用计算机系统相比，具有如下特点：

（1）专用性强。嵌入式系统通常是面向某个特定应用的，所以嵌入式系统的硬件是为特定用户群来设计的，它通常都具有某种专用性的特点。

（2）可裁剪性好。嵌入式系统的硬件和操作系统都必须设计可裁剪的，以便用户可根据实际应用需要量体裁衣、去除冗余，从而使系统在满足应用要求的前提下达到最精简的配置。

（3）实时性与可靠性好。嵌入式系统中的软件一般不存储在磁盘等载体中，而是固化在存储器芯片或单片系统的存储器里。再加上精心设计的嵌入式操作系统，从而可以快速地响应外部事件，同时也大大提高了系统的可靠性。

（4）功耗低。由于嵌入式系统中的软件一般都固化在存储器芯片或单片系统的存储器中，所以它具有功耗低的特点，从而便于把它应用在飞机、舰船、数码照相机等移动设备中。

9.3.2 嵌入式操作系统

1. 嵌入式操作系统的定义

由于硬件的限制，在使用 MCU 设计嵌入式系统时代初期，程序设计人员面对的是只有硬件系统的"裸机"，没有任何类似于操作系统的软件作为开发平台。对于 CPU、RAM 等硬件资源的管理工作通常都必须由程序员自己编写程序来解决，这使应用程序的开发效率极低。

随着技术的发展和进步，单片系统硬件的规模越来越大、功能越来越强，从而产生了许多具有不同应用特点的操作系统。其中，运行在嵌入式硬件平台上，对整个系统及其所操作的部件、装置等资源进行统一协调、指挥和控制的系统软件就称为嵌入式操作系统（Real-Time Embedded Operating System，RTOS 或 EOS）。

由于嵌入式操作系统的硬件特点、应用环境的多样性和开发手段的特殊性，使它与普通的操作系统有着很大的不同，其主要特点如下：

（1）微型化。嵌入式系统芯片内部存储器的容量通常不会很大（1MB 以内），一般也不配置外存，加之电源的容量较小（常常使用电池甚至微型电池供电）及外围设备的多样化，因而不允许嵌入式操作系统占用较多的资源，所以，在保证应用功能的前提下，嵌入式操作系统的规模越小越好。

（2）可裁剪性。嵌入式操作系统运行的硬件平台多种多样，其宿主对象更是五花八门，所以要求嵌入式操作系统中提供的各个功能模块可以让用户根据需要选择使用，即要求它具有良好的可裁剪性。从开发界面来讲，通用操作系统给开发者提供一个"黑箱"，让开发者通过一系列标准的系统调用来使用操作系统的功能；而嵌入式操作系统则试图为开发者提供一个"白箱"，让开发者可以自主控制系统的所有资源。

（3）实时性强。目前，嵌入式系统广泛应用于生产过程控制、数据采集、传输通信等场合，这些应用的共同特点就是要求系统能快速地响应事件，因此，要求嵌入式系统要有较强的实时性。例如，用于控制火箭发动机的嵌入式系统，它所发出的指令不仅要求速度快，而且对多个发动机之间的时序要求也非常严格，否则就会失之毫厘、谬以千里。

（4）高可靠性。嵌入式系统广泛地应用于军事武器、航空航天、交通运输、重要的生产设备领域，所以，要求嵌入式操作系统必须有极高的可靠性，对关键、要害的应用还要提供必要的容错和防错措施，以进一步提高系统的可靠性。

（5）易移植性。为了适应多种多样的硬件平台，嵌入式操作系统应可在不做大量修改的情况下稳定地运行在不同的平台上。

2. 嵌入式操作系统的类型

嵌入式操作系统与嵌入式系统的宿主对象的要求密切相关。由于嵌入式系统存储器的容量较小，因此，嵌入式系统的软件一般只有操作系统和应用软件两个层次，而嵌入式操作系统则在嵌入式系统硬件与嵌入式系统的应用软件之间起到承上启下的作用。

按嵌入式操作系统的应用范围划分，可分为通用型嵌入式操作系统和专用型嵌入式操作系统。通用型嵌入式操作系统可用于多种应用环境，如常见的 Windows CE、VxWorks、μCLunix 及 μC/OS 等；专用型嵌入式操作系统则用于一些特定的领域，如应用于移动电话的 Symbian、手持数字设备（PDA）的 Plam OS 等。

按照实时性要求来分类，嵌入式操作系统可分为强（硬）实时性嵌入式操作系统和弱（软）实时性嵌入式操作系统两类。强实时性嵌入式操作系统要求系统必须在极严格的时间内完成实时任务，主要面向控制、通信等领域，如 WindRiver 公司的 VxWorks、ISI 的 pSOS、QNX 系统软件公司的 QNX、ATI 的 Nucleus 等；弱实时性嵌入式操作系统则对完成实时任务的截止时间要求不是十分严格，主要面向消费电子产品（包括 PDA、移动电话、机顶盒、电子书、

WebPhone 等），如微软面向手机应用的 Smart Phone 操作系统。

3. 嵌入式实时操作系统

如果操作系统能使计算机系统及时响应外部事件的请求，并能及时控制所有实时设备与实时任务协调运行，且能在一个规定的时间内完成对事件的处理，那么这种操作系统就是一个实时操作系统（Real Time Operation System，RTOS）。嵌入式系统主要是对设备和装置进行控制的。因此，能否及时、快速地响应外部事件，常常是对系统的第一要求。嵌入式系统使用的操作系统大多是实时操作系统。

对实时系统有两个基本要求：第一，实时系统的计算必须产生正确的结果，称为逻辑或功能正确（Logical or Functional Correctness）；第二，实时系统的计算必须在预定的时间内完成，称为时间正确（Timing Correctness）。为达到上述要求，实时操作系统应满足以下三个条件：实时操作系统必须是多任务系统；任务的切换时间应与系统中的任务数无关；中断延迟的时间可预知并尽可能短。

实时系统的应用涵盖非常广泛，例如，汽车中的安全气囊、防抱死系统（ABS）、卫星系统、喷气发动机控制系统、数字电视、数码照相机等。

由于嵌入式系统所完成的是对一个装置或设备的控制任务，任务的功能相对固定，因此在一般情况下，嵌入式实时操作系统所支持的典型任务应用是一个无限循环结构。图 9-2 所示为嵌入式系统任务的典型结构，用户应用程序使用中断技术来响应用户的一些外部异步事件，并在中断服务程序中处理这些异步事件。

因此，用于嵌入式系统，对系统资源和多个任务进行管理，且具有高可靠性、良好可裁剪性等优良性能的，为应用程序提供运行平台和实时服务的微型系统软件称为嵌入式实时操作系统。通常，嵌入式操作系统由内核（Kernel）、文件系统、存储器管理系统、I/O 管理系统、设备驱动程序、网络协议栈和标准化浏览器等部分组成，如图 9-3 所示。

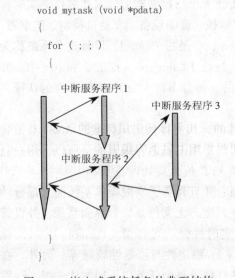

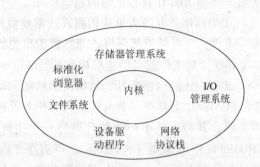

图 9-2　嵌入式系统任务的典型结构　　　　图 9-3　嵌入式操作系统结构与组成

内核是多任务系统中的核心部分，其基本任务是任务调度和任务间通信，具体功能包括任务管理与调度、时间管理、任务间同步和通信、实时时钟服务、中断管理服务、内存管理等。目前，嵌入式操作系统主要都以提供"微内核"为主，其他像窗口系统界面、文件管理模块、通信协议等还要由开发人员自己设计或外购。大多数嵌入式操作系统主要提供内存管理、多任务管理、外围资源管理等三项服务来辅助应用程序设计人员。

内存管理主要是动态内存的管理。当应用程序的某一部分需要使用内存时，可利用操作系统所提供的内存分配函数来获得足够的内存空间；一旦使用完毕，可调用系统提供的释放内存函数，把曾经使用的内存空间还给系统，这样就使内存可以重复利用。

嵌入式实时操作系统应该提供丰富的多任务管理函数，以使程序设计人员设计多线程的应用程序。通常，嵌入式实时操作系统都会提供良好的任务调度机制，控制任务的启动、运行、暂停和结束等状态。一般来讲，这些调度算法是满足实时性要求的，也就是能使任务运行时的每个动作都会在一个严格要求的时间内执行完毕。

一个完整的嵌入式应用系统，除了系统本身的微处理器、内存之外，还必须有多种外围设备的支持，如键盘、显示装置、通信端口及外接的控制器等。这些外围设备都是系统中的各个任务可能用到的资源。由于资源有限，操作系统必须对这些资源进行合理的调度和管理，这样才能保证每个要使用资源的任务在运行时获得足够的资源。

9.3.3 μC/OS-II 简介

IT 行业从来就不是一个平静的世界。面对嵌入式系统的巨大应用领域和诱人的发展前景，世界上各大软件开发公司和厂商都纷纷开发出各具特色的嵌入式操作系统。目前比较常见的嵌入式操作系统有 WindRiver 公司的 VxWorks、pSOS，微软公司的 Windows CE，QNX 公司的 QNS OS，在手持设备嵌入式操作系统中三分天下的 Plam、WinCE、EPOC 等。但是，使用这些商业操作系统是需要高昂的费用的。因此，一些组织和个人就自行开发了一些免费的、源码开放的操作系统，如 μCLinux 和 μC/OS–II。

μC/OS–II 是由 Jean J.Labrosse 于 1992 年编写的适合于小巧控制器的嵌入式多任务实时操作系统，其应用面覆盖了诸多领域，如照相机、医疗器械、音响设备、发动机控制、航空器、高速公路电话系统、自动提款机等，其中 μ 是指 Micro，C 是指 Control。最早这个系统称为 μC/OS，后来经过近十年的应用和修改，在 1999 年，Jean J.Labrosse 又推出了 μC/OS–II，并在 2000 年得到美国联邦航空管理局对用于商用飞机的、符合 RTCA DO–178B 标准的认证，从而证明 μC/OS–II 具有足够的稳定性和安全性。

μC/OS–II 是专门为单片机嵌入式系统应用而设计的，其主体代码用标准的 ANSI C 语言编写而成，只有极少部分与处理器密切相关的部分代码是用汇编语言编写的。所以，用户只需要做很少的工作就可把它移植到各类 8 位、16 位和 32 位嵌入式处理器上。

μC/OS–II 的构思巧妙、结构简洁精练、可读性强，并且具备了实时操作系统的大部分功能。μC/OS–II 主要有一个内核，只有任务管理和任务调度，无文件系统、界面系统、外设管理系统，其特点是小巧、源代码公开、注解详细、实时性强、可移植（Portable）、可固化（ROMable）、可裁剪（Scalable）、可剥夺（Preemptive）、稳定性与可靠性较好等。另外，在多任务管理方面，μC/OS–II 可以管理 64 个任务，并且赋予每个任务以不同的优先级，这意味着 μC/OS–II 不支持时间片轮转调度法；μC/OS–II 的绝大部分函数的执行时间具有可确定性，用户总是能知道 μC/OS–II 的函数调用与服务执行了多长时间；μC/OS–II 允许每个任务都有自己单独的栈，不同任务有不同的栈空间，而且每个栈空间的大小可以根据实际需要单独定义，以压低系统对 RAM 的需求量；μC/OS–II 可以提供很多系统服务，如信号量、互斥信号量、事件标志、消息邮箱、消息队列、信号量、块大小固定的内存的申请与释放及时间管理函数等；μC/OS–II 的中断嵌套层数可达 255 层，中断可以使正在执行的任务暂时挂起，如果中断使更高优先级的任务进入就绪态，则高优先级的任务在中断嵌套全部退出后立即执行。

小　　结

网络操作系统是基于松散耦合的计算机上的松散耦合软件。在计算机网络上配置网络操作系统是为了管理网络中的共享资源，实现网络用户的通信和方便用户对网络的使用，可以把它看做是网络用户和网络系统之间的接口。

分布式操作系统是基于松散耦合（Loosely Coupled）的计算机上的紧密耦合（Ttightly Coupled）软件。分布式进程通信可分成三种，分别是消息传递机制、远程过程调用和套接字。分布式系统对资源的管理采取集中式分布管理和完全分布管理两种。分布式文件系统是分布式系统的重要组成部分，它允许通过网络来互连，使不同计算机上的用户共享文件。分布式操作系统支持分布式进程迁移，这需要进程状态从一台计算机转移到另一台计算机上，目的是使该进程能在目标计算机上运行。进程迁移能用于均衡系统负载、降低通信开销和加快应用计算。为了实现进程迁移，在分布式系统中必须建立相应的进程迁移机制，主要负责解决三个问题，一是由谁来发动进程迁移，二是如何进行进程迁移，三是如何处理未完成的信号和消息等问题。

嵌入到对象体系中，为实现对象体系智能化控制的计算机系统，称为嵌入式计算机系统。运行在嵌入式硬件平台上，对整个系统及其所操作的部件、装置等资源进行统一协调、指挥和控制的系统软件称为嵌入式操作系统。实时操作系统必须是多任务系统，任务的切换时间应与系统中的任务数无关，并且中断延迟的时间应该可预知并尽可能短。

本 章 习 题

简答题

1. 什么是计算机网络？它由哪些组成部分？
2. 叙述计算机网络的主要功能。
3. 什么是数据通信？数据通信系统有哪些部分组成？
4. 解释开放系统互连参考模型 OSI/RM。
5. 叙述网络操作系统的主要特征和分类。
6. 分布式操作系统应具有哪些基本功能？

参 考 文 献

[1] 汤子瀛，哲凤屏，汤小丹. 计算机操作系统（修订版）[M]. 西安：西安电子科技大学出版社，2001.

[2] 宗大华，宗涛. 操作系统[M]. 北京：人民邮电出版社，2002.

[3] 张尧学，史美林. 计算机操作系统教程[M]. 2 版. 北京：清华大学出版社，2000.

[4] 陈向群，杨芙清. 操作系统教程[M]. 北京：北京大学出版社，2001.

[5] 曾平，郑鹏，金晶. 操作系统教程[M]. 北京：清华大学出版社，2005.

[6] 何炎祥，李飞，李宁. 计算机操作系统[M]. 北京：清华大学出版社，2004.

[7] 孙钟秀，费翔林，骆斌，等. 操作系统教程[M]. 北京：高等教育出版社，2003.

[8] 曾平，曾林. 操作系统习题与解析[M]. 2 版. 北京：清华大学出版社，2004.

[9] 周苏，金海溶，李洁. 操作系统原理实验[M]. 北京科学出版社，2003.

[10] 冯耀霖，杜舜国. 操作系统[M]. 2 版. 西安：西安电子科技大学出版社，1992.

[11] GARY N. 操作系统现代观点[M]. 北京：机械工业出版社，2004.

[12] DOREEN L G. 分布式操作系统原理与实践[M]. 北京：机械工业出版社，2003.

[13] ANDREW S T. 现代操作系统[M]. 北京：机械工业出版社，1999.

[14] 邹恒明. 计算机的心智：操作系统之哲学原理[M]. 北京：机械工业出版社，2009.

[15] GALVIN P B，GAGNE G. 操作系统概念[M]. 7 版. 北京：高等教育出版社，2010.

[16] 潘理，翁亮，薛质. 操作系统教程[M]. 3 版. 北京：电子工业出版社，2011.

[17] 任哲. 嵌入式实时操作系统 μC/OS-II 原理及应用[M]. 2 版. 北京:北京航空航天大学出版社，2009.

[18] 吴永忠，程文娟，郑淑丽，等. 嵌入式实时操作系统 μC/OS-II 教程[M]. 西安：西安电子科技大学出版社，2007.

[19] 苏风华，郝丽霞. 中文版 Windows 7 从入门到精通[M]. 北京：航空工业出版社，2010.